中等职业教育建筑工程施工专业系列教材

房屋建筑构造

主　编　王　松
副主编　王　翔
主　审　张玉杰

重庆大学出版社

内容提要

本书共10章，主要介绍了一般民用房屋建筑工程中常用的建筑构造，包括基础与地下室、墙体、楼地层、楼梯与电梯、屋顶、门窗、变形缝以及绿色建筑。本书在介绍房屋建筑概论的同时，借助房屋建筑构造原理及原理图，尽可能地与专业岗位需求相结合，突出重点，内容新颖，图文并茂，通俗易懂，力求反映我国当前在房屋建筑方面的新规范、新技术和新工艺。

本书可作为中等职业教育建筑工程施工、工程造价、装饰工程技术等专业的教学用书。

图书在版编目(CIP)数据

房屋建筑构造 / 王松主编. -- 重庆 : 重庆大学出版社, 2020.8

中等职业教育建筑工程施工专业系列教材

ISBN 978-7-5689-1828-2

Ⅰ. ①房… Ⅱ. ①王… Ⅲ. ①建筑构造—中等专业学校—教材 Ⅳ. ①TU22

中国版本图书馆 CIP 数据核字(2019)第247532号

中等职业教育建筑工程施工专业系列教材

房屋建筑构造

主 编 王 松

副主编 王 翔

主 审 张玉杰

策划编辑:刘颖果

责任编辑:陈 力　　版式设计:刘颖果

责任校对:刘志刚　　责任印制:赵 晟

*

重庆大学出版社出版发行

出版人:饶帮华

社址:重庆市沙坪坝区大学城西路21号

邮编:401331

电话:(023)88617190　88617185(中小学)

传真:(023)88617186　88617166

网址:http://www.cqup.com.cn

邮箱:fxk@cqup.com.cn(营销中心)

全国新华书店经销

重庆长虹印务有限公司印刷

*

开本:787mm×1092mm　1/16　印张:15.25　字数:382千

2020年8月第1版　2020年8月第1次印刷

ISBN 978-7-5689-1828-2　定价:45.00元

序

《国家职业教育改革实施方案》(国发〔2019〕4号)明确指出:职业教育与普通教育是两种不同教育类型,具有同等重要地位。为此,职业教育迎来了改革的春天,全国职业院校迅速积极改革探索,拓展人才成长通道,开展了职业教育本科层次试点,构建人才培养立交桥,深入推进高职对口招收中职学生和高职春季招生工作,开展了中职与本科"3+4"、中职对接高职"3+3"、高职与本科贯通"3+2"分段培养试点。这些试点的铺开,涉及人才培养方案制订、教学计划修订、教材建设。

本套教材是在贵州省交通运输厅课题"交通类高职专科与本科衔接(五年制)课程体系及核心教材研究与开发"的研究成果上,配合《国家职业教育改革实施方案》(国发〔2019〕4号)进行职业教育分段培养开发的一套试点教材,其目的是进一步促进专业教学改革,提高教学质量,拓展职业教育人才成长通道。《国家职业教育改革实施方案》(国发〔2019〕4号)在教材建设上也明确提出:每3年修订1次教材,其中专业教材随信息技术发展和产业升级情况及时动态更新。为此,教材组成员通过多方调研,专家论证,探索了新型职业发展道路,在技能人才培养模式下开发了特色教学资源。

本套教材突出了职业能力与工作岗位相结合的知识要点,突出了学生主体、教师引导的教学理念,建立了与公路运输专业相对应的课程内容,并在学生全面发展及可持续发展等方面增加了相应篇幅,其目标是实现学生主动学习、积极学习和兴趣学习。

在这些教材中,既有交通运输类各专业工学结合的核心课程教材,也有专业基础课程教材。无论是哪种类型的教材,在编写中,都强调对教材内容的改革与创新,强调专业教材随信息技术发展和产业升级情况及时更新内容,强调教材为高素质技能型人才培养服务,强调教材的职业适应性。因为新教材的使用必须根植于教学改革的成果之上,反过来又促进教学改革目标的实现,推进职业教育人才培养模式改革。

本套教材与传统教材相比有如下5个方面的特点:

第一,该教材由原来传统知识体系改为工作过程的项目、模块结构形式;教材中的项目来源于岗位工作任务分析确定的工作项目所设计的教学项目,教材中的模块来源于完成工作项目的工作过程。

第二,教材的内容不再依据相关学科的理论知识体系,而来源于相应岗位的工作内容。教

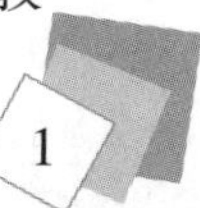

学内容的选取依据完成岗位工作任务对知识和技能的要求，建立在行业专家对相应岗位工作任务分析结果和专业教师深入行业进行岗位调研结果的基础上。注重学生实践训练、培养学生完成工作的能力。

第三，教材不再停留在对课程内容的直接描述，而是十分注重对教学过程的设计，注重学生对教学过程的参与。在教材的各个项目之前，一般都提出了该项目应该完成的工作任务，该任务可能是学习性的工作任务，也可能是真实的工作任务。

第四，教材注重技能培养的学用性，基于工作过程开发的配套课程教材更注重学习者的认知逻辑和学习效能，用浅显生动的语言描述配以丰富的图片展示，加之教材内容的组织考虑了知识、技能的相关性和逻辑性，使学习者学习轻松、运用自如。

第五，教材结构上大胆尝试和创新，把握信息技术发展和产业升级情况，引入了大量的案例、行业标准和技术规范，融入新技术、新材料、新方法，加入大量图片、动画、视频、微课等信息化资源，增加了学生学习的趣味性。

在教材的编写过程中，也倾注了相关企业有关专家的大量心血和辛勤劳动，在此谨向他们表示衷心的感谢！由于开发时间短，教学经验尚不充分，错误和不当之处难免，敬请专家、同行指教。

教材编写委员会

2019 年 6 月

前 言

近年来，我国中等职业教育事业迅猛发展，各个学校的教师都有自己的一些成果和经验。但老师们普遍认识到，部分中职类的教材内容多、难理解，不符合中职学生的学习需求，迫切需要一套与中职学生的学习能力与技能培养相配套的教材，以更简洁、更直观的方法让学生学到知识，加强学生的动手能力，使他们能更好地适应社会和经济的发展。基于此目的，我们本着共享和经验交流的目的编写了本教材。

本教材介绍了一般民用房建工程中常用的构造概论，包括基础与地下室、墙体、楼地层、楼梯与电梯、屋顶、门窗、变形缝以及绿色建筑。编写中，在叙述房屋建筑概论的同时，借助房建构造原理及原理图，尽可能地与专业岗位的需求相结合。突出重点，内容新颖，图文并茂，通俗易懂，力求反映我国当前在房屋建筑方面的新规范、新技术及新工艺。

本教材针对中职学校学生的学习特点，采用了大量图片和图表，意在使学生通过识图与文字结合，能够轻松读懂教材传达的知识。另外，也意在提高学生将实际生活中的图片与房屋建筑施工图相联系和结合的能力，使学生能尽快适应房建工程的一线工作。为了强调重点和便于学生学习总结，本教材在每章节末尾都添加了章节小结，同时配有练习册，以帮助学生更好地学习。

本教材的章节及参考学时见下表（仅供参考）：

序号	课程内容	课时分配		
		总学时	理论学时	实践学时
1	绪论	4	4	—
2	民用建筑概述	4	4	
3	基础与地下室	12	8	4
4	墙	24	20	4
5	楼板层、地层	12	12	—
6	楼梯、电梯、台阶、坡道	16	10	6
7	屋顶	16	12	4

续表

序号	课程内容	课时分配		
		总学时	理论学时	实践学时
8	门与窗	6	6	—
9	变形缝	4	4	—
10	绿色施工	4	4	—
合计		102	84	18

本书由贵州交通技师学院王松任主编，并编写第2~9章。贵州交通技师学院王翔任副主编，编写第1、10章。本书由贵州交通职业技术学院张玉杰主审。

编　者

2020年3月

目 录

第1章 绪 论

房建概论是研究房屋建筑和房屋建筑构造的基本原理及方法的科学,是建筑工程专业的一门必修课。对于立志从事建筑物设计、施工和管理的学生,是必须掌握的。通过本课程的学习,同学们将全面、系统、正确地理解和认识房屋。从广义上讲,建筑既表示建筑工程的建造活动,又表示这种活动的成果建筑物。建筑也是一个统称,包括建筑物和构筑物。凡供人们在其内部生产、生活或其他活动的房屋或场所都称为“建筑物”(图 1.1),如住宅、学校、影院、工厂、车间等;而人们不直接在其内部生产、生活的工程设施,则称为“构筑物”(图 1.2),如水塔、烟囱、桥梁、堤坝、囤仓等。

(a)宿舍

(b)住宅

图 1.1 建筑物

(a)桥梁

(b)大坝

图 1.2 构筑物

1.1 人类活动与建筑

房屋建筑是伴随着人类社会的发展而发展的。在原始社会,人类为了避寒暑、防风雨、抵御野兽的侵袭,开始利用简单的工具,或架木为巢或洞穴而居(图 1.3),人类从此开始了建筑活动并开始定居。许多地区已有村落的雏形,例如西安的半坡村氏族聚落遗址(图 1.4),遗址略呈椭圆形,南面为居住区,共有房屋 36 座,分为两片,都有一定的布局,这充分说明,远在5 000年前的新石器时代,人类对房屋的建造技术已经积累了相当的经验,并形成了一定的规模。

(a)

(b)

图 1.3 原始社会房屋

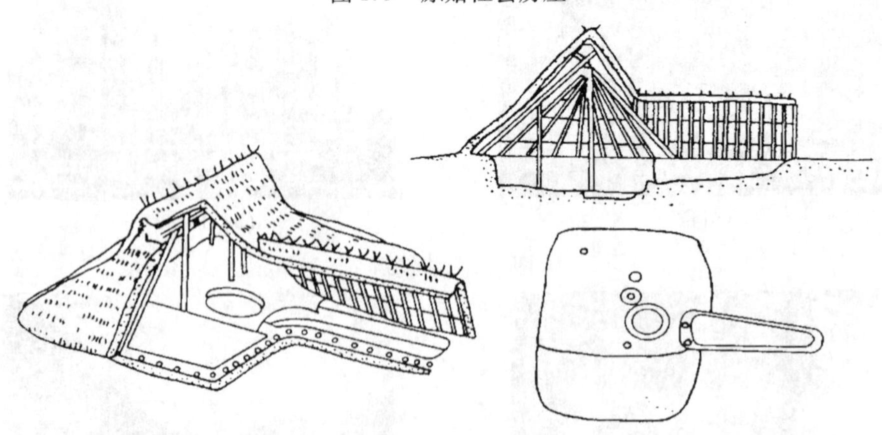

图 1.4 半坡村遗址平面及其复原想象图

人类建造建筑的最初原因是为了居住,而人类最初的房屋是由树木搭建而成的,仅是为了能够遮风避雨,这只能说是建筑的雏形。随着人类的进化,建筑领域也出现了越来越多的奇迹。建筑作为环境来说,是指人造的、由实物所限定的人类活动的空间。人,可以是单个的,也可以是人群集合的,甚至是整个社会的。建筑为人所造,供人所用,所以建筑也就映射着人和人的集合社会,反映着人和社会的各种物质现实和诸多观念形态。

1.2 建筑的发展

建造房屋是人类最基本的实践活动之一。据《孟子·滕文公》中记载:“下者为巢,上者为营窟。”重要的建筑往往集中了全社会的劳动和智慧,具有历史里程碑的意义。由于人们研究了不同的社会制度,不同的生产、生活水平和不同的民族历史对建筑的影响,以及在不同历史条件下,建筑的功能、技术和艺术形象的发展和相互作用,使我们能从整体上认识和把握建筑,树立正确的建筑观点。纵观建筑工程的发展历史,对建筑工程的发展起关键性作用的因素,第一是作为工程物质基础的建筑材料,第二是随之发展起来的设计理论和施工技术(图1.5)。

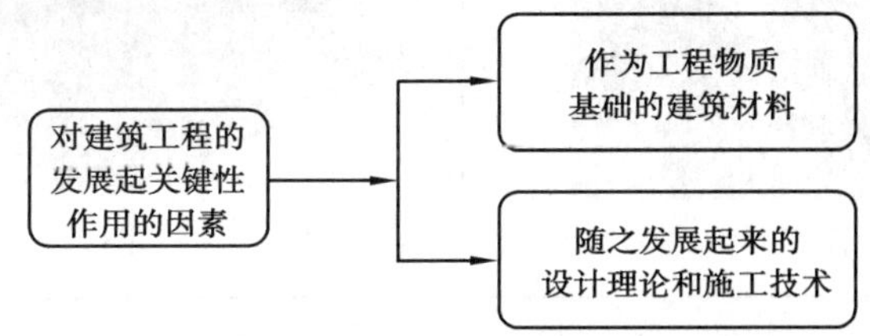

图1.5　对建筑工程的发展起关键性作用的因素

每当出现新的优良的建筑材料时,建筑工程就会有飞跃式的发展。砖和瓦这种人工建筑材料的出现,使人类第一次突破了天然建筑材料的束缚,实现了建筑工程的第一次飞跃。钢材的大量应用是建筑工程的第二次飞跃。混凝土的兴起给建筑物带来了新的既经济又美观的工程结构形式,使建筑工程产生了新的施工技术和工程结构设计理论,这是建筑工程的又一次飞跃发展。中国的传统建筑以木结构为主,西方的传统建筑以砖石结构为主,现代的建筑则是以钢筋混凝土结构为主。建筑工程的发展经历了古代、近代和现代3个阶段(图1.6)。

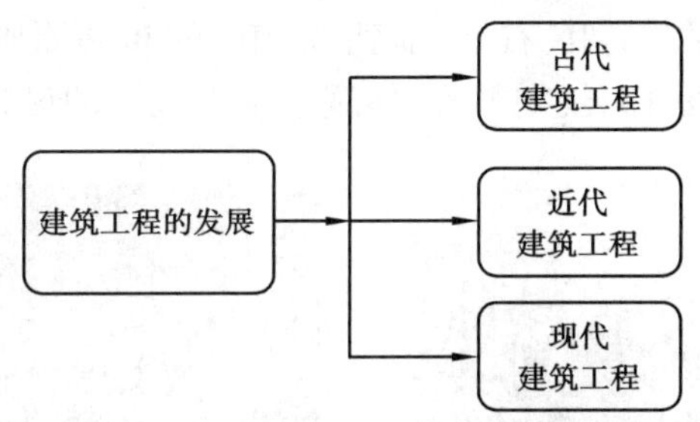

图1.6　建筑工程的发展阶段

1)古代建筑工程

古代建筑工程的时间跨度,大致从新石器时代(约公元前5000年起)开始至17世纪中叶。古代建筑的特征见表1.1。

表 1.1　古代建筑的特征

从选用的材料来看	从古代建筑的结构形式来看
古代建筑工程材料主要是泥土、砾石、树木以及土坯、砖瓦、铜铁等。中国在公元前 11 世纪西周初期制造出瓦(图 1.7);在公元前 5 世纪至公元前 3 世纪战国时期的墓室中出现了最早的砖  图 1.7　瓦	我国古代建筑以木结构为主(图 1.8),如山西应县木塔,北京故宫、天坛,天津蓟县的独乐寺观音阁等。西方古代建筑以砖石结构为主,如埃及的金字塔、希腊的帕特农神庙、古罗马的斗兽场等  图 1.8　木结构

(1) 中国古代建筑的代表作品

①北京故宫。北京故宫(图 1.9)始建于明朝永乐年间,位于北京城中心,为中轴对称纵深布局,三朝五门,前朝后寝。故宫规模宏大,并将庭院空间运用到登峰造极的地步,按照周礼之制,在一个“须弥座”上建“三朝”——太和殿、中和殿、保和殿,也称为“前三殿”。乾清门是内廷的正门,乾清门内中轴线上是乾清宫、交泰殿和坤宁宫,简称“后三宫”。宫城至太和殿之间共建了“五门”——大清门、天安门、端门、午门和太和门,前面是朝廷,后面是寝宫,这也是宫殿建筑功能结构的一般原则。故宫在明朝初建时,是参照南京宫殿的规制,主要建筑基本上是附会《周礼·考工记》所记载的“左祖、右社、前朝、后市”的布局原则建造的,面积比现在的紫禁城大 8 倍多,整个宫殿气势宏伟、规划整齐,体现了帝王权力的设计思想。

图 1.9　北京故宫

②北京天坛。北京天坛始建于明永乐十八年(1420 年),是明清两代皇帝“祭天”“祈谷”的场所,位于正阳门外东侧。坛域北呈圆形,南为方形,寓意“天圆地方”。坛内主要建筑有祈

年殿、皇乾殿、圜丘、皇穹宇、斋宫、无梁殿、长廊、双环万寿亭等，还有回音壁、三音石、七星石等名胜古迹。天坛（图1.10）有坛墙两重，形成内外坛。主要建筑在内坛，圜丘坛在南，祈谷坛在北，两坛同在一条南北轴线上。圜丘坛专门用于冬至日祭天，中心建筑是一巨大的圆形石台，名“圜丘”；祈谷坛用于春季祈祷丰年，中心建筑是祈年殿。两坛之间以丹陛桥相连。西天门内南侧建有“斋宫”，是祀前皇帝斋戒的居所。西部外坛设有“神乐署”，掌管祭祀乐舞的教习和演奏。

图1.10 北京天坛

(2)世界古代建筑的代表作品

①埃及金字塔。古埃及分为上埃及、中埃及和下埃及，在今苏丹和埃及境内。现在的尼罗河下游，散布着约80座金字塔（图1.11）遗迹，大小不一，其中最高大的是胡夫金字塔，高146.59 m，底长230 m，共用230万块每块平均质量为2.5 t的石块砌成，占地52 000 m^2。石块之间没有任何黏着物，仅靠石块的相互叠压和咬合垒成。国王哈佛拉的金字塔前，还矗立着一座象征国王权力与尊严的狮身人面像。埃及金字塔是古埃及的帝王（法老）陵墓，数量众多，分布广泛。开罗西南尼罗河西古城孟菲斯一带的金字塔是主要集中的一部分。

(a)埃及金字塔

(b)狮身人面像

图1.11 埃及金字塔

②帕特农神庙。帕特农神庙（图1.12）是雅典供奉雅典娜女神的最大神殿，帕特农原意为贞女，是雅典娜的别名。此庙不仅规模宏伟，且坐落在卫城中央最高处，庙内还存放着一尊黄金象牙镶嵌的全希腊最高大的雅典娜女神像（菲迪亚斯亲手制作）。它从公元前447年开始兴建，9年后大庙封顶，又用6年之久完成各项雕刻。但在1687年威尼斯人与土耳其人作战时，神庙遭到破坏。19世纪下半叶，虽对神庙进行过部分修复，但已无法恢复原貌，现仅留有

一座石柱林立的外壳。

图 1.12 帕特农神庙

古代建筑的特点见表 1.2。

表 1.2 古代建筑的特点

从建筑工程设计理论和思想来分析	古代建筑工程缺乏理论依据和指导,古代建筑工程的建造主要依靠实际生产经验和迷信
从工程分工来分析	古代建筑工程已有很清楚的分工,如木瓦工、泥工、土工、窑工、雕工、石工等
从建筑工程工艺技术来分析	最早使用的工具只是石斧、石刀等简单工具,后来开发出凿、锤、钻、铲等青铜和铁制工具,封建社会后期开始使用打桩机、桅杆起重机等简单施工机械。尽管如此,古代建筑工程还是留下了许多伟大的工程,记载着灿烂的古代文明

2) 近代建筑工程

一般认为,近代建筑工程的时间跨度为 17 世纪中叶到第二次世界大战前后,历时 300 余年。在这一时期,建筑工程有了革命性的发展,具有下述几个鲜明的特征。

①建筑工程结构设计有了力学和结构理论作指导,建筑工程的实践及其他学科的发展为系统的设计理论奠定了基础。

②出现了钢材、钢筋混凝土、早期预应力混凝土等新的建筑工程材料。在这一时期,砖、瓦、木、石等材料的应用日益广泛,新建筑工程材料不断涌现。

③在这一时期内出现了新的施工机械及其施工技术,产业革命促进了工业、交通运输业的发展,对建筑工程设施提出了更多要求,同时也为建筑工程的建造提供了新的施工机械和施工方法。打桩机(图 1.13)、压路机(图 1.14)、掘进机(图 1.15)、挖掘机(图 1.16)、起重机、吊装机等纷纷出现,为快速高效地建造建筑工程提供了有力的手段。

图 1.13 打桩机

图 1.14 压路机

图 1.15 掘进机

图 1.16 挖掘机

④建筑工程从发展到成熟,建设规模前所未有,工业的发达、城市人口的集中,使工业厂房向大跨度发展,民用建筑向高层发展,日益增多的电影院、体育馆、飞机场等都要求采用大跨度结构。

3)现代建筑工程

现代建筑工程为 20 世纪中叶第二次世界大战结束后至今的建筑工程,产业革命以后,特别是到了 20 世纪,一方面社会向建筑工程提出了新的需求,另一方面社会各个领域为建筑工程的发展创造了良好的条件,因而这个时期的建筑工程得到了突飞猛进的发展。现代建筑已不仅仅是技术与艺术的结晶,而是与人、环境及自然有着密切联系的产物。如保持生态平衡的自然条件且无污染的“绿色建筑”、舒适方便的智能建筑、低耗能源的节能建筑、便于邻里交往的高层住宅建筑以及百层以上的摩天大楼,200 m 的人跨度建筑,各种新颖的建筑材料、结构和设备以及形形色色的建筑外观,不断地改变着人们对建筑的印象。

现代建筑工程主要有如图 1.17 所示的几个特点。

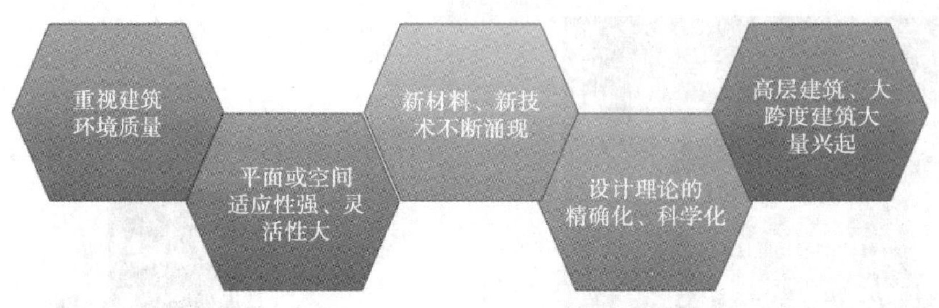

图 1.17　现代建筑工程特点

(1)重视建筑环境质量

首先是建筑物室外的自然环境。如居住区必须有一定比例的面积作为绿化用地,种植树木、花卉、草坪及绿篱等,以净化空气,减少噪声,为人们提供一个安静休息及进行保健活动的场所。至于公共建筑,则更需要有一个优美的自然环境,如疗养建筑、旅游建筑等都选在有山、有水的山麓或海边。即使是在大城市的闹市区,室外也要有一定面积的绿化区。在高级宾馆饭店中,几层楼高的室内中庭还建有绿化、喷泉、假景等,犹如室外自然环境。其次是建筑物室内环境卫生,室内装饰材料如塑料墙纸等往往含有挥发性气体,还有建筑材料中所含的放射性衰减物质氡气等,对人体健康有害;其他如厨房燃气及油烟等,对人们身体也不利,已引起人们广泛注意与重视。建筑物以外的环境,如城市中工厂或街道上车辆的噪声污染,相邻建筑物的反光玻璃引起的光污染等,也逐渐受到有关部门的重视。

(2)平面或空间适应性强、灵活性大

由于人们生活水平的日益提高,并考虑到发展的需要,要求建筑物的平面或空间在使用功能上有充分的适应性及改变的灵活性。特别是公共建筑,除楼梯、电梯间等难以改变外,对其他用房总希望可以根据需要进行灵活分割,如住房的卧室、起居室,办公楼的办公室,宾馆、饭店的餐厅等。从整体建筑来说,已不满足于单一功能,而要求其能适应多功能的需要,成为多功能建筑,如有的体育馆不仅作为体育锻炼、运动竞赛用,在增加某些设备或设施情况下,就可作为文艺演出及滑冰用。如鸟巢体育馆(图 1.18),既作为体育锻炼、体育比赛用,同时也作文艺演出用。世博会中国馆(图 1.19)既作展览用,也作为旅游景点。

图 1.18　鸟巢体育馆

图 1.19　世博会中国馆

(3)新材料、新技术不断涌现

现代建筑所用材料，除仍需沿用传统的砖瓦、灰砂石及钢木、混凝土等外，也在向“高新”方向发展。普通混凝土向加气混凝土(图1.20)、轻骨料混凝土(图1.21)和高性能混凝土发展，钢材向低合金、高强度方向发展。

图1.20　加气混凝土

图1.21　轻骨料混凝土砌体

(4)设计理论的精确化、科学化

建筑工程设计由人工手算、人工制作建筑方案(图1.22)、人工制图向计算机辅助设计、计算机优化设计、计算机制图(图1.23)转化。结构理论分析由线性分析到非线性分析，由平面分析到空间分析，由单个分析到系统综合整体分析，由静态分析到动态分析，由经验定值分析到随机分析乃至随机过程分析，由数值分析到模拟试验分析。

图1.22　人工设计、制图

转换为

图1.23　计算机设计、制图

(5)高层建筑、大跨度建筑大量兴起

地下工程高速发展，城市人口过度集中、膨胀，建筑用地有限，只能往高空及地下延伸发展，而且多层与单层、高层与多层相比，既可节约用地，又可减少市政设施，节约投资。再者，建筑结构技术及材料技术的发展为房屋建筑向上延伸、向下发展创造了有利条件。因此，近50多年来在世界许多大城市中，高层建筑、地下工程得到了广泛的推广和应用，如广州塔(图1.24)、上海中心大厦(图1.25)等。

图1.24　广州塔

图1.25　上海中心大厦

①广州塔。广州塔塔身主体高454 m,天线桅杆高146 m,总高度600 m。广州塔是中国第一高电视塔,世界第四高电视塔。塔身168～334.4 m处设有“蜘蛛侠栈道”,是世界最高最长的空中漫步云梯。塔身422.8 m处设有旋转餐厅,是世界最高的旋转餐厅。塔身顶部450～454 m处设有摩天轮,是世界最高摩天轮。天线桅杆455～485 m处设有“极速云霄”速降游乐项目,是世界最高的垂直速降游乐项目,超越了拉斯维加斯游乐场300多米高的跳楼机。天线桅杆488 m处设有户外摄影观景平台,是世界最高的户外观景平台,超越了迪拜哈利法塔的442 m室外观景平台,以及加拿大国家电视塔447 m的“天空之盖”的高度。

②上海中心大厦。上海中心大厦是上海的一座超高层地标式摩天大楼,其设计高度超过附近的上海环球金融中心。上海中心大厦项目面积433 954 m^2,建筑主体为119层,总高为632 m,结构高度为580 m。

1.3　建筑工程的发展趋势

1)建筑工程的可持续发展

建筑工程的可持续发展(图1.26)面临人口增长、生态失衡、环境污染、人类生存环境恶化等问题,20世纪80年代提出的“可持续发展”理念,已被大多数国家和人民所认同。可持续发展,是指既满足当代人的需要又不对后代人满足其需要和发展构成危害。推动建筑向绿色、节能、智能化方向发展,是国际建筑界实践可持续发展理念的大趋势,也是中国经济社会发展面临的重要任务。

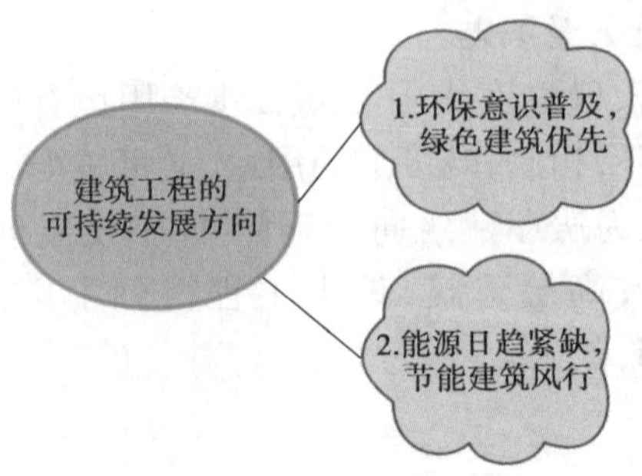

图1.26　建筑工程的可持续发展方向

(1)环保意识普及,绿色建筑优先

所谓“绿色建筑”的“绿色”,并不是指一般意义的立体绿化、屋顶花园,而是代表一种概念或象征,指对环境无害,能充分利用环境自然资源,并且在不破坏环境基本生态平衡的条件下建造的一种建筑,又称为可持续发展建筑、生态建筑、回归大自然建筑、节能环保建筑等。绿色建筑的基本内涵可归纳为:①减轻建筑对环境的负荷,即节约能源及资源;②提供安全健康、舒适的生活空间;③与自然环境亲和,做到建筑与环境的和谐共处、永续发展。

绿色建筑设计理念包括节约能源、节约资源、回归自然、舒适和健康的生活环境等。绿色建筑在设计与建造过程中,充分考虑建筑物与周围环境的协调,利用光能、风能等自然界中的能源,最大限度地减少能源的消耗以及对环境的污染。绿色建筑的室内应尽量减少使用合成材料,充分利用阳光,节省能源,为居住者创造一种接近自然的感觉。绿色建筑以人、建筑和自然环境的协调发展为目标,在利用天然条件和人工手段创造良好、健康的居住环境的同时,尽可能地控制和减少对自然环境的使用和破坏,充分地体现向大自然索取和回报之间的平衡。

(2)能源日趋紧缺,节能建筑风行

节能建筑是指遵循气候设计而节能的基本方法,对建筑规划分区、群体和单体、建筑朝向、间距、太阳辐射、风向以及外部空间环境等进行研究后,设计出的低能耗建筑。节能建筑有少消耗资源、高性能品质、少环境污染、长生命周期、多回收利用等5个特征。节能建筑应考虑朝向、体型、面积、环境、节水、节地、太阳能利用、装修等问题。

2)信息和智能化技术全面引入建筑工程

目前,信息和智能化技术已经在建筑材料及其制品的生产、建筑设计、建筑施工、建筑管理、建筑教育以及建筑研究开发等各个环节得到了日益广泛的应用。将信息和智能化技术应用于建筑工程,将是今后建筑工程发展的重要方向,必将使建筑工程实现新的飞跃。

①信息化施工。所谓信息化施工是指在施工过程中涉及的各部分、各阶段广泛应用计算机信息技术,对工期、人力、材料、机械、资金、进度等信息进行收集、存储、处理和交流,并加以科学地综合利用,为施工管理及时准确地提供决策依据。信息化施工可大幅度提高施工效率和保证工程质量,减少工程事故,有效控制成本,实现施工管理现代化。

②适应信息时代,推行智能建筑。智能建筑是以建筑物为平台,兼备信息设施系统、信息化应用系统、建筑设备管理系统、公共安全系统等,集结构、系统、服务管理及其优化组合为一体,向人们提供安全、高效、便捷、节能、环保、健康的建筑环境。

③建筑工程结构分析的仿真系统。许多工程结构是毁于台风、地震、火灾、洪水等灾害,在这种小概率的大荷载作用下,工程结构的性能很难通过实验而验证。其原因一是参数变化,条件不可能完全模拟;二是实体试验成本过高;三是破坏实验有危险性,设备达不到要求。而计算机仿真技术可以在计算机上模拟原型大小的工程结构,在灾害荷载作用下从变形到倒塌的全过程,从而揭示结构不安全的部位和因素,用此技术指导设计可大大提高工程结构的可靠性。

1.4 建筑构成的基本要素

任何建筑都包含了与其时代、社会、经济、文化相适宜的功能、技术、形象3个方面的内容，并且构成了建筑的3个基本要素(图1.27)。

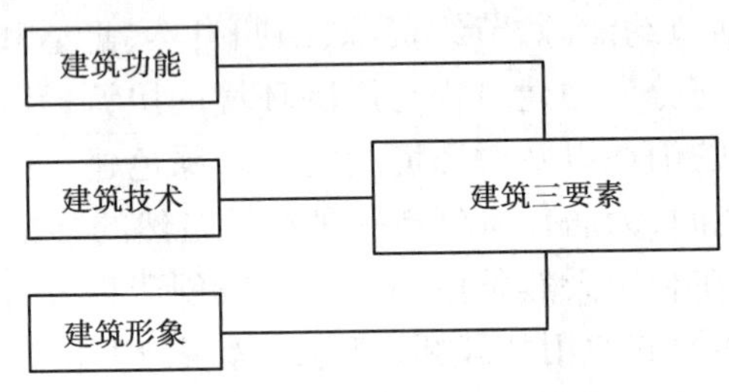

图1.27 建筑三要素

1)建筑功能

人们建造房屋有明确的目的性，即要满足不同的使用要求，具体包含3个方面的内容。

①满足人体尺度和人体活动所需的空间尺度，这是确定建筑内部各种空间尺度的重要依据。

②满足人生理的舒适要求，即对建筑及建筑材料日照、采光、通风、保温、隔热、隔声、防潮、防水等方面的要求。

③满足各类建筑的不同使用要求，即体现不同性质建筑在使用方面的不同特点，这是建造房屋的最主要目的，起主导作用。

2)建筑技术

建筑技术是指建造房屋的手段，包含建筑材料科学、建筑结构技术、建筑施工技术和建筑设备技术等多方面，是建筑得以实施的基本技术条件。建筑材料是组成房屋的基本元素，结构技术是实现建筑空间和安全稳固的重要保障，建筑设备是满足各种建筑功能要求的技术条件，建筑施工技术则是保证建筑得以实现的必要手段。

3)建筑形象

建筑形象是通过建筑的体形、体量及其空间组合、立面形式及材料色彩与质感和装饰处理等来反映的。应该说，建筑形象是其功能和技术的综合反映。通常，建筑形象的处理应符合传统美学的基本原理，以产生良好的艺术效果和感染力，使人感受到如庄严雄伟、朴实大方、简洁明快、生动活泼等的建筑魅力。当然，现代建筑中也有反传统的风格和流派，以另类的表现手法给人以强烈的视觉冲击和感受。

建筑形象具有社会、时代、民族和地域性，不同的社会和时代、不同的地域和民族都有自己的建筑形象，它反映了社会生产力的水平、时代精神文化传统、民族风格和建筑文化艺术等特点。

建筑的三要素是相互联系、相互约束，又不可分割的，满足建筑的功能是第一位的，也是人们进行房屋建造的主要目的。建筑技术是实现建筑功能的技术保证，先进的建筑技术可大力促进新型建筑的开发,落后的建筑技术则会制约建筑的发展。而建筑形象则是建筑功能、建筑技术与建筑艺术的综合体现,这便是所谓的"功能内容决定其形式"。但对一些如具有纪念性、象征性等的特殊建筑,建筑形象往往起主导作用,成为重要因素。一个优秀的建筑,应该处理好这三者的辩证关系,做到和谐统一。

当前,我国的建筑方针是"适用、安全、经济、美观",全面反映了建筑功能、建筑技术和建筑形象三要素的辩证关系,也是评价建筑优劣的基本原则。

1.5　建筑工程的基本属性及相关常用术语

1)建筑工程的基本属性

建筑工程是土木工程学科的重要分支,建筑工程的基本属性与土木工程的基本属性大体一致,包括以下几个方面(图1.28)。

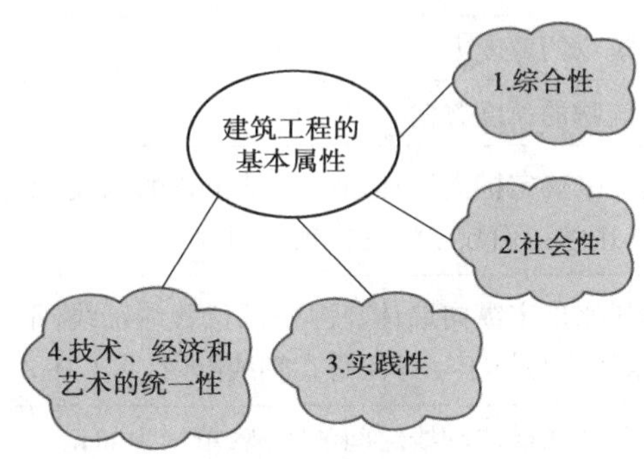

图1.28　建筑工程的基本属性

(1)综合性

建造一项建筑工程一般要经过勘察、设计和施工3个阶段,需要用到工程地质勘察、水文地质勘察、工程测量、工程力学、工程设计、建筑材料、建筑设备、工程机械、建筑经济等学科和施工技术、施工组织等领域的知识以及计算机和力学测试等技术。

(2)社会性

建筑工程是伴随着人类社会的发展而发展起来的,所建造的工程设施反映了各个历史时期的社会经济、文化科学、技术发展的面貌,因而建筑工程也就成为社会历史发展的见证之一。

(3)实践性

建筑工程是通过工程实践,总结成功的经验,尤其是吸取失败的教训发展起来的。从17世纪开始,以伽利略和牛顿为先导的近代力学同建筑工程实践结合起来,逐渐形成材料力学、结构力学、流体力学、岩体力学等,并作为建筑工程基础理论的学科。这样建筑工程才逐渐从经验发展成为科学。

在建筑工程的发展过程中,工程实践经验常先行于理论,工程事故常显示出未能预见的新因素,触发新理论的研究和发展。至今不少工程问题的处理在很大程度上仍然依靠实践经验。建筑工程技术的发展之所以主要凭借工程实践而不是凭借科学试验和理论研究,有两个原因:

一是有些客观情况过于复杂,难以如实地进行室内实验或现场测试和理论分析。例如地基基础、地下工程的受力和变形的状态及其随时间的变化,至今还需要参考工程经验进行分析判断。二是只有进行新的工程实践,才能揭示新的问题。例如,建造了高层建筑,建筑工程的抗风和抗震问题凸显,才能发展这方面的理论和技术。

(4)技术、经济和艺术的统一性

建筑工程是为人类需要服务的,人们总是力求最经济地通过各项技术活动,建造各项工程设施,用以满足使用者的预定需要,达到理想的艺术效果,因此它必然是集一定历史时期社会经济、技术和文化艺术的产物,是技术经济和艺术统一的结果。追求技术、经济和艺术的统一性,是建筑工程学科的出发点和最终归宿。

2)与建筑相关的常用术语

与建筑相关的常用术语见表1.3。

表1.3　与建筑相关的常用术语

名　称	含　义
横向	横向是指建筑物的宽度方向
纵向	纵向是指建筑物的长度方向
横向轴线	横向轴线是用来确定横向墙体、柱、基础位置的轴线,平行于建筑物的宽度方向。其编号方法为:采用阿拉伯数字注写在轴线圈内
纵向轴线	纵向轴线是用来确定纵向墙体、柱、基础位置的轴线,平行于建筑物的长度方向。其编号方法为:采用大写拉丁字母注写在轴线圈内,除I、O、Z外
开间	开间是指相邻两条横向轴线之间的距离,单位为mm
进深	进深是指相邻两条纵向轴线之间的距离,单位为mm
相对标高	相对标高是以建筑物首层地坪为零标高面的标高,单位为m
绝对标高	绝对标高是指以我国青岛黄海海平面为零标高面的标高,单位为m
层高	层高是指层间高度,即本层地(楼)面至上层楼面的垂直距离(顶层层高为顶层楼面至屋面板上表面的垂直距离),单位为m
净高	净高是指房间的净空高度,即地(楼)面至上部顶棚底面的垂直距离,单位为m
建筑高度	建筑高度是指建筑物室外地面到其檐口或屋面面层的高度,单位为m
净面积	净面积是指房间中开间尺寸与进深尺寸扣除墙厚的乘积,单位为m^2
使用面积	使用面积是指主要使用房间和辅助使用房间的净面积(装修所占面积计入使用面积)
交通面积	交通面积是指走道、楼梯间等交通联系设施的净面积
结构面积	结构面积是指墙体、柱子所占的面积(装修所占面积计入使用面积)
建筑面积	建筑面积由使用面积、交通面积和结构面积组成,指建筑物的外包尺寸(有外保温材料的墙体,应该从外保温材料外皮算起)围合的面积与层数的乘积,单位为m^2

续表

名 称	含 义
混合结构	混合结构体系建筑的楼板材料多为钢筋混凝土，其墙体是用砂浆将砖、石、砌块等块材黏结叠砌而成的砌体。当墙体材料为砖时，常被称为砖混结构
剪力墙结构	剪力墙结构体系是将建筑物的墙体（内墙、外墙）做成剪力墙来抵抗水平力。剪力墙一般为钢筋混凝土墙，其抗弯、抗剪的性能优于砌体结构，因此可以用于高层建筑中
框架结构	框架结构是利用梁、柱组成的纵、横两个方向的框架而形成的结构体系，它同时承受水平荷载和竖向荷载的作用。其围护和分隔墙体均不承重，施工顺序为先框架（包括楼梯和必要的剪力墙），后填充非承重的墙体

本章小结

（1）建筑构成的基本要素：建筑功能、建筑技术、建筑形象。建筑三要素是相互联系、相互约束但又不可分割的，满足建筑的功能是第一位的，也是人们进行房屋建造的主要目的。

（2）建筑工程的可持续发展理念：①环保意识普及，绿色建筑优先；②与自然环境亲和，做到建筑与环境的和谐共处、永续发展；③能源日趋紧缺，节能建筑风行。

（3）绿色建筑概念：所谓“绿色建筑”的“绿色”，并不是指一般意义的立体绿化、屋顶花园，而是代表一种概念或象征，指对环境无害，能充分利环境自然资源，并且在不破坏环境基本生态平衡条件下建造的一种建筑，又可称为可持续发展建筑、生态建筑、回归大自然建筑、节能环保建筑等。

（4）绿色建筑的基本内涵可归纳为：①减轻建筑对环境的负荷，即节约能源及资源；②提供安全健康、舒适的生活空间。

（5）现代建筑工程的几个特点：①重视建筑环境质量；②平面或空间适应性强、灵活性大；③新材料、新技术不断涌现；④设计理论的精确化、科学化；⑤高层建筑、大跨度建筑大量兴起。

（6）建筑工程的基本属性：综合性，社会性，实践性，技术、经济和艺术的统一性。

第2章 民用建筑概述

2.1 民用建筑的分类与分级

1)概述

建筑是为了满足人类社会活动的需要,利用物质技术条件,按照科学法则和审美要求,通过对空间的塑造、组织与完善所形成的物质环境。建筑泛指一切建筑物与构筑物。建筑物有较完整的围护结构,审美要求也较高,如住宅、学校、办公楼、影剧院等,人们习惯上将它们统称为房屋;构筑物围护结构不完整,审美要求也不高,如水塔、烟窗、蓄水池等。有的建筑虽然没有完整的围护结构,但审美要求很高,也可称为建筑物,如纪念碑。

2)民用建筑的分类

建筑物按照使用性质的不同,通常可分为生产性建筑和非生产性建筑(图2.1)。生产性建筑指工业建筑和农业建筑,非生产性建筑即民用建筑。

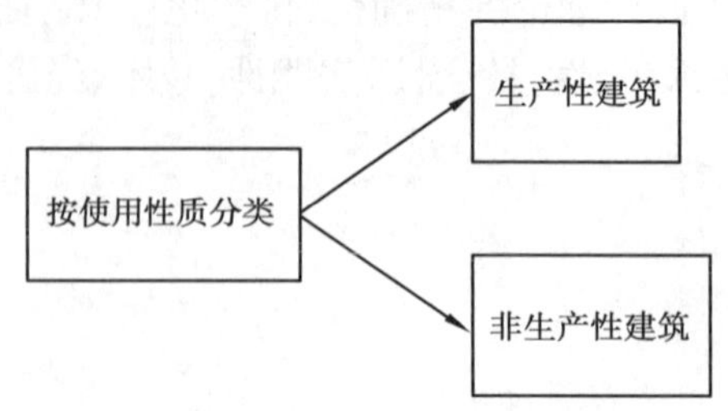

图2.1 建筑的分类

民用建筑的分类方法有多种:

①按使用功能分类,民用建筑可以分为住宅建筑(图2.2)和公共建筑(图2.3)。

a.住宅建筑:如住宅、公寓、宿舍等。

b.公共建筑:按照其功能特点,又可以分为多种类型,如生活服务性建筑、文教建筑、托幼建筑、科研建筑、医疗建筑、商业建筑、行政办公建筑、交通建筑、电信建筑、观演建筑、体育建筑、展览建筑、旅馆建筑、园林建筑、纪念性建筑等。

(a)住宅

(b)宿舍

图2.2　住宅建筑

(a)医院

(b)体育馆

图2.3　公共建筑

②按规模和数量分类,民用建筑可以分为大量性建筑和大型性建筑。

a. 大量性建筑:量大面广,与人们生活密切相关的建筑,如住宅、中小学校、商场等(图2.4)。

(a)学校

(b)商场

图2.4　大量性建筑

b. 大型性建筑:规模宏大,但修建量小的建筑,如大型体育馆(场)、影剧院、航空港、火车站、展览馆等(图2.5)。

(a)悉尼歌剧院

(b)上海火车站

图 2.5　大型性建筑

③按层数分类，民用建筑可以分为低层、多层、中高层、高层和超高层 5 类，见表 2.1。

表 2.1　民用建筑按层数分的分类

分类名称	层　数	图　例
低层建筑 （图 2.6）	1～3 层	图 2.6　低层建筑
多层建筑 （图 2.7）	4～6 层	图 2.7　多层建筑

续表

分类名称	层　数	图　例
中高层建筑 （图 2.8）	7 ~ 9 层	 图 2.8　中高层建筑
高层建筑 （图 2.9）	超过一定高度和层数的建筑。世界各国对高层建筑的界定不尽相同，我国现行的《建筑设计防火规范》（GB 50016—2014，2018 年版）中有高层民用建筑的详细规定	 图 2.9　高层建筑
超高层建筑 （图 2.10）	建筑层数大于 40 层或建筑高度超过 100 m 的民用建筑	 图 2.10　超高层建筑

我国现行的《建筑设计防火规范》（GB 50016—2014，2018 年版）将高层民用建筑根据其建筑高度、使用功能和楼层的建筑面积又分为一类和二类建筑，见表 2.2。

表 2.2　民用建筑的分类

名　称	高层民用建筑		单、多层民用建筑
	一　类	二　类	
住宅建筑	建筑高度大于 54 m 的住宅建筑（包括设置商业服务网点的住宅建筑）	建筑高度大于 27 m 但不大于 54 m 的住宅建筑（包括设置商业服务网点的住宅建筑）	建筑高度不大于 27 m 的住宅建筑（包括设置商业服务网点的住宅建筑）

续表

名　称	高层民用建筑		单、多层民用建筑
	一　类	二　类	
公共建筑	1. 建筑高度大于 50 m 的公共建筑； 2. 建筑高度 24 m 以上部分任一楼层建筑面积大于 1 000 m^2 的商店、展览、电信、邮政、财贸金融建筑和其他多种功能组合的建筑； 3. 医疗建筑、重要公共建筑、独立建造的老年人照料设施； 4. 省级及以上的广播电视和防灾指挥调度建筑、网局级和省级电力调度建筑； 5. 藏书超过 100 万册的图书馆、书库	除一类高层公共建筑外的其他高层公共建筑	1. 建筑高度大于 24 m 的单层公共建筑； 2. 建筑高度不大于 24 m 的其他公共建筑

3）民用建筑的分级

(1)按设计使用年限分类

房屋耐久性的定义：房屋耐久性是指组成房屋建筑的各类构件、装修和设备，在规定时间内和规定条件下能保持其正常功能状态的性能。

按照我国现行的《民用建筑设计统一标准》(GB 50352—2019)，将建筑分为 4 类，具体见表 2.3。

表 2.3　设计使用年限分类

类　别	设计使用年限/年	示　例
1	5	临时性建筑
2	25	易于替换结构构件的建筑
3	50	普通建筑和构筑物
4	100	纪念性建筑和特别重要的建筑

(2)按耐火等级分级

耐火极限的定义：是指对任一建筑构件按时间-温度曲线进行耐火试验，从受到火作用时起，到失去支持能力，或发生穿透裂缝，或背火一面温度上升到 220 ℃时止的这段时间为耐火极限，用小时(h)表示。

按照我国现行的《建筑设计防火规范》(GB 50016—2014，2018 年版)，民用建筑的耐火等级应根据其建筑高度、使用功能、重要性和火灾扑救难度等确定，可分为一、二、三、四级。不同耐火等级建筑相应构件的燃烧性能和耐火极限不应低于表 2.4 的规定。

表 2.4　不同耐火等级建筑相应构件的燃烧性能和耐火极限

单位:h

构件名称		耐火等级			
		一　级	二　级	三　级	四　级
墙	防火墙	不燃性 3.00	不燃性 3.00	不燃性 3.00	不燃性 3.00
	承重墙	不燃性 3.00	不燃性 2.50	不燃性 2.00	难燃性 0.50
	非承重外墙	不燃性 1.00	不燃性 1.00	不燃性 0.50	可燃性
	楼梯间和前室的墙 电梯井的墙 住宅建筑单元之间 的墙和分户墙	不燃性 2.00	不燃性 2.00	不燃性 1.50	难燃性 0.50
	疏散走道两侧的隔墙	不燃性 1.00	不燃性 1.00	不燃性 0.50	难燃性 0.25
	房间隔墙	不燃性 0.75	不燃性 0.50	难燃性 0.50	难燃性 0.25
柱		不燃性 3.00	不燃性 2.50	不燃性 2.00	难燃性 0.50
梁		不燃性 2.00	不燃性 1.50	不燃性 1.00	难燃性 0.50
楼板		不燃性 1.50	不燃性 1.00	不燃性 0.50	可燃性
屋顶承重构件		不燃性 1.50	不燃性 1.00	可燃性 0.50	可燃性

2.2 认识建筑模数

由于建筑设计单位、施工单位、构配件生产厂家往往是各自独立的企业，甚至可能不属于同一地区、同一行业。为了协调建筑设计、施工和构配件生产之间的尺度关系，达到简化构件类型、降低建筑造价、保证建筑质量且提高施工效率的目的，我国制定了《建筑模数统一协调标准》(GB/T 50002—2013)，用以约束和协调建筑尺度。

(1)模数

模数是指选定的尺寸单位，作为尺度协调中的增值单位，也是建筑设计、建筑施工、建筑材料与制品、建筑设备、建筑组合件等各部门进行尺度协调的基础，其目的是使构配件安装尺寸吻合，并有互换性。

(2)基本模数

基本模数是模数协调中选用的基本单位，其数值为 100 mm，符号为 M，即 1M = 100 mm。

(3)扩大模数

扩大模数是指基本模数的整数倍。扩大模数的基数应为 2M、3M、6M、9M、12M、…

(4)分模数

分模数是指基本模数除整数的数值。分模数的基数为 M/10、M/5、M/2 共 3 个，其相应的尺寸为 10 mm、20 mm、50 mm。

(5)模数数列

模数数列是指由基本模数、扩大模数、分模数为基础扩展成的一系列尺寸。它既可以保证不同建筑及组成部分之间尺度的统一协调，又可以有效减少建筑尺寸的种类，并确保尺寸具有合理的灵活性。

①模数数列应根据功能性和经济性原则确定。

②建筑物的开间或柱距，进深或跨度，梁、板、隔墙和门窗洞口宽度等分部件的截面尺寸宜采用水平基本模数和水平扩大模数数列，且水平扩大模数数列宜采用 $2n$M，$3n$M(n 为自然数)。

③建筑物的高度、层高和门窗洞口高度等宜采用竖向基本模数和竖向扩大模数数列，且竖向扩大模数数列宜采用 nM。

2.3 民用建筑的基本构成

一栋建筑物一般是由基础、墙、楼板层、地坪层、楼梯、屋顶和门窗等几大部分组成。它们在不同的部位发挥着各自的作用，具体如图 2.11 所示。

1)基础

基础(图 2.12)是建筑物下部的承重构件，它承受建筑物的全部荷载，并将荷载传给地基。

基础必须具有足够的强度、稳定性,同时应能抵御土层中各种有害因素的作用。

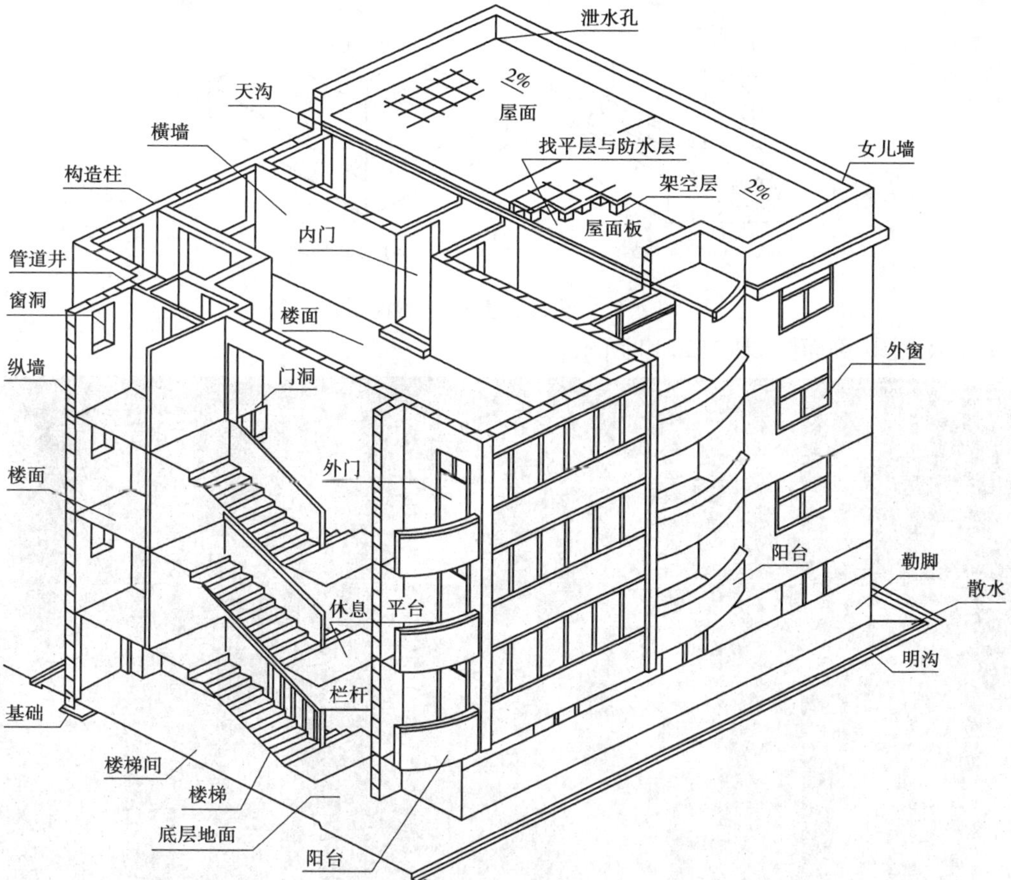

图 2.11　建筑物的基本组成

图 2.12　基础示意图(实物)

基础示意图(三维模型)如图 2.13 所示。

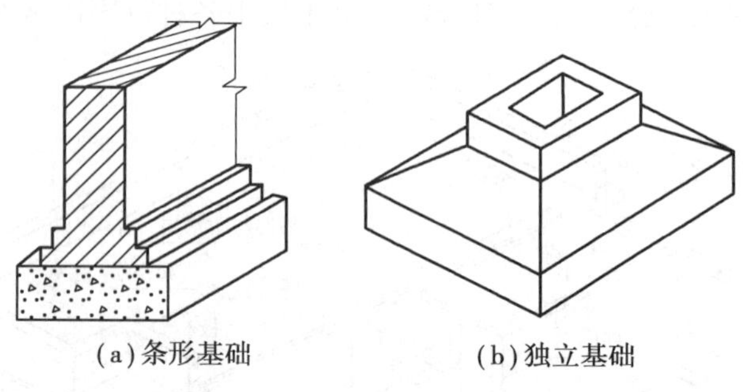

图 2.13　基础示意图(三维模型)

基础示意图(剖面图)如图 2.14 所示。

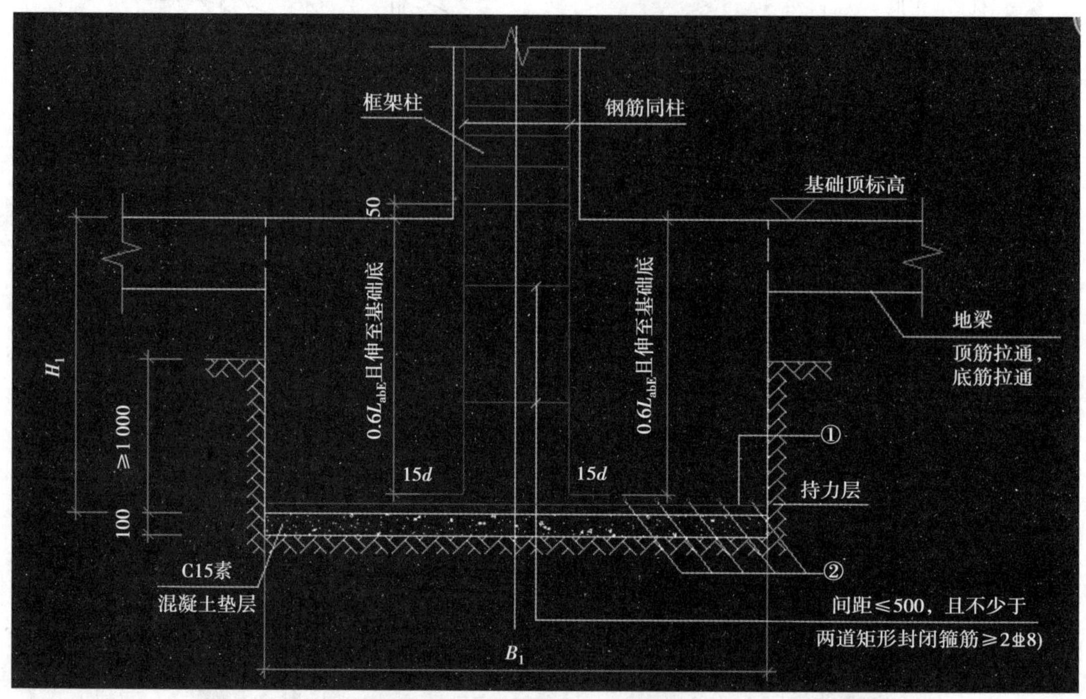

图 2.14　基础示意图(剖面图)

2)墙和柱

墙(图 2.15)是建筑物的竖向围护构件,在多数情况下也是承重构件,承受屋顶、楼层、楼梯等构件传来的荷载,并将这些荷载传给基础。外墙分隔建筑物内外空间,抵御自然界各种因素对建筑的侵袭;内墙分隔建筑内部空间,避免各空间之间的相互干扰。根据墙所处的位置和所起的作用,分别要求它具有足够的强度、稳定性以及保温、隔热、节能、隔声、防潮、防水、防火等功能以及具有一定的经济性和耐久性。

为扩大空间,提高空间的灵活性,也为了结构的需要,有时以柱(图 2.16)代墙,起承重作用。

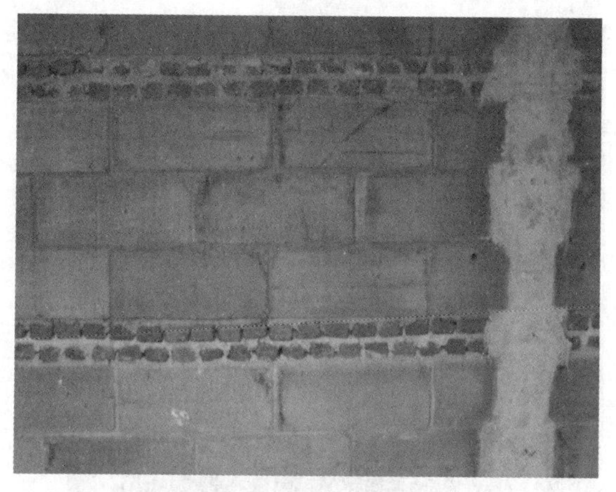

图2.15　墙

图2.16　柱

3)楼、地层

楼层和地层是建筑物水平方向上的围护构件和承重构件。楼层分隔建筑物的上下空间，并承受作用在其上的家具、设备、人体、隔墙等荷载及楼板自重，并将这些荷载传给墙或柱。楼层还起着墙或柱的水平支撑作用，以增加墙或柱的稳定性。楼层必须具有足够的强度和刚度。根据楼层上下空间的特点，楼层尚应具有隔声、防潮、防水、保温、隔热等功能。地层是底层房间与土壤的隔离构件，除承受作用其上的荷载外，还应具有防潮、防水、保温等功能。

楼板如图2.17所示。

图2.17　楼板

4)楼梯

楼梯(图2.18、图2.19)是建筑物的垂直交通设施，供人们上下楼层、疏散人流及运送物品之用。它应具有足够的通行宽度和疏散能力，具有足够的强度和刚度，并具有防火、防滑、耐磨等功能。

(a)实物图

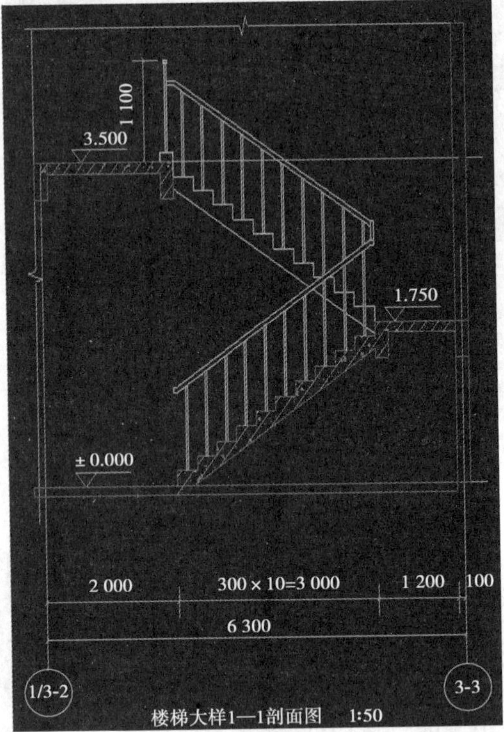

(b)剖面图

图 2.18 楼梯示意图

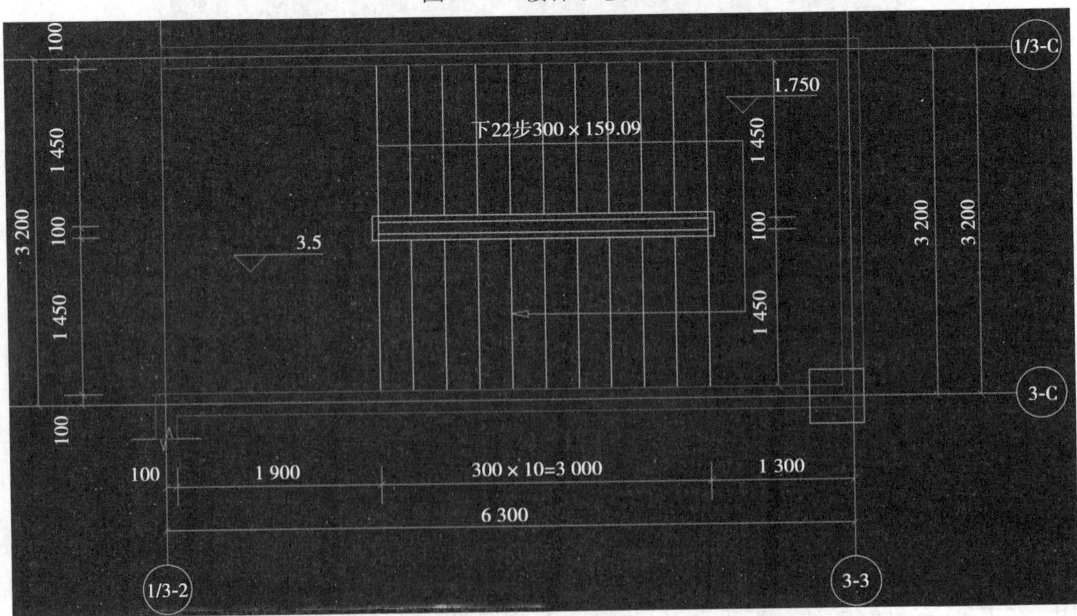

图 2.19 楼梯示意图(平面图)

5)屋顶

屋顶(图2.20、图2.21)是建筑物顶部的围护构件和承重构件。它抵御自然界的雨、雪、风、太阳辐射等因素对房间的侵袭,同时承受作用其上的全部荷载,并将这些荷载传给墙或柱。因此,屋顶必须具备足够的强度、刚度以及保温、隔热、防潮、防水、防火、耐久及节能等功能。

图2.20 屋顶示意图(实物)

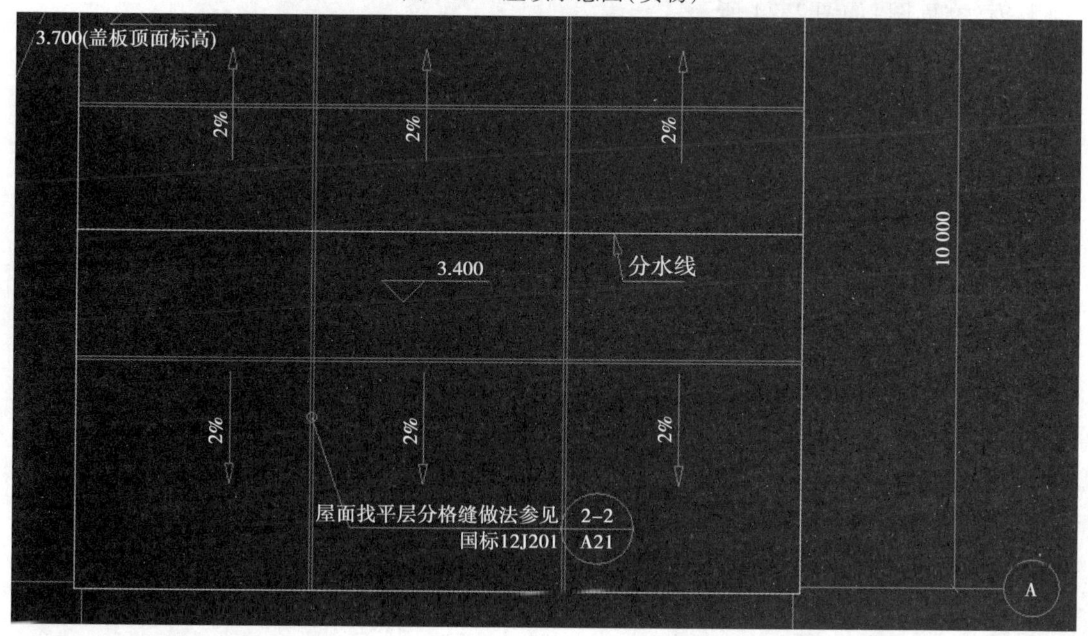

图2.21 屋顶示意图(平面图)

6)门、窗

门(图2.22)的主要功能是交通出入、分隔和联系内部与外部或室内空间,有的兼起通风和采光作用。门的大小和数量以及开关方向是根据通行能力、使用方便和防火要求等因素确定的。窗(图 2.23)的主要功能是采光和通风透气,同时又起分隔和围护作用,并起到空间之间视觉联系作用。门和窗均属围护构件,根据其所处位置,门窗应具有保温、隔热、隔声、节能、防风沙及防火等功能。一栋建筑物除上述基本构件外,根据使用要求还有一些其他构件,如阳台、雨篷、台阶、烟道与通风道以及垃圾道等。

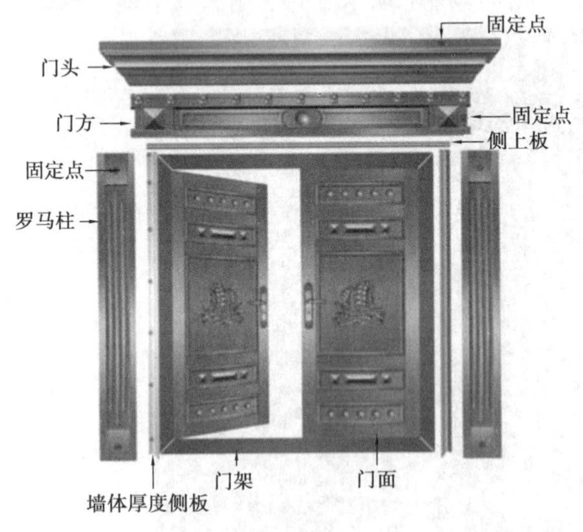

图 2.22　门(实物)

图 2.23　窗(实物)

门、窗(立面图)如图 2.24 所示。

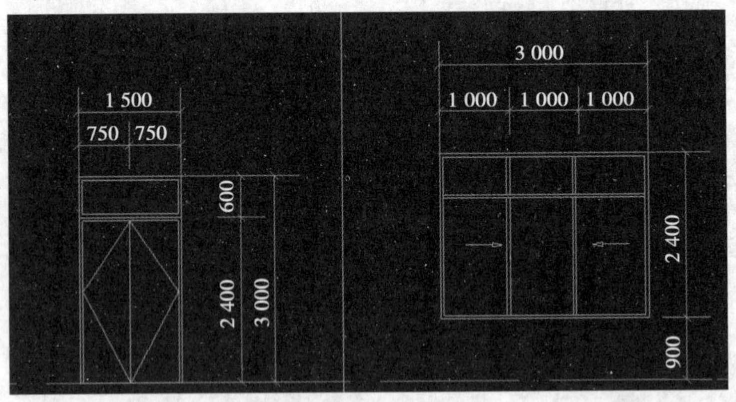

图 2.24　门、窗(立面图)

2.4　影响建筑构造的因素

建筑物受到各种自然因素和人为因素的作用,为提高建筑物的质量和耐久年限,在建筑构造设计时必须充分考虑各种因素的影响,并根据其影响程度采取相应的构造方案和措施。影响建筑构造的因素大致分为下述几个方面(图 2.25)。

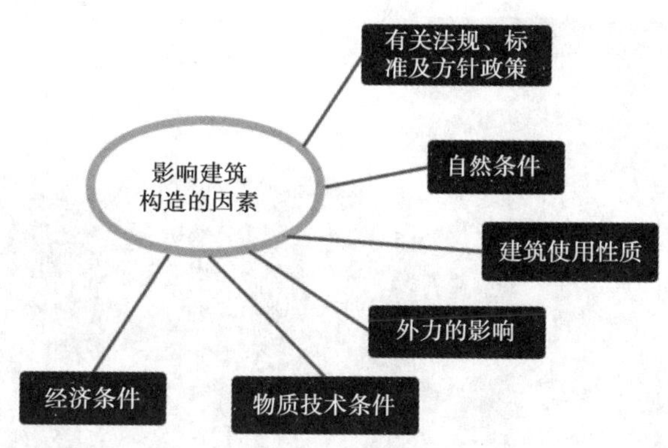

图2.25 影响建筑构造的因素

1)有关法规、标准及方针政策

建筑类法规及规范(图2.26)是我国建筑界常用标准的表达形式。它是以建筑科学、技术和实践经验的综合成果为基础,经有关方面认定,由国务院有关部委批准、颁发,作为全国建筑界共同遵守的准则和依据。设计人员必须遵守各种规范、标准与方针政策来完成设计工作。

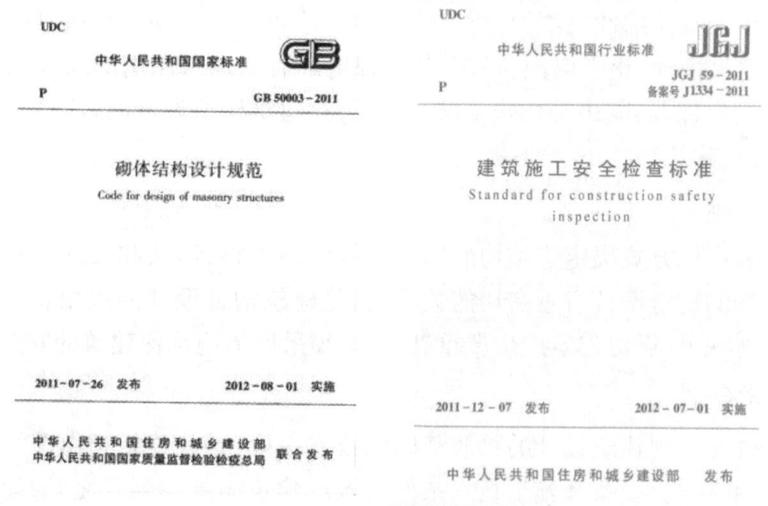

图2.26 建筑类法规、规范示意图

2)自然条件

建筑物的构造设计受到自然条件(图2.27)包括温湿度、日照、雨雪、风力等气候条件及地形、地质条件以及地震烈度等的限制和制约。我国幅员辽阔,南北东西气候差别很大,因此建筑构造设计应与各地的气候特点相适应。在构造设计时,必须掌握建筑物所在地区的自然条件,明确影响性质和程度,对建筑物各部位采取相应的措施。如寒冷地区的建筑,应满足保温、防寒、防冻、防止冷风渗透等要求,且外窗的大小、层数及墙体的材料与厚度受到一定限制;炎热地区的建筑,则应保证通风、隔热等要求。此外,构造设计还应考虑自然灾害的影响,必须采取相关措施以防止建筑产生严重破坏,确保建筑的安全和正常使用。

图 2.27 自然条件(温度、湿度、日照、风力、地形地质等)

3)建筑使用性质

不同的建筑由于其使用性质不同,对建筑物的构造要求也不同。一些具有特殊使用性质的建筑会产生如机械振动、化学腐蚀、噪声、各种辐射等有损建筑使用的问题;而有的建筑(如冷库、广播室等)则有保温、隔声等特殊要求。因此,在建筑构造设计时,应针对性地采取相应的构造措施,以保证建筑物的正常使用。

4)外力的影响

外力的大小和作用方式决定了结构的形式和构件的用料、形状和尺寸,而构件的选材、形状和尺寸与建筑物的构造设计有着密切的关系,它是建筑构造设计的依据。风力对高层建筑构造的影响不可忽视,地震对建筑产生严重破坏,必须采取措施确保建筑的安全和正常使用。

5)物质技术条件

物质技术条件是实现建筑设计的物质基础和技术手段,是使建筑物由图纸付诸实施的根本保证。建筑材料、结构、设备和施工技术条件是构成建筑的基本要素之一,建筑构造受它们的影响和制约。随着建筑业的发展,新材料、新结构、新设备以及新的施工方法不断出现,建筑构造要解决的问题越来越多、越来越复杂。建筑工业化的发展也要求构造技术与之相适应。

6)经济条件

基本建设的投资相当大,建造一栋建筑物需要耗费大量的人力、物力和财力,因此经济因素始终是影响建筑设计的重要因素。建筑设计应根据建筑物的等级和国家制定的相应的经济指标及建造者本身的经济能力来进行,脱离经济因素的建筑设计只能是纸上谈兵。建筑构造设计是建筑设计中不可分割的一部分,也必须考虑经济效益。在确保工程质量的前提下,既要降低建造过程中的材料、能源和劳动力消耗,以降低造价,又要有利于降低使用过程中的维护和管理费用。同时,在设计过程中要根据建筑物的不同等级和质量标准,在材料选择和构造方式上给予区别对待。

2.5　建筑构造设计原则

建筑构造设计原则如图 2.28 所示。

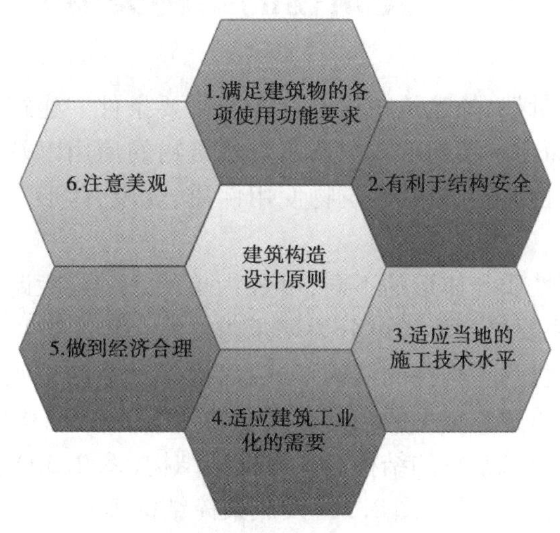

图 2.28　建筑构造设计原则

(1)满足建筑物的各项使用功能要求

在建筑设计中,由于建筑物的功能要求和某些特殊需要,如保温、隔热、隔声、吸声、防射线、防腐蚀、防振等,给建筑设计提出了技术上的要求。为了满足使用功能的需求,在建筑构造设计时,必须综合有关技术知识,进行合理的设计、计算,并选择经济合理的构造方案。

(2)有利于结构安全

建筑物除根据荷载大小、结构的要求确定构件的必须尺寸外,在构造上需采取措施,以保证构件与构件之间的连接,使之有利于结构的安全和稳定。

(3)适应当地的施工技术水平

建筑构造设计必须与当地的生产力发展水平、施工技术水平相适应,否则难以实现。

(4)适应建筑工业化的需要

为确保建筑工业化的顺利进行,在构造设计时,应大力推广先进技术,选择各种新型建筑材料,采用标准设计和定型构件,为制品生产工厂化、现场施工机械化创造有利条件。

(5)做到经济合理

造价指标是构造设计中不可忽视的因素之一。在构造设计时,应厉行节约,尽量利用工业废料,要从我国国情出发,做到因地制宜、就地取材。

(6)注意美观

构造方案的处理是否精致和美观,都会影响建筑物的整体效果,因此,亦需事先予以充分考虑研究。

总之，在构造设计中，应全面贯彻“适用、安全、经济、美观”的建筑方针，并考虑建筑物的使用功能、所处的自然环境、材料供应情况以及施工条件等因素，进行分析、比较，确定最佳方案。

2.6 建筑物的结构类型

结构是建筑物的承重骨架，是建筑物赖以存在的主要条件。建筑材料和建筑技术的发展决定着结构形式的发展；而建筑结构形式的选用对建筑物的使用以及建筑形式又有着极大的影响。大量民用建筑的结构形式，依其建筑物使用性质、规模、体形、构件所用材料、受力情况等的不同而异。

根据建筑物本身使用性质和体形的不同，可分为单层、多层、大跨和高层建筑。在这些建筑中，单层及多层建筑的主要结构形式可分为墙承重结构（图 2.29）、框架承重结构。墙承重结构是指由墙体作为建筑物承重构件的结构形式；而框架承重结构则主要是由梁、柱、板作为承重构件的结构形式。大跨建筑常见的结构形式有拱结构、桁架结构以及网架、薄壳、折板、悬索等空间结构形式。高层建筑常见的结构形式有框架结构（图 2.30）、现浇剪力墙结构、框架-剪力墙结构、框架筒体结构、筒中筒（图 2.31）及成束筒结构等。

依结构构件所使用材料的不同，目前有混合结构、钢筋混凝土结构和钢结构（图 2.32）之分。混合结构是指在一座建筑中，其主要承重构件分别采用多种材料所构成，如砖与木、砖与钢筋混凝土、钢筋混凝土与钢等。在这类建筑中，目前以砖与钢筋混凝土居多。由于其主要以砖墙为主体，故习惯上又称为砖混结构，它是多层建筑的主要结构形式，其特点是可根据各地情况因地制宜、就地取材、降低造价。

图 2.29　墙承重结构（墙体作为主要受力构件）

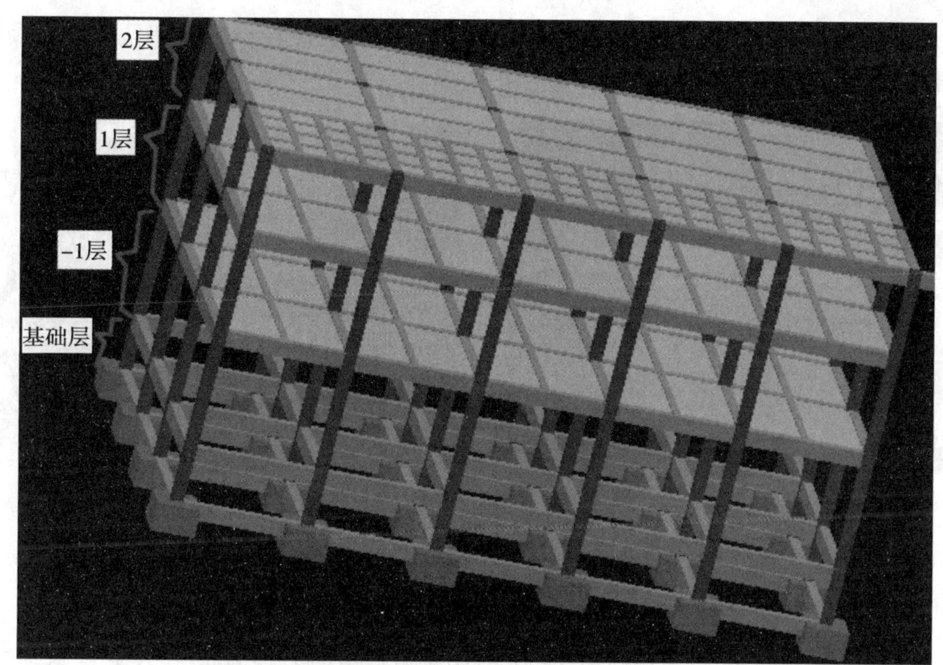

图2.30　框架承重结构(主要受力构件为柱、梁、板)

图2.31　筒中筒结构(核心筒+外围结构)

钢筋混凝土结构是指建筑物的主要承重构件均采用钢筋混凝土材料构成。由于钢筋混凝土的骨料可就地取材,耗钢量少,加之水泥原料丰富,造价较便宜,防火性能和耐久性能好,而且混凝土构件既可现浇,又可预制,为构件生产的工厂化和机械化提供了条件。所以钢筋混凝土结构是发展较广的一种结构形式,也是我国目前高层建筑采用的主要结构形式。

钢结构则是指建筑物的主要承重构件用钢材制作的结构。它具有强度高、构件质量轻、平面布局灵活、抗震性能好、施工速度快等特点。由于我国钢产量不多,且造价高,因此目前它主要用于大跨度、大空间以及高层建筑中。随着钢铁工业的发展,钢结构在建筑上的应用将会逐步扩大。此外,由于轻型冷轧薄壁型材及压型钢板的发展,也使轻钢结构在低层以及高层建筑的围护结构中得以广泛应用。

图 2.32　钢结构示意图

本章小结

(1)建筑物的分类。按使用功能分类,民用建筑可以分为住宅建筑和公共建筑;按规模和数量分类,民用建筑可以分为大量性建筑和大型性建筑;按层数分类,民用建筑可以分为低层、多层、中高层、高层和超高层五类。

(2)民用建筑的分级。①按设计使用年限分类:一类建筑:设计使用年限为 5 年,适用于临时性建筑;二类建筑:设计使用年限为 25 年,适用于易于替换结构构件的建筑;三类建筑:设计使用年限为 50 年,适用于普通建筑和构筑物;四类建筑:耐久年限为 100 年,适用于纪念性建筑和特别重要的建筑。②按耐火等级分级:可分为一、二、三、四级。

(3)一栋建筑物一般是由基础、墙、楼板层、地坪层、楼梯、屋顶和门窗等几大部分组成,它们在不同的部位发挥着各自的作用。

(4)影响建筑构造的因素主要有:①有关法规、标准及方针政策;②自然条件;③建筑使用性质;④外力的影响;⑤物质技术条件;⑥经济条件。

(5)建筑构造设计应遵循"满足建筑物的各项使用功能"要求,有利于结构安全,适应其所处的自然环境,适应当地的材料供应情况与施工技术水平,适应建筑工业化的需要,做到经济合理、注意美观等。

第3章　基础与地下室

3.1　基础与地基概述

1)地基与基础的关系

基础是建筑物的重要组成部分,是位于建筑物地面以下的承重构件,承受着建筑物的全部荷载,并将这些荷载连同自重一起传递给地基。

地基是基础下面承受建筑物总荷载的土壤层,它不是建筑物的组成部分。地基承受建筑物荷载而产生的应力和应变是随着土层深度的增加而减小的,在达到一定深度后可以忽略不计。

基础与地基传力示意图如图3.1所示。

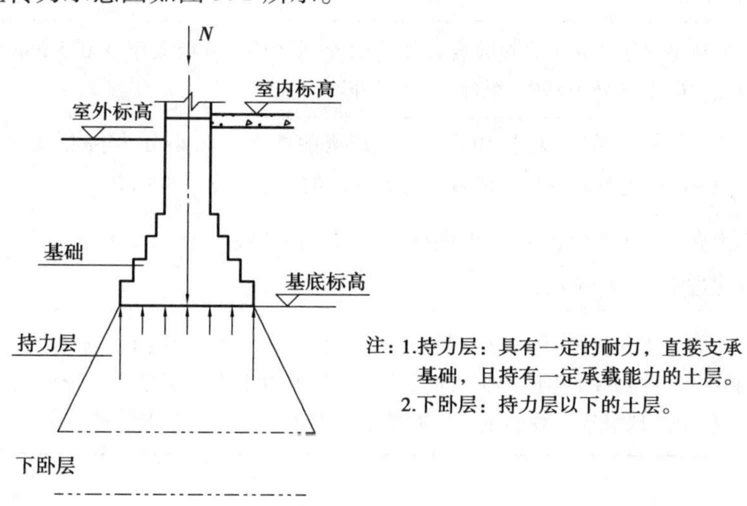

图3.1　基础与地基传力示意图

地基承受荷载的能力有一定限度，地基每平方米所承受的最大压力称为地基的允许承载力(也称地耐力)。允许承载力主要应根据地基土的特性确定，同时也与建筑物的结构构造和使用要求等有一定的关系。当基础对地基的压力超过允许承载力时，地基将出现较大的沉降变形，甚至地基土会滑动挤出而破坏。地基和基础共同作用，来保证建筑的稳定、安全及坚固耐久。为了保证建筑物的稳定和安全，要满足基础底面的平均压力不超过地基的允许承载力，即满足下列不等式：

$$F \geqslant \frac{N}{R}$$

式中，F 为基础底面积；N 为建筑物总荷载；R 为地基的允许承载力。

从上式可以看出，当地基承载力不变时，建筑物总荷载越大，基础底面积也要求越大；或者说当建筑物总荷载不变时，地基承载力越小，基础底面积就越大。

2)地基概述

(1)土层的分类

《建筑地基基础设计规范》(GB 50007—2011)规定，作为建筑地基的岩土分类见表3.1。

表3.1 岩土的分类

类 型	分类描述
岩石	岩石的坚硬程度根据岩块的饱和单轴抗压强度分为坚硬岩、较硬岩、较软岩、软岩和极软岩。当缺乏饱和单轴抗压强度资料或不能进行该项试验时，可在现场通过观察定性划分，划分标准可按规范执行。岩石的风化程度可分为未风化、微风化、中等风化、强风化和全风化
碎石土	碎石土为粒径大于2 mm的颗粒含量超过全重50%的土。碎石土可分为漂石、块石、卵石、碎石、圆砾和角砾
砂土	砂土为粒径大于2 mm的颗粒含量不超过全重50%、粒径大于0.075 mm的颗粒超过全重50%的土。砂土可分为砾砂、粗砂、中砂、细砂和粉砂
黏性土	黏性土为塑性指数 I_p 大于10的土，按其塑性指数的大小分为黏土($I_p<10$)和粉质黏土($10<I_p\leqslant17$)两大类。黏性土的承载力的标准值f_{ak}为105～475 kPa
粉土	粉土为介于砂土与黏性土之间，塑性指数(I_p)小于或等于10且粒径大于0.075 mm的颗粒含量不超过全重50%的土
人工填土	根据土的组成和成因，可分为素填土、压实填土、杂填土、冲填土。素填土为由碎石土、砂土、粉土、黏性土等组成的填土。经过压实或夯实的素填土为压实填土。杂填土为含有建筑垃圾、工业废料、生活垃圾等杂物的填土。冲填土为由水力冲填泥砂形成的填土

(2)地基的分类

按土层的性质不同，地基分为天然地基和人工地基两大类。

①天然地基。天然地基是指具有足够承载能力的天然土层，可直接在天然土层上建造基础。岩石、碎石、砂石、黏性土等，一般均可作为天然地基。

②人工地基。人工地基是指天然土层的承载力较差或土层质地较好，但不能满足荷载的要求，为使地基具有足够的承载能力，应对土层进行加固，这种经过人工加固的地基称为人工地基。人工地基的加固方法见表3.2。

表3.2　人工地基的加固方法

类　型	描　述	图　例
压实法（图3.2）	利用重锤（夯）、碾压（压路机）和振动法将土层压实。这种方法简单易行，对提高地基承载力的收效较大	 图3.2　压实法
换土法（图3.3）	当地基为淤泥、冲填土、杂填土及其他高压缩土时，应采用换土法。换土所用材料应选用中砂、粗砂、碎石或级配石等空隙大、压缩性低、无侵蚀性的材料。换土范围由计算确定	 图3.3　换土法
打桩法（图3.4）	在建筑物荷载大、层数多、高度高、地基土又较松软时，一般应采用桩基。桩基由承台和桩柱组成。打桩法按施工方法分为支承桩、钻孔桩、爆扩桩等，见表3.3	 图3.4　打桩法

表3.3　打桩法的分类

分类名称	描　述	图　例
支承桩 (图3.5)	支承桩为钢筋混凝土预制桩,借助打桩机打入土中。一般桩的断面尺寸为300 mm×300 mm～600 mm×600 mm,其长度视需要而定,桩身长一般为6～12 m	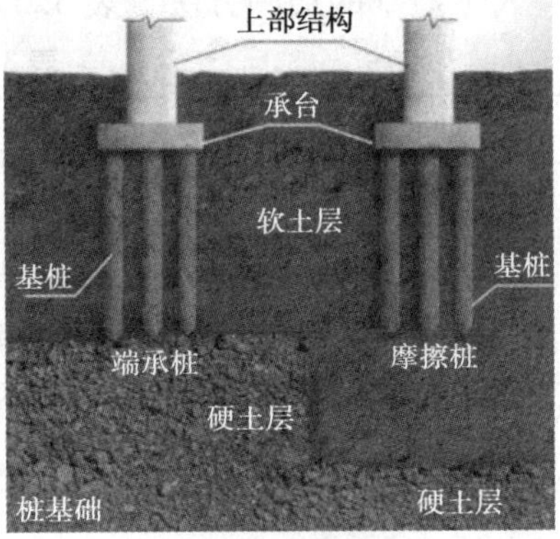 图3.5　支承桩
钻孔桩 (图3.6)	钻孔桩是先利用钻孔机钻孔,然后放入钢筋骨架,再浇筑混凝土而成。钻孔直径一般为300～500 mm,桩身长不超过12 m	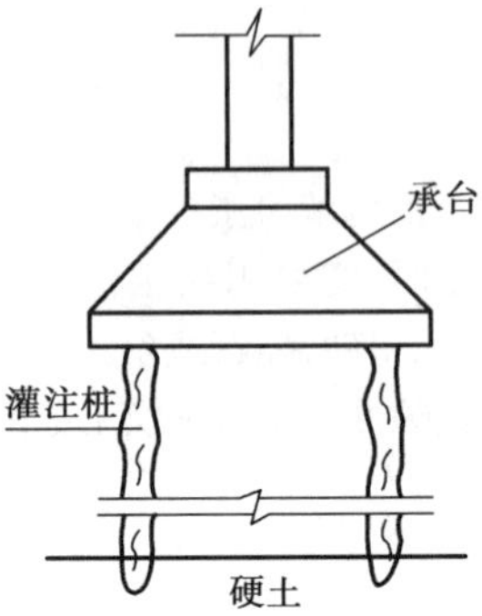 图3.6　钻孔桩
爆扩桩 (图3.7)	爆扩桩是经钻孔、引爆、浇筑混凝土而成。引爆的作用是将桩端扩大,以提高承载力	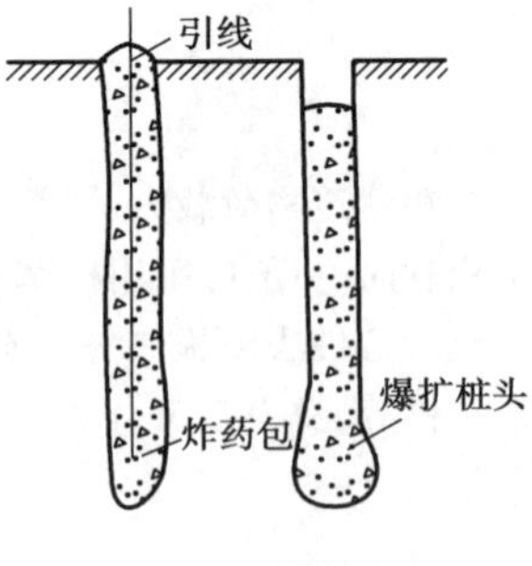 图3.7　爆扩桩
其他类型桩	除以上桩的类型外,还有砂桩、碎石桩、扩孔墩等。采用桩基时,应在桩顶加作承台梁或承台板,以承托墙柱	

(3)桩的分类

根据桩的受力特点,桩基础可分为端承桩和摩擦桩两种,如图3.8所示。

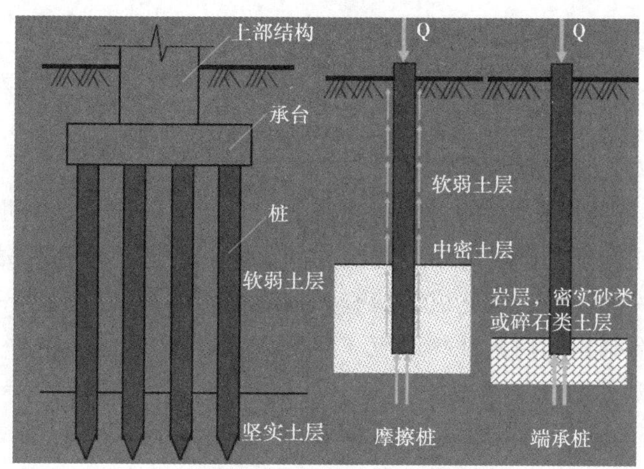

图3.8　桩基础示意图

①端承桩。端承桩是指将桩尖直接支承在岩石或硬土层上，用桩尖支承建筑物的总荷载，并通过桩尖将荷载传递给地基。这种桩适用于坚硬土层较浅、荷载较大的工程。

②摩擦桩。摩擦桩是指用桩挤实软弱土层，靠桩壁与土壤的摩擦力承受总荷载。这种桩适用于坚硬土层较深、荷载较小的工程。

3）地基与基础的设计要求

地基承受着建筑物的全部荷载，基础是建筑物的主要承重构件，两者质量的好坏直接关系建筑物的安全问题。因此，在建筑设计时合理选择地基和基础极为重要。设计时应考虑的设计要求如图3.9所示。

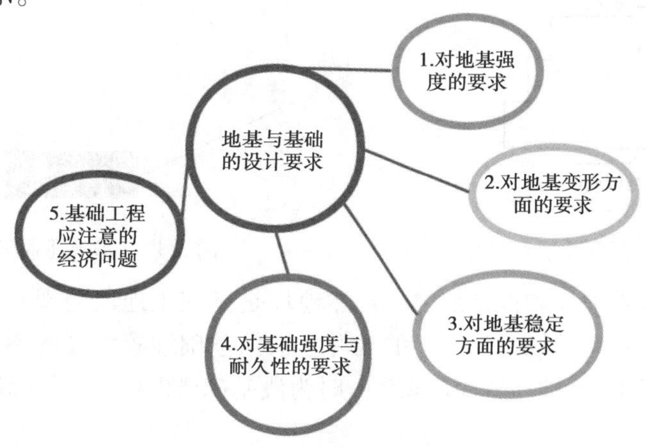

图3.9　地基与基础的设计要求

（1）对地基强度的要求

建筑物的建造地址应尽可能地选在地基土的承载力较高且分布均匀的地段，如岩石、碎石类等，应优先考虑采用天然地基。

（2）对地基变形方面的要求

要求地基有均匀的压缩量，以保证有均匀的下沉。地基土质不均匀会给基础设计增加困难。若地基处理不当将会使建筑物发生不均匀沉降而引起墙身开裂，甚至影响建筑物的使用。

(3)对地基稳定方面的要求

要求地基有防止产生滑坡、倾斜方面的能力,必要时(如有较大的高差)应加设挡土墙,以防止滑坡变形的出现。

(4)对基础强度与耐久性的要求

基础是建筑物的重要承重构件,对整个建筑的安全起保证作用。因此,基础所用材料必须具有足够的强度,才能保证基础能够承受建筑物的荷载并传递给地基。另外,基础是埋在地下的隐蔽工程,在土中受潮、浸水,且建成后检查和加固很困难,所以在选择基础的材料和构造形式等问题时,应与上部结构的耐久性相适应。

(5)基础工程应注意的经济问题

基础工程占建筑总造价的10%~40%,降低基础工程的投资是降低工程总投资的重要一环。因此,在设计中应选择较好的土质地段,对需要特殊处理的地基和基础应尽量选用地方材料,并采用恰当的形式及构造方法,从而节约工程投资。

4)基础埋置深度

(1)基础埋置深度概述

基础的埋置深度是指从室外设计地坪到基础底面的距离,如图3.10、图3.11所示。

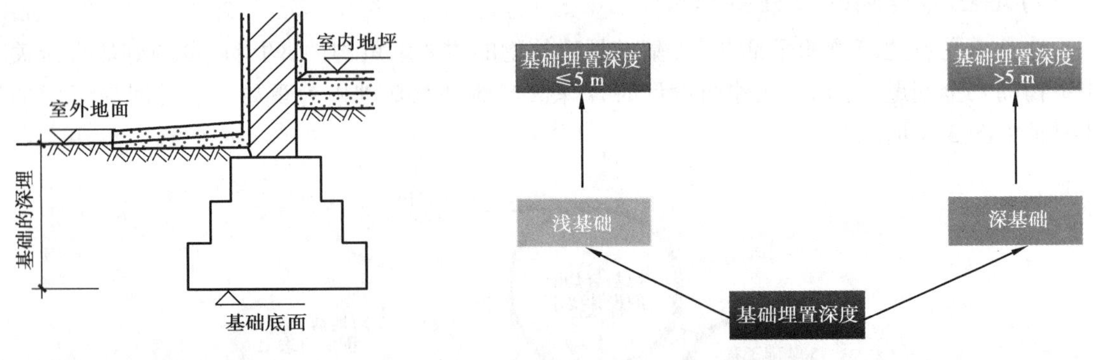

图3.10　基础的埋置深度示意图　　图3.11　基础埋置深度分类

室外地坪分为自然地坪和设计地坪。自然地坪是指施工地段的现有地坪,而设计地坪指按设计要求工程竣工后室外场地经整平的地坪。根据基础埋置深度的不同,基础分为浅基础和深基础。一般情况下,基础埋置深度≤5 m时为浅基础(图3.12),基础埋置深度>5 m时为深基础(图3.13)。

在确定基础埋深时应优先选择浅基础。它的特点是:构造简单、施工方便、造价低廉且不需要特殊施工设备。只有在表层土质极弱、总荷载较大或其他特殊情况下,才选用深基础。除此之外,基础埋置深度也不能过小,因为地基受到建筑物荷载作用后,可能将四周土挤走,使基础失稳;或地面受到雨水的冲刷、机械破坏而导致基础暴露,影响建筑物的安全。要求基础的最小埋置深度不应小于500 mm。

(2)确定基础埋置深度的原则

确定基础埋置深度的原则如图3.14所示。

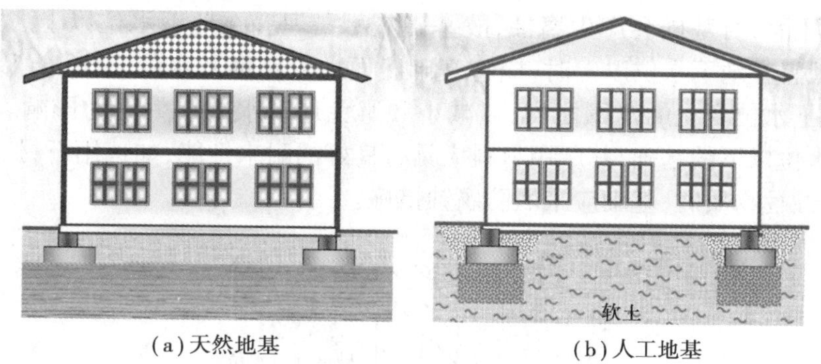

(a)天然地基　　(b)人工地基

图3.12　浅基础示意图

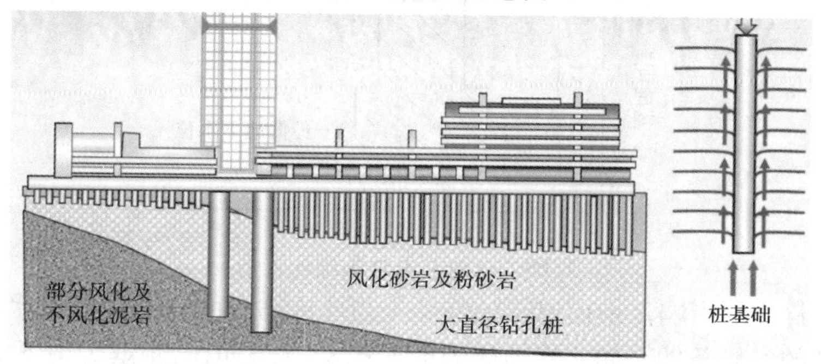

图3.13　深基础示意图

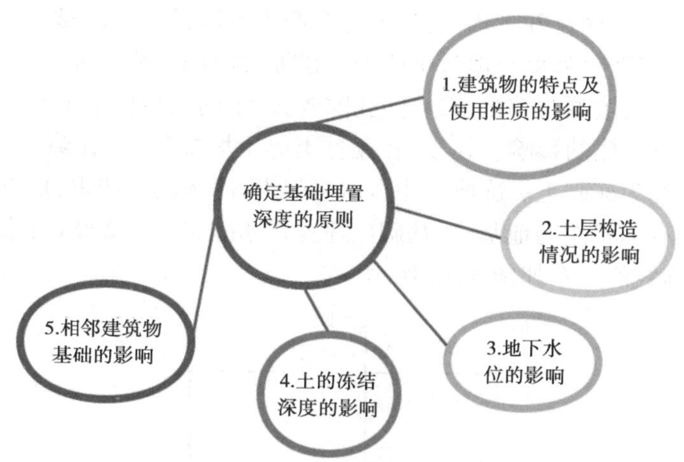

图3.14　确定基础埋置深度的原则

①建筑物的特点及使用性质的影响。应根据建筑物是多层建筑还是高层建筑、有无地下室、设备基础、建筑的结构类型等确定基础埋置深度。一般来说，高层建筑的基础埋深是地上建筑物总高度的1/14～1/10，而多层建筑则依据地下水位及冻土深度来确定基础埋深。

②土层构造情况的影响。土质好、承载力高的土层，基础可以浅埋；土质差、承载力低的土层，基础应深埋。

③地下水位的影响。地基土含水量的大小对承载力的影响很大，因此地下水位的高低直接影响地基承载力。如黏性土遇水后，因含水量增加体积膨胀，使土的承载力下降。而含有侵

蚀性物质的地下水，对基础会产生腐蚀，故基础应尽量埋置在地下水位以上。当地下水位较高、基础不能埋置在地下水位以上时，应将基础底面埋置在地下水位 200 mm 以下，不应使基础底面处于地下水位变化的范围之内，以减小和避免地下水的浮力等的影响。如图 3.15 所示，埋在地下水位以下的基础，其所用材料应具有良好的耐水性能，如选用石材、混凝土等。当地下水含有侵蚀性物质时，基础应采取防腐蚀措施。

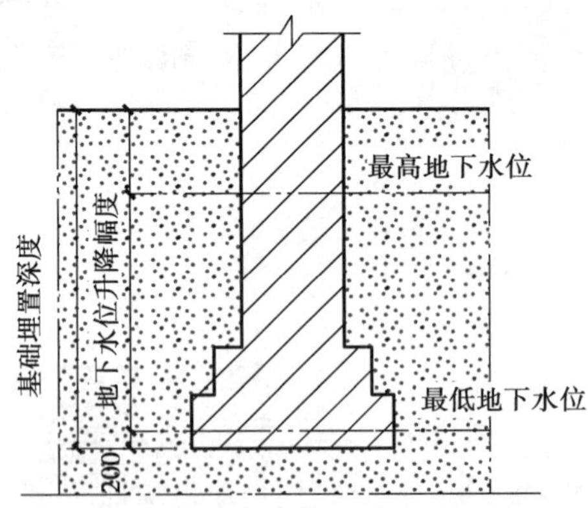

图 3.15　有地下水时基础埋置情况

④土的冻结深度的影响。地面以下的冻结土与非冻结土的分界线称为冰冻线。土的冻结深度取决于当地的气候条件。如北京地区为地下 0.8 ~ 1.0 m，哈尔滨为地下 2.0 m。冬季，土的冻胀会将基础抬起；春季，气温回升土层解冻，基础会下沉，使建筑物同期性地处于不稳定状态。由于土中各处冻结和融化并不均匀，建筑物会产生变形，如墙身开裂、门窗变形等。

土壤冻胀现象及其严重程度与地基土的颗粒粗细、含水量、地下水位高低等因素有关。碎石、卵石、粗砂、中砂等土壤颗粒较粗，颗粒间孔隙较大，水的毛细作用不明显，冻而不胀或冻胀轻微，其埋深可不考虑冻胀的影响。粉砂、轻亚黏土等土壤颗粒细，孔隙小，毛细作用显著，具有冻胀性，此类土壤称为冻胀土。冻胀土中含水量越大，冻胀就越严重，地下水位越高，冻胀就越强烈。因此，对于有冻胀性的地基土，基础应埋置在冰冻线以下 200 mm 处。

基础埋深与冰冻线的关系如图 3.16 所示。

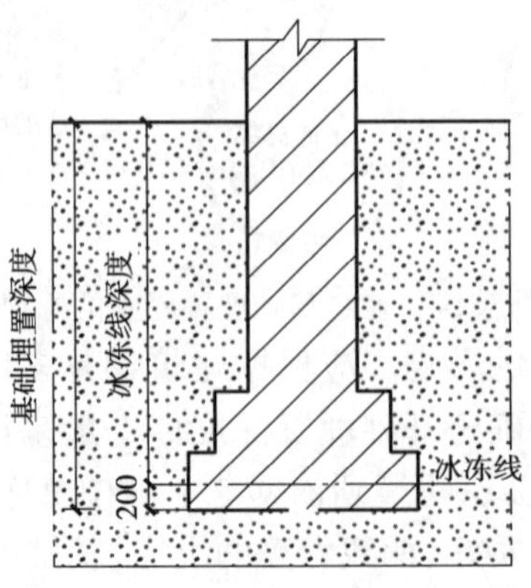

图 3.16　基础埋深与冰冻线的关系

⑤相邻建筑物基础的影响。当新建房屋的基础埋深小于或等于原有房屋的基础埋深时，

可不考虑相互影响；当新建房屋的基础埋深大于原有房屋的基础埋深时，应考虑相互影响。具体做法应满足下列条件：

$$L=(1.0\sim2.0)H$$

式中　H——新建与原有建筑物基础底面标高之差；

L——新建与原有建筑物基础边缘的最小距离。

相邻基础的埋置位置如图 3.17 所示。

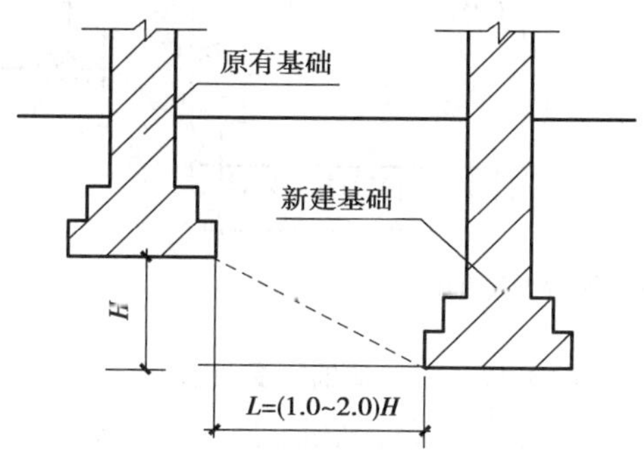

图 3.17　相邻基础的埋置位置

3.2　基　础

基础的类型有很多，划分方法也不尽相同。从基础的材料及受力来划分，可分为刚性基础、柔性基础；从基础的构造形式划分，可分为条形基础、独立基础、筏形基础、箱形基础等。

1）按所用材料及受力特点分类

（1）刚性基础

刚性基础指用砖、灰土、混凝土、三合土、毛石等受压强度大而受拉强度小的刚性材料建成的基础。由于刚性材料的特点，这种基础只适用于受压而不适用于受弯、受拉和剪力，因此基础剖面尺寸必须满足刚性条件的要求。

由于地基承载力的限制，上部结构通过基础将其荷载传给地基时，为使其单位面积所传递的力与地基承载力设计值相适应，以台阶的形式逐渐扩大其传力面积，这种逐渐扩大的台阶称为大放脚。

根据实验得知，刚性材料建成的基础在传力时只能在材料允许的控制范围内，这个控制范围的夹角称为刚性角，以(°)表示，即控制基础挑出长度 b 与 H 之比（通常称为宽高比）。在刚性角控制范围内，基础底面不会产生拉应力，基础不会被破坏。如果基础底面宽度超过刚性角控制范围，即 b 增大为 B，这时从基础受力方面分析，挑出的基础相当于一个悬臂梁，基础底面将受拉。当拉应力超过材料的抗拉强度时，基础底面将因受拉而开裂，并由于裂缝扩展而使基础破坏。因此，刚性基础宽度的增大受到刚性角的限制，不同材料的刚性角是不同的，例如砖基础的宽高比为 1∶1.50，毛石基础的宽高比为 1∶1.25～1∶1.50，混凝土基础的宽高比为 1∶1，灰土基础的宽高比为 1∶1.25～1∶1.50。刚性基础常用于建筑物荷载较小、地基承载力较好、压缩性较小的地基上。

刚性基础的受力、传力特点如图 3.18 所示。

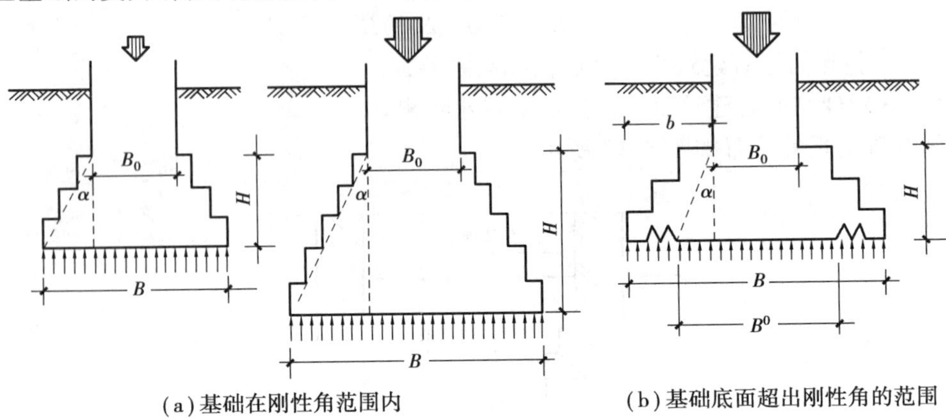

图 3.18 刚性基础的受力、传力特点

①砖基础。砌筑砖基础的普通黏土砖，其强度等级要求在 MU7.5 以上，砂浆强度等级一般不低于 M5。砖基础采用逐级放大的台阶式，为了满足刚性角的限制，其台阶的宽高比应小于 1∶1.5，一般采用每两皮砖挑出 1/4 砖或每两皮砖挑出 1/4 砖与每一皮砖挑出 1/4 砖相间的砌筑方法。砌筑前基槽底面要铺 20 mm 厚砂垫层或灰土垫层。砖基础具有取材容易、价格低廉、施工方便等特点。由于砖的强度及耐久性较差，故砖基础常用于地基土质好、地下水位较低、5 层以下的砖混结构中。

图 3.19 所示为砖基础构造（两皮一收）。

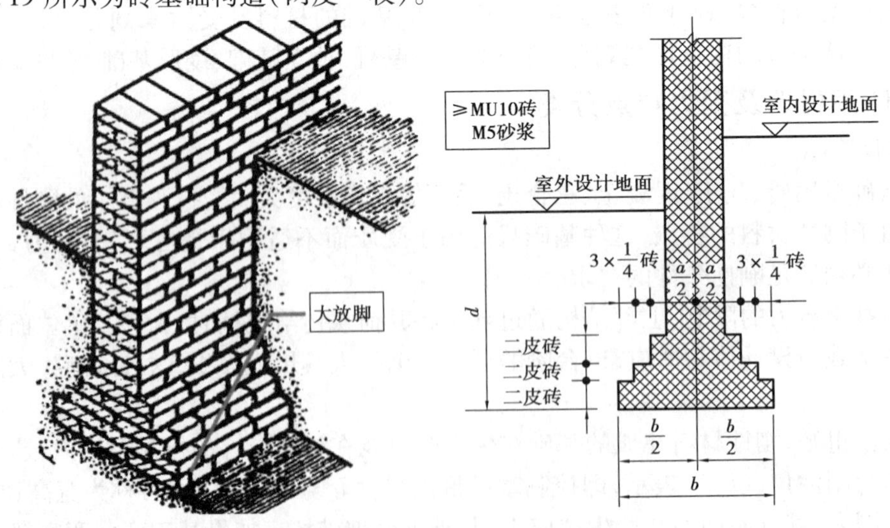

图 3.19 砖基础构造（两皮一收）

②毛石基础。毛石基础是由石材和不小于 M5 砂浆砌筑而成。毛石是指开采未经雕琢成形的石块，形状不规则。石材的抗压强度高，抗冻、抗水、抗腐蚀性能均较好，因此毛石基础可以用于地下水位较高、冻结深度较大的底层或多层民用建筑，但整体性欠佳，有震动的房屋很少采用。

毛石基础的剖面形式多为阶梯形，如图3.20所示。基础顶面要比墙或柱每边宽出100 mm。基础的宽度、每个台阶挑出的高度均不宜小于400 mm，每个台阶挑出的宽度不应大于200 mm。为满足刚性角的限制，其台阶的宽高比应小于1∶1.25～1∶1.50。当基础底面宽度小于700 mm时，毛石基础可做成矩形截面。

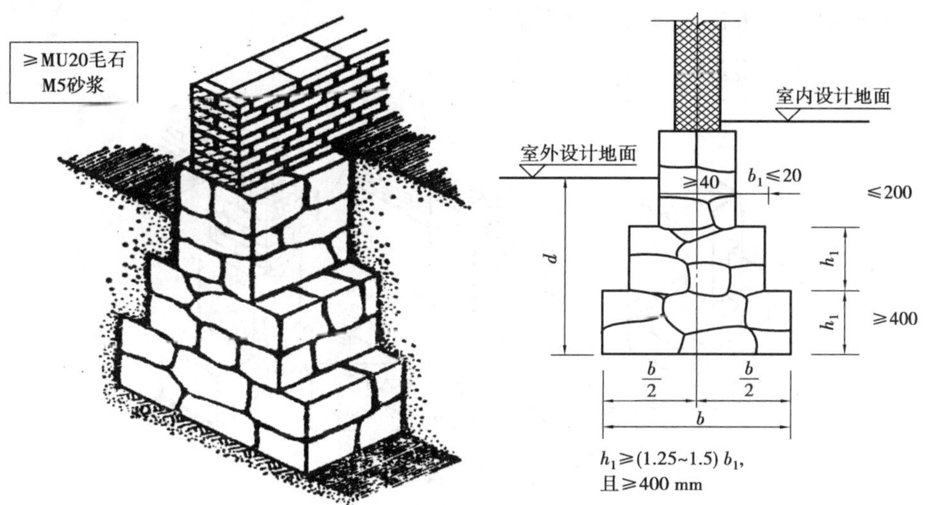

图3.20　毛石基础构造

③灰土与三合土基础(图3.21)。灰土是由粉状的石灰与松散的粉土加适量水拌和而成，用于灰土基础的石灰与粉土的体积比为3∶7或4∶6，灰土每层均需铺220 mm厚，夯实后厚度为150 mm。由于灰土的抗冻性、耐水性差，故灰土基础适用于地下水位较低的低层建筑。三合土是由石灰、砂、骨料(碎石、碎砖或矿渣)，按体积比1∶3∶6或1∶2∶4加水拌和而成。三合土基础的总厚度$H>300$ mm，宽度$B>600$ mm。三合土基础广泛用于南方地区，适用于四层以下的建筑。与灰土基础一样，三合土基础应埋在地下水位以上，顶面应在冰冻线以下。

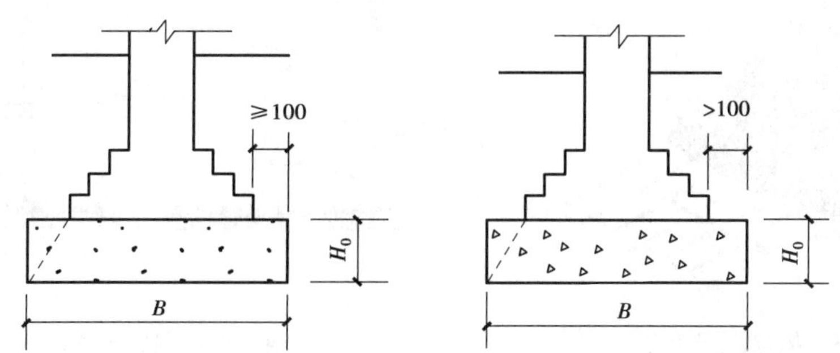

图3.21　灰土与三合土基础

④混凝土基础。混凝土基础具有坚固、耐久、耐腐蚀、耐水等特点，与前几种基础相比其刚性角较大，应用于地下水位较高和有冰冻的地方。由于混凝土可塑性强，基础断面形式可做成矩形、阶梯形和锥形。为方便施工，当基础宽度小于350 mm时，多做成矩形；大于350 mm时，多做成阶梯形。当基础底面宽度大于2 000 mm时，还可做成锥形，锥形断面能节约混凝土，从而减轻基础自重。混凝土基础的刚性角α为45°，阶梯形断面宽高比应小于1∶1或1∶1.5。

⑤毛石混凝土基础。为了节约水泥用量，对于体积较大的混凝土基础，可以在浇筑混凝土时加入 20% ~30% 的粒径不超 300 mm 的毛石，这种基础称为毛石混凝土基础（图 3.22）。所用毛石尺寸应小于基础宽度的 1/3，且毛石在混凝土中应均匀分布。当基础埋深较大时，也可将毛石混凝土做成台阶形，每阶宽度不应小于 400 mm。如果地下水对普通水泥有侵蚀作用时，应采用矿渣水泥或火山灰水泥拌制混凝土。

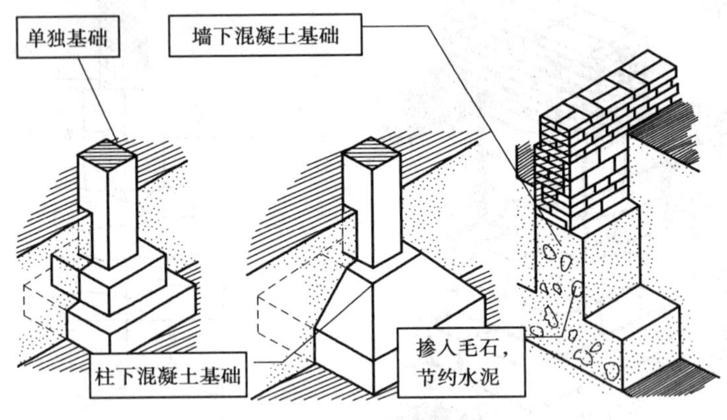

图 3.22　毛石混凝土基础

（2）柔性基础

柔性基础一般是指钢筋混凝土基础（图 3.23、图 3.24）。当建筑物的荷载较大、地基承载力较小时，基础底面 *B* 必须加宽，如果仍采用砖、混凝土等刚性材料作基础，势必加大基础的深度，这样既增加了土方工程量，又增加了材料的用量。特别是基础遇到有软弱土层而不宜深埋时，应充分利用持力层好的土的承载力。如果在混凝土基础的底部配以钢筋，利用钢筋来承受拉应力，使基础底部能够承受较大的弯矩，这时基础宽度的加大不受刚性角的限制，故称钢筋混凝土基础为柔性基础。

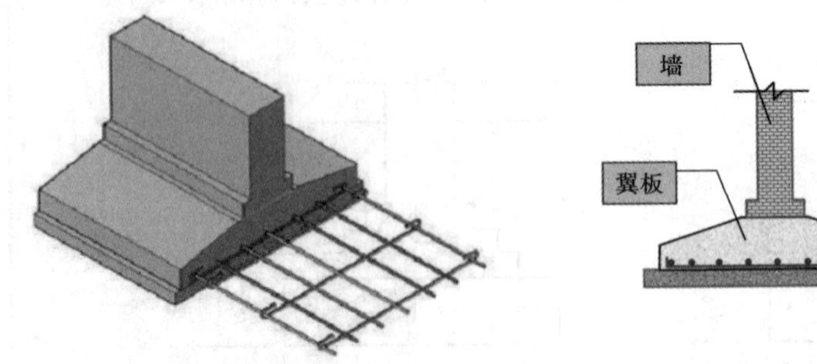

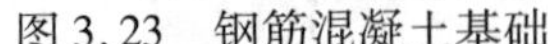

图 3.23　钢筋混凝土基础

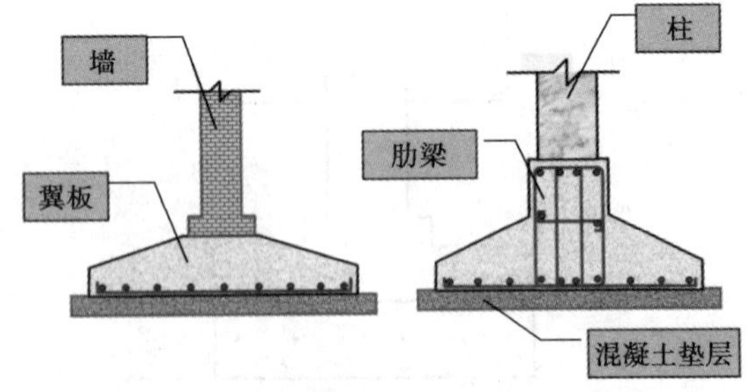

图 3.24　钢筋混凝土基础示意图

钢筋混凝土基础尽量浅埋，这种基础相当于一个受均布荷载的悬臂梁，因此它的截面高度向外逐渐减少，最薄处的厚度应≥200 mm，受力钢筋的数量应通过计算确定，但钢筋直径不宜小于 8 mm，混凝土强度等级不宜低于 C15。为使基础底面均匀传递对地基的压力，常在基础下用不低于 C10 的混凝土做垫层，其厚度宜为 70 ~100 mm。设垫层时，钢筋距基础底面的保护层厚度不宜小于 35 mm；不设垫层时，钢筋距基础底面不宜小于 70 mm，以保护钢筋免遭锈蚀。

2)按基础的构造形式分类

基础形式根据建筑物上部结构形式、荷载大小及地基允许承载力情况确定。常见的有下述几种。

(1)条形基础

当建筑物为砖或石墙承重时,承重墙下一般采用通常的长条形基础,具有较好的纵向整体性,可减缓局部不均匀下沉,这种基础称为条形基础或带形基础(图3.25)。一般中小型建筑常采用砖、混凝土、石或三合土等材料砌成的刚性条形基础。

当建筑物为框架结构柱承重时,若柱间距较小或地基较弱,也可采用柱下条形基础,将柱下的基础连接在一起,使建筑物具有良好的整体性。柱下条形基础还可以有效防止不均匀沉降。

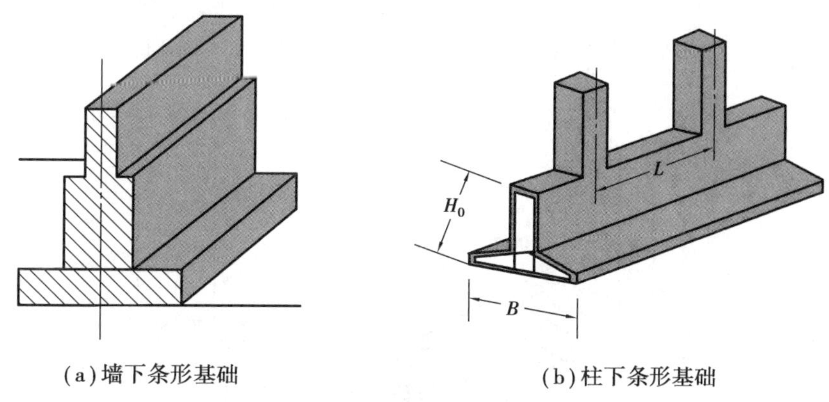

(a)墙下条形基础　　(b)柱下条形基础

图3.25　条形基础三维模型

条形基础(实物)如图3.26所示。

图3.26　条形基础(实物)

(2)独立基础

当建筑物为框架结构或单层排架结构承重时,且柱间距较大,常采用方形或矩形的独立基础,称为独立基础或柱墩式基础。常用的断面形式有阶梯形(图3.27)、锥形(图3.28)、杯形(图3.29)等。其优点是可减少土方工程量、便于管道穿过、节约材料。但独立基础间无构件连接,整体性较差,因此适用于土质均匀、荷载均匀的框架结构建筑。当柱采用预制构件时,则基础做成杯口形,柱插入并嵌固在杯口内,故又称为杯形基础。

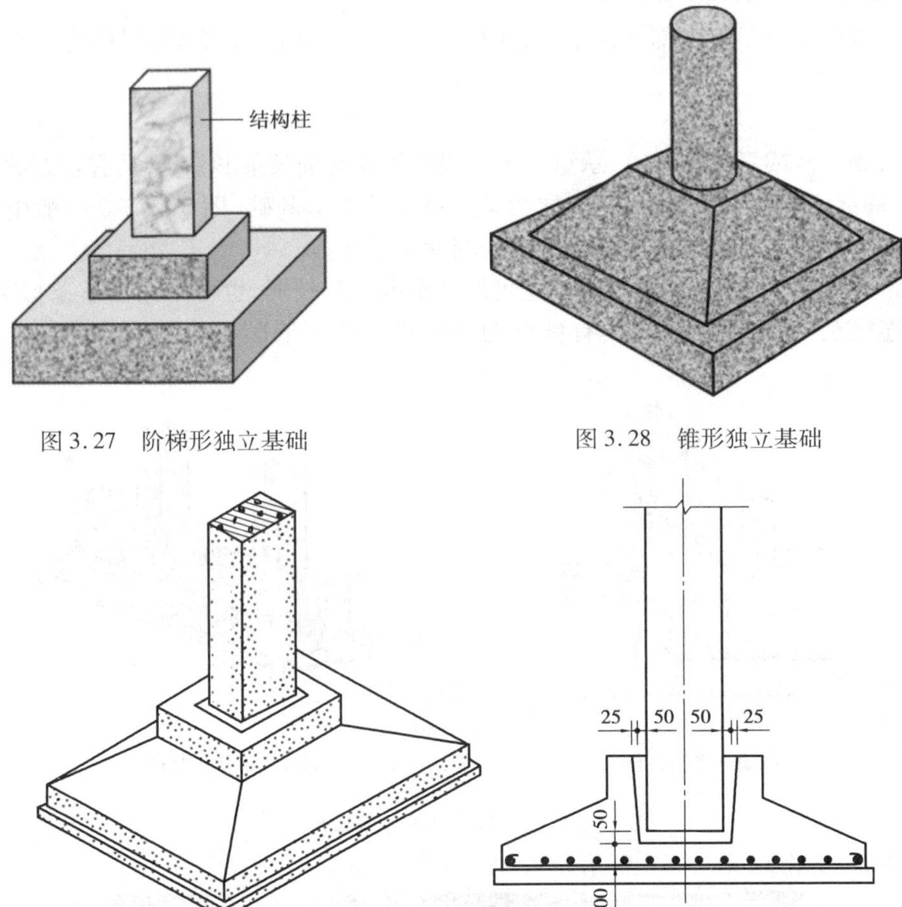

图 3.27　阶梯形独立基础

图 3.28　锥形独立基础

图 3.29　杯形独立基础

独立基础(实物)如图 3.30 所示。

图 3.30　独立基础(实物)

(3)井格基础

当框架结构处于地基条件较差的情况或上部荷载较大时,为了提高建筑物的整体刚度,避免不均匀沉降,常将独立基础沿纵横向连接在一起,形成十字交叉的井格基础,如图 3.31 所示。

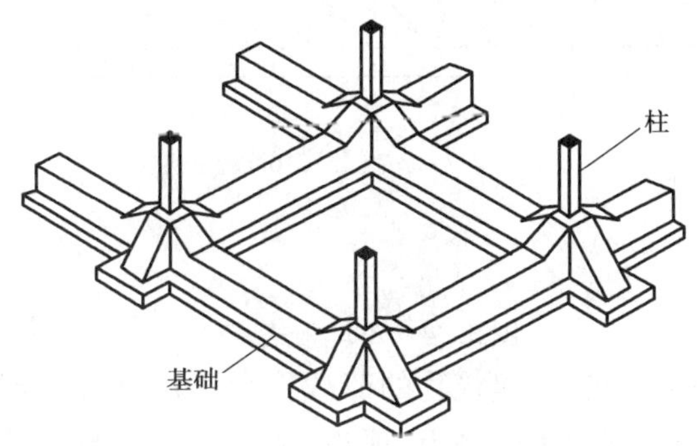

图 3.31　井格基础

(4)满堂基础

满堂基础包括筏形基础和箱形基础。

①筏形基础。当地基条件较弱或建筑物的上部荷载较大,如采用简单条形基础或井格基础不能满足要求时,常将墙或柱下基础连成一片,使其建筑物的荷载承受在一块整板上,称为筏形基础。筏形基础有平板式(无梁式)和梁板式(图 3.32)两种,前者板的厚度大,构造简单;后者板的厚度较小,但增加了双向梁,构造较复杂。

平板式(无梁式)筏板基础三维模型如图 3.33 所示。

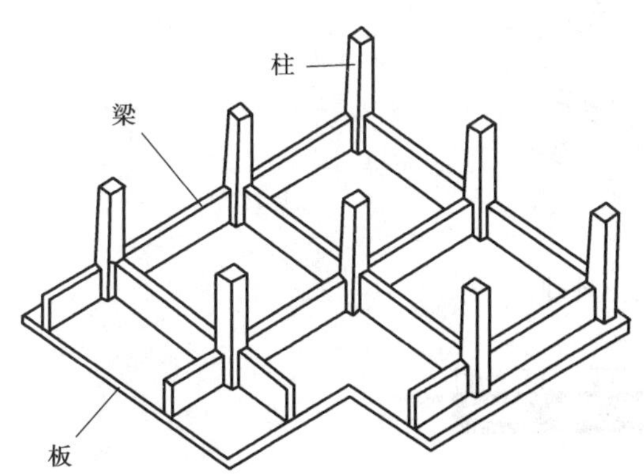

图 3.32　梁板式筏形基础

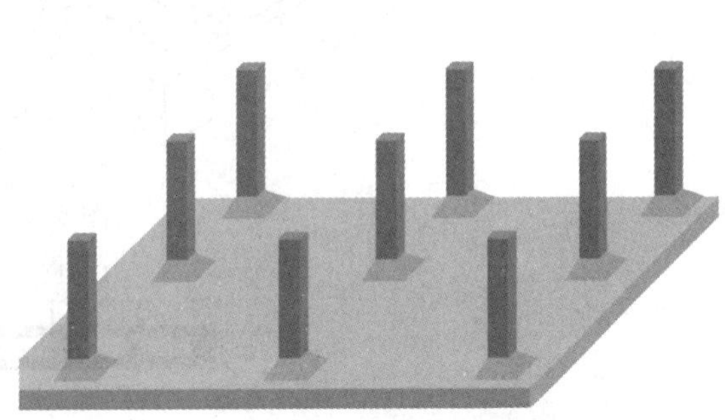

图 3.33　无梁式筏板基础三维模型

不埋板式基础是筏形基础的另一种形式,是在天然地表面上,用压路机将地表土碾压密实,在较好的持力层上浇筑钢筋混凝土基础,在构造上使基础如同一只盘子反扣在地面上,以此来承受上部荷载。这种基础大大减少了土方工程量,且适宜于较弱地基,特别适宜于 5 ~ 6 层整体刚度较好的居住建筑,但在冻土深度较大地区不宜采用,故多用于南方,如图 3.34 所示。

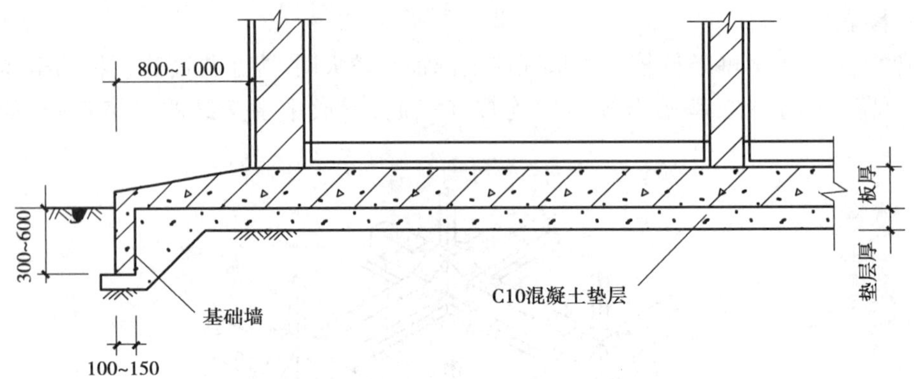

图 3.34　不埋板式基础

②箱形基础。当地基条件较差、建筑物的荷载很大或荷载分布不均而对沉降要求甚为严格时，可采用箱形基础。箱形基础是由底板、顶板、侧墙及一定数量的内墙构成的刚度较好的钢筋混凝土箱形结构，是高层建筑一种较好的基础类型。箱形基础的内部空间可作为地下室的使用房间，如图 3.35 所示。

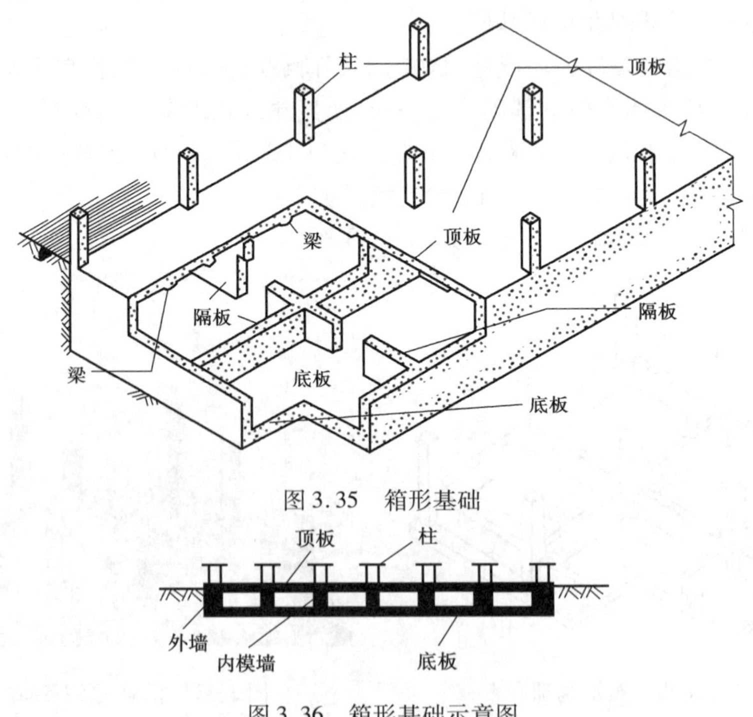

图 3.35　箱形基础

图 3.36　箱形基础示意图

3.3　地下室

地下室是建筑物处于室外地面以下的房间，或称为建筑物底层以下的房间。

1）地下室的分类

①地下室按使用性质分为普通地下室和人防地下室。

②地下室按埋入地下深度分类，分为全地下室和半地下室。全地下室指地下室地面低于室外地坪的高度超过该房间净高的1/2；半地下室指地下室地面低于室外地坪面的高度超过该房间净高的1/3且不超过1/2。

地下室类型如图3.37所示。

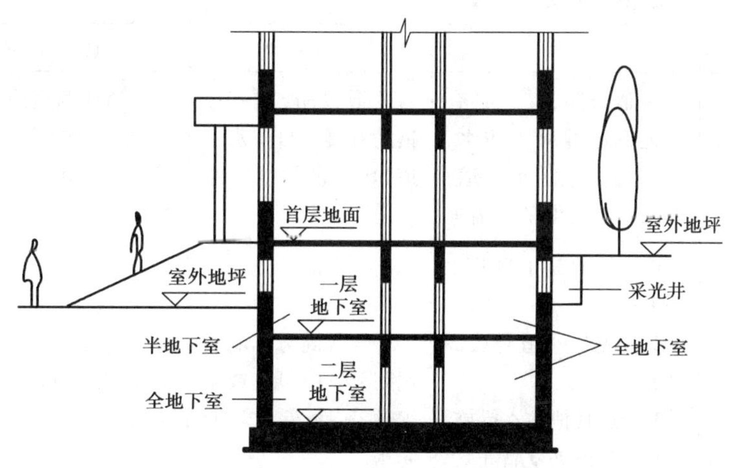

图3.37　地下室类型

2）人防地下室

人防地下室用于预防现代战争对人员造成的杀伤，主要预防冲击波、早期核辐射、化学毒气以及由上部建筑倒塌所产生的倒塌荷载。对于冲击波和倒塌荷载，主要通过结构厚度来解决；对于早期核辐射、化学毒气，应通过密闭措施及通风、滤毒来解决。

为解决上述问题，人防地下室应有防护室、防毒通道（前室）、通风滤毒室、洗消间及厕所等。为保证疏散，地下室的房间出口应不设门，而以防空洞为主。与外界联系的出入口应设置防护门、密闭门或防护密闭门。地下室的出入口至少应有两个，一个与地上楼梯连通，另一个与人防通道或专用出口连接。为兼顾平时使用，做到平战结合，可以在外墙上开采光窗并设采光井，战时堵塞。

3）地下室的防潮和防水做法

地下室的防潮、防水做法取决于地下室地坪与地下水位的关系。当设计最高地下水位低于地下室底板标高300～500 mm，且地基范围内的土壤及回填土无形成上层滞水的可能时，采用防潮做法；当设计最高地下水位高于地下室底板标高或有地面水下渗的可能时，应采用防水做法。地下室的防水工程分为4个等级，见表3.4。

表 3.4　地下室防水工程

名称等级	一　级	二　级	三　级	四　级
建筑物类别	特别重要的民用建筑和对防水有特殊要求的工业建筑地下室,如公共建筑、医院、餐厅、剧院、商店、机房指挥工程等	重要的高层民用建筑和工业建筑地下室,如高层住宅、旅馆及重要的工业车间等	一般民用与工业建筑地下室	非永久性民用与工业建筑地下室
防水耐久年限/年	25	20	15	10
设防要求	多道设防,其一必有一道钢筋混凝土防水,其二设柔性防水一道,其三采取其他防水措施	两道设防,其一设钢筋混凝土自防水一道,其二设柔性防水一道	一道或两道设防,结构作抗水压用,外做一道柔性防水层	一道设防,做一道外防水层
选材要求	1. 钢筋混凝土自防水一道; 2. 优先选一道合成高分卷材; 3. 增加其他防水措施,如架空层或夹壁墙等	1. 钢筋混凝土自防水一道; 2. 合成高分子卷材(橡胶型)一层,或高聚物改性沥青卷材防水	合成高分子卷材(橡胶型)或高聚物改性沥青卷材防水	高聚物改性沥青卷材防水

注:①各种防水材料有自己的规程,施工时必须按照规程施工。
②合成高分子卷材(橡胶型)一层防水厚度≥1.5 mm 厚。
③高聚物改性沥青卷材一层防水厚度≥4.0 mm 厚。

地下室防潮、防水与地下水位的关系如图 3.38 所示。

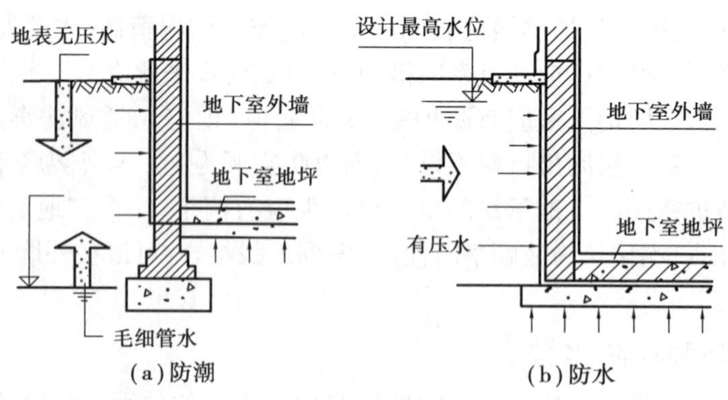

图 3.38　地下室防潮、防水与地下水位的关系

(1)防潮做法

当地下水的常年水位和最高水位都在地下室地坪标高以下时,地下水位不可能直接侵入室内时,墙和地坪仅受土层中地潮的影响。地潮是指土层中毛细管水和地面水下渗而造成的无压力水。这时地下室只需做防潮,砌体必须用水泥砂浆砌筑,墙外侧用 20 mm 厚水泥砂浆抹面后,涂刷冷底子油一道及热沥青两道,然后回填低渗透性的土壤,如黏土、灰土等,并逐层夯实。这部分回填土的宽度为 500 mm 左右。此外,在墙身与地下室地坪及室内地坪之间设

墙身水平防潮层，以防止土中潮气和地面雨水因毛细作用沿墙体上升而影响结构，防潮做法如图3.39所示。

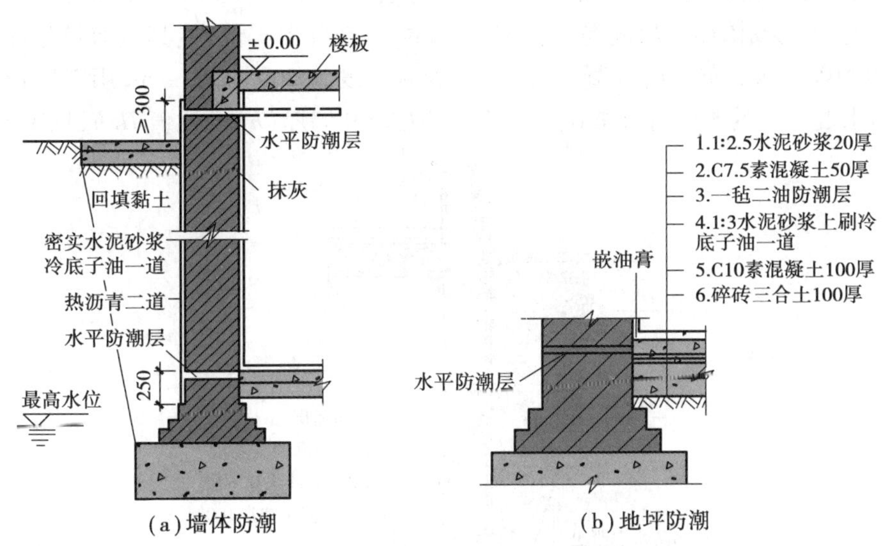

图3.39 地下室墙体防潮做法

地下室所有的墙体都必须设两道水平防潮层，一道设在地下室地坪附近，一般设置在内、外墙与地下室地坪交接处；另一道设在距室外地面散水以上150～200 mm的墙体中，以防止土层中的水分因毛细作用沿基础和墙体上升，导致墙体潮湿和增大地下室及首层室内的湿度。

(2)防水做法的设计原则

①地下室的防水工程方案，应遵循以防为主、以排为辅的基本原则，因地制宜，设计先进，防水可靠，经济合理。

②一般地下室的防水工程设计，外墙主要起抗水压或自防水作用，再做卷材外防水(迎水面处理)。

③地下工程比较复杂，设计时必须了解地下土质、水质及地下水位情况，设计时采取有效设防，保证防水质量。

④地下室最高水位高于地下室地面时，应考虑整体钢筋混凝土结构，保证防水质量。

⑤地下室设防标高的确定，根据勘测资料提供的最高水位标高，再加上500 mm为设防标高，上部可以做防潮处理，有地表水时按全防水地下室设计。

⑥地下室防水可根据实际情况，采用柔性或刚性防水，必要时可采用刚柔结合的防水方案。在特殊要求下，可采用架空、夹壁墙等多道设防方案。

⑦地下室外防水无工作面时，可采用外防内贴法，有条件的转为外防外贴法施工。

⑧地下室外防水层的保护，可以采取软保护层，如聚苯板等。

⑨对于特殊部位如变形缝、施工缝、穿墙管、埋件等薄弱环节，应精心设计，按要求做好细部处理。

(3)防水做法

防水做法按选用材料的不同,通常分为下述4种。

①防水混凝土。防水混凝土(图3.40)是在普通混凝土的基础上,从“集料级配”法发展而来,通过调整配比或掺加外加剂等手段,改善混凝土自身密实性,使其具有抗渗能力。抗渗能力大于60 MPa(6 kg/cm^2)的混凝土,用于立墙时厚度为200~250 mm,用于底板时厚度为250 mm。防水混凝土的抗渗等级取决于最大水头(H)和墙厚(h)的比值H/h,见表3.5。

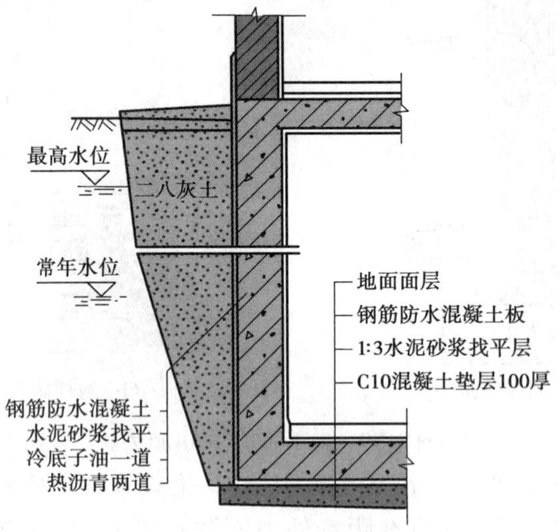

图3.40 防水混凝土

表3.5 防水混凝土的抗渗等级

最大水头和墙厚的比值(H/h)	设计抗渗等级/MPa
<10	0.6
10~15	0.8
15~25	1.2
25~35	1.6
>35	2.0

②卷材防水。卷材防水能适应结构微量变化和抵抗一般地下水化学侵蚀,效果比较可靠。防水卷材有高聚物改性沥青卷材(包括APP塑性卷材和SBS弹性卷材)和合成高分子卷材(如三元乙丙—丁基橡胶防水卷材,氯化聚乙烯—橡胶共混防水卷材等),一般用于迎水面,称为“外包防水”。只有在修缮工程中才做于内侧,称为“内包防水”。采用改性沥青卷材时,一层厚度应≥4.0 mm;采用高分子卷材时只铺一层,厚度应≥1.5 mm。采用外包防水卷材做法时,应在卷材外侧砌半砖厚保护墙一道(或采用聚苯板作软保护层),并回填2∶8灰土作隔水层,如图3.41和图3.42所示。

(a)防水卷材

(b)卷材铺设

图 3.41　卷材防水

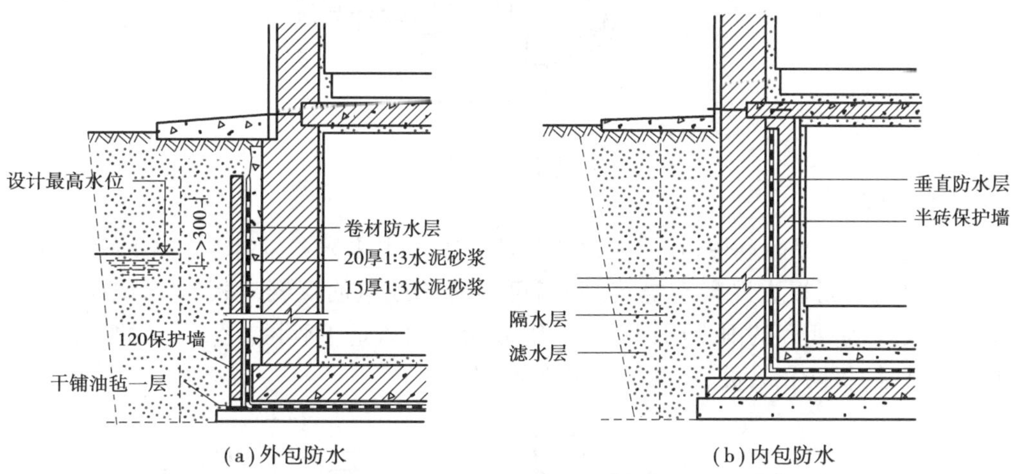

(a)外包防水　　(b)内包防水

图 3.42　地下室卷材防水构造

沥青卷材是一种传统的防水材料，有一定的抗拉强度和延伸性，价格较低，但属于热作业，操作不方便，并污染环境，易老化。一般为多层做法，卷材的层数根据水压，即地下水的最大计算水头大小而定。最大计算水头是指设计最高地下水位高于地下室底板下皮的高度。

③涂料防水。涂料防水(图 3.43)的涂料种类有水乳型(普通乳化沥青、再生胶沥青等)、溶剂型(再生胶沥青)和反应型(聚氨酯涂膜)，能防止地下无压水(渗流水、毛细水等)及≤1.5 m水头的静压水的侵入，可用于新建砖石或钢筋混凝土结构的迎水面作专用防水层，或新建防水钢筋混凝土结构的迎水面作附加防水层，加强防水、防腐能力；或已建防水或防潮建筑外围结构的内侧，做补漏措施；不适用或慎用于含有油脂、汽油或其他能溶解涂料的地下环境，且涂料和基层应有很好的黏结力，涂料层外侧应做砂浆或砖墙保护层。

④水泥砂浆防水。水泥砂浆防水分为多层普通水泥砂浆防水和掺外加剂水泥砂浆防水两种，属于刚性防水，适用于主体结构刚度较大、建筑物变形小及面积较小(不超过 300 m^2)的工程，不适用于有侵蚀性、有剧烈震动的工程。一般条件下做内防水为好，地下水压较高时，宜增做外防水。防水层高度应高出室外地坪 0.15 m，但对钢筋混凝土外墙、柱，应高出室外地坪 0.5 m。

在上述 4 种做法中，前两种应用较多。

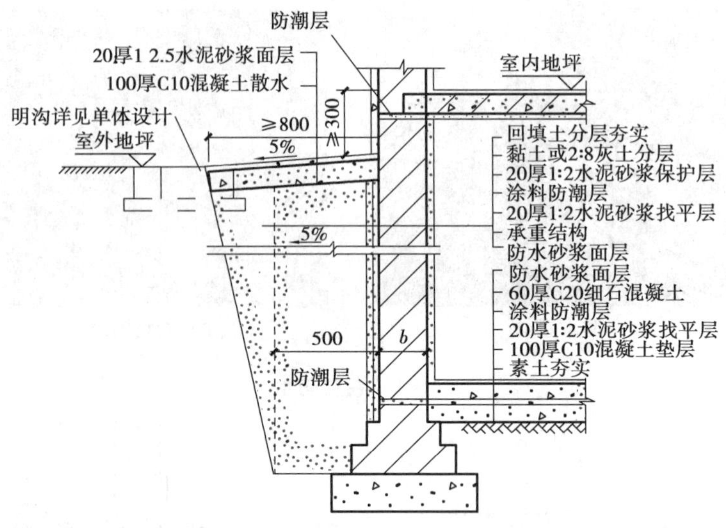

图 3.43　涂料防水

4) 采光井做法

为考虑地下室的平时利用,在采光窗的外侧一般设置采光井,如图 3.44 所示。采光井由底板和侧墙组成。底板为混凝土浇筑,侧墙可为砖墙或钢筋混凝土板墙。采光井底板应有 1% ~3% 的坡度,将积存的雨水用钢筋水泥管或陶管引入地下管网。采光井的上部应有铸铁箅子或尼龙瓦盖,以防止人员、物品掉入采光井内。

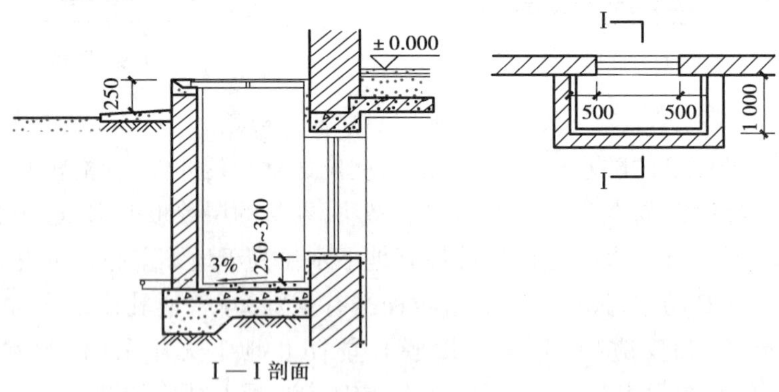

图 3.44　地下室采光井做法

本章小结

本章主要讲述民用建筑基础的埋置深度、常见类型、基本构造和设计要求,以及地下室的分类,人防地下室,地下室防潮、防水的构造做法。重点是基础的构造和地下室防潮、防水的构造设计。在学习过程中应注意以下几个方面:

(1) 地基与基础的关系。基础是建筑物的最下部分,直接作用于土层上并埋于地下,把建筑物的全部荷载传给地基的承重构件。地基是承受建筑物全部荷载的土壤层。两者密不可分,但概念不同。根据地基土质种类的不同,地基可分为天然地基与人工地基,设计中应优先选择地基承载力高的土质作为天然地基，同时应掌握人工地基的加固方法。

(2)地基与基础的设计中，应在保证承载力要求的前提下，确定合适的基础埋置深度。

(3)基础按材料和受力特点分为刚性基础和柔性基础，掌握刚性基础的概念及刚性基础的几种不同类型；基础按构造形式分为条形基础、独立基础、井格基础、满堂基础，了解各不同类型的使用特点。

(4)地下室作为建筑物处于室外地坪以下的房间，根据使用性质分为普通地下室和人防地下室。

(5)地下室防水工程是设计的要点，根据建筑物的类别，地下室防水工程分为 4 个等级。地下室的防潮、防水做法取决于地下室地坪与地下水位的关系，地下室无渗水可能时采用防潮做法，否则应做好防水。防水的构造做法通常为防水混凝土自防水、卷材防水、涂料防水、水泥砂浆防水。掌握地下室防潮、防水的构造做法，并能绘图说明。

第4章　墙

4.1　概　述

1）墙体的设计要求

(1) 具有足够的强度和稳定性

墙体的强度是指墙体承受荷载的能力，与墙体采用的材料、墙体尺寸、墙体构造和施工方式有关。墙体的稳定性与墙的厚度、高度和长度有关，当墙身的高度、长度确定后，通常可通过增加墙体厚度，增设墙垛、壁柱、圈梁等方法增强墙体稳定性。

(2) 满足保温、隔热等方面的要求

作为围护的外墙，对热工的要求十分高，在寒冷地区要求外围护结构具有良好的保温性能，以减少室内热量损失，同时还应防止在围护结构内表面出现凝结水现象。在炎热地区要求外围护结构具有一定的通风隔热措施，以防止夏季室内温度过高。

(3) 满足隔声、防潮要求

作为房间围护构件的墙体，必须具有足够的隔声功能，以符合有关隔声标准的要求，同时还应具有防潮、防水的能力。

(4) 满足防火要求

墙体材料及墙身厚度应符合防火规范中相应的燃烧性能和耐火极限的要求，必要时还应设置防火墙、防火门等。

(5) 适应工业化生产的要求

使墙体适应新的墙体材料，是建筑工业化的一项改革内容，可为工业化生产、施工机械化创造条件，还可以降低工人劳动强度和提高施工速度。

2)墙体类型

根据墙体在平面图中所处的位置不同,有内墙和外墙之分。外墙是建筑物的外围护结构,起挡风、隔雨、保温、隔热等作用。内墙是指建筑物内部墙体,主要起分隔房间的作用。墙体有纵墙、横墙之分,凡沿建筑物短轴方向布置的墙称为横墙,横向外墙又称为山墙。而沿建筑物长轴方向布置的墙称为纵墙。在一片墙上,窗与窗或门与窗之间的墙称为窗间墙,窗洞下部的墙体称为窗下墙。墙体各部分名称如图4.1—图4.3所示,墙体分类见表4.1。

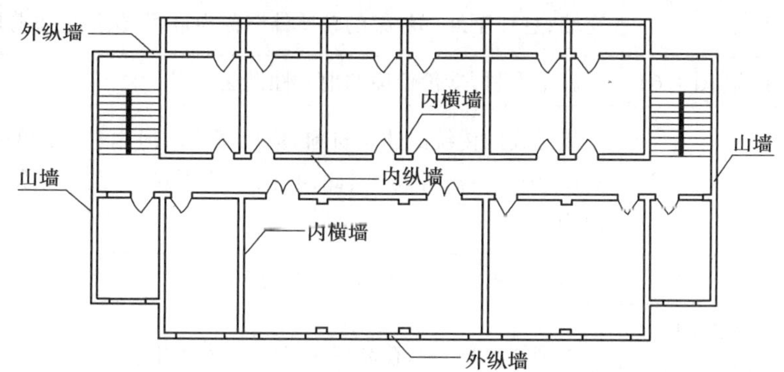

图4.1　墙体各部分名称1

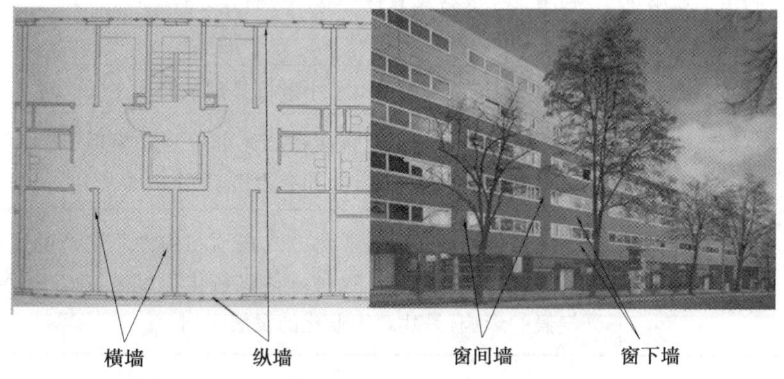

图4.2　墙体各部分名称2

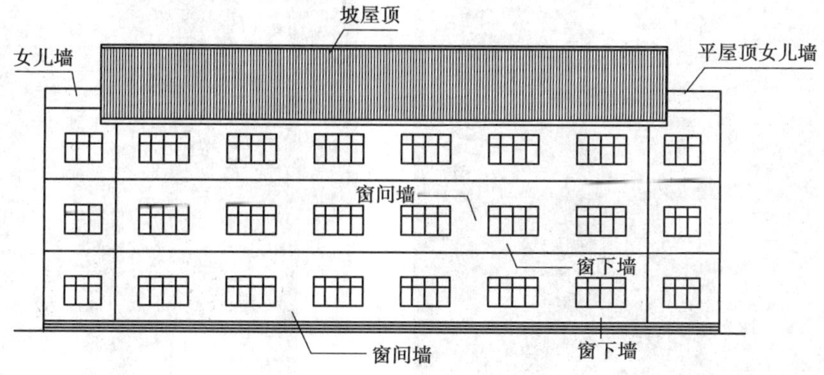

图4.3　墙体各部分名称3

表4.1 墙体分类

分类依据	名 称	描 述
根据墙体结构受力情况不同	承重墙（图4.4）	直接承受楼板和屋顶传来荷载的墙
	非承重墙（图4.5）	不承受楼板和屋顶传来荷载的墙。非承重墙包括隔墙、填充墙和幕墙。凡作为分隔空间不承受外力的墙称为隔墙；框架结构中的墙称为框架填充墙；悬挂于外部骨架的轻质外墙称为幕墙，包括金属幕墙、玻璃幕墙等
根据墙体所用材料不同	土墙（图4.6）	就地取材，造价低廉的地方性做法
	砖墙（图4.7）	砖是我国传统的建筑材料，应用很广。但因黏土砖的取材需占用大量良田，破坏生态环境，因此，我国一些大城市已开始限制黏土实心砖的使用
	石墙（图4.8）	多在产石地区应用，有很好的经济价值
	混凝土墙（图4.9）	可现浇、可预制，在高层建筑中广泛应用
	利用工业废料的砌块墙	利用工业废料发展各种墙体材料，是对墙体改革的重要措施，应得到积极推广和应用
根据墙体的构造形式不同	实体墙	包括实砌砖墙，由手工和小型机具砌筑而成
	板筑墙（图4.10）	实体板筑墙是施工时直接在墙体部位竖立模板，然后在模板内夯筑或浇筑材料捣实而成的墙体，如夯土墙、灰土墙等
	装配式板材墙（图4.11）	装配式板材墙是以工业化方式在预制构件厂生产的大型板材构件，在现场进行安装的墙体。这种墙体机械化程度高，施工速度快，工期短，不受气候的影响，是建筑工业化的发展方向

图4.4 承重墙示意图

图4.5 非承重墙示意图

图 4.6　土墙示意图

图 4.7　砖墙示意图

图 4.8　石墙示意图

图 4.9　混凝土墙示意图

图 4.10　板筑墙示意图

图 4.11　装配式板材墙示意图

4.2　砖　墙

4.2.1　砖墙的材料

砖墙是用砂浆将一块块砖按一定规律砌筑而成的墙体,其主要材料是砖和砂浆。

1)砖

砖的种类很多,按其使用材料分为黏土砖、粉煤灰砖、淤泥砖等;依其形状特点分为实心砖、空心砖和多孔砖。黏土砖是我国传统的墙体材料,它以黏土为主要材料,经成型、干燥、烧培而成。根据生产方法的不同,有红砖和青砖之分。我国标准黏土砖的规格为 240 mm×115 mm×53 mm,如图 4.12 所示。砖的强度等级分别为 MU30、MU25、MU20、MU15、MU10 5 个级别。

(a)黏土砖

(b)多孔砖

图 4.12　砖分类图

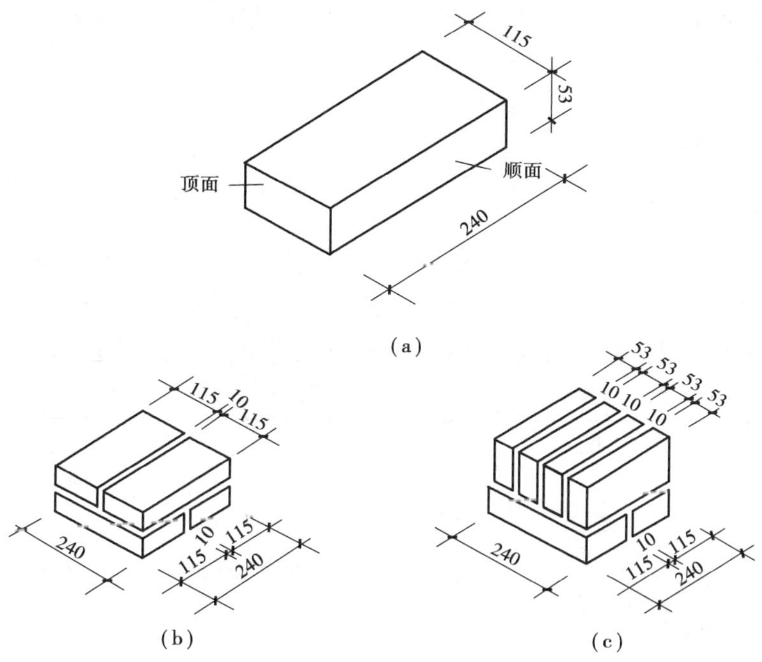

图4.13　标准砖的尺寸

2)砂浆

砂浆(图4.14)是砌体的黏结材料,它将砖胶结成整体,并将砖块之间的空隙填实,便于使上层砖块所承受的荷载能逐层均匀地传至下层砖块,以保证砌体的强度。砌筑墙体常用的砂浆有水泥砂浆、石灰砂浆和混合砂浆3种。

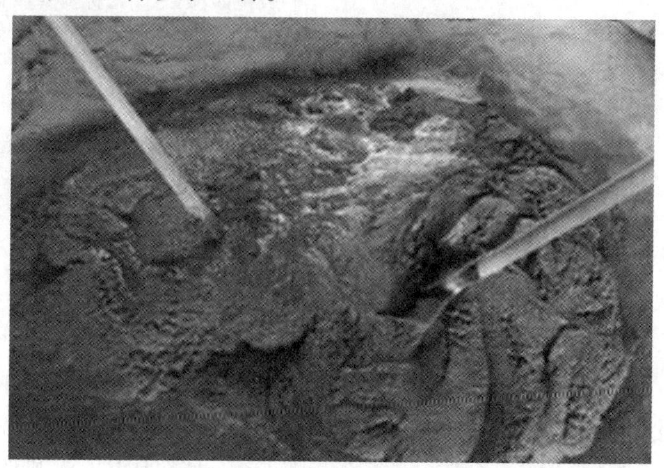

图4.14　砂浆(水泥砂浆)

水泥砂浆由水泥、砂和水按一定比例拌和而成的,它属水硬性材料,强度高,较适合砌筑潮湿环境的砌体;石灰砂浆由石灰、砂和水拌和而成,属气硬性材料,强度不高,多用于砌筑一般次要性的民用建筑中地面以上砌体;混合砂浆由水泥、石灰膏、砂加水拌和而成,这种砂浆强度较高，和易性和保水性好，常用于砌筑地面上的砌体。砂浆的强度等级划分为 7 个，即 M30、M25、M20、M15、M10、M7.5、M5。

4.2.2 实心砖墙

1）砖墙的组砌方式

为了保证砖墙的坚固，砖块排列的方式应遵循内外搭接、上下错缝的原则，错缝长度一般不应小于 60 mm。同时也应便于砌筑和少砍砖。砌筑时不应使墙体出现连续的垂直通缝，否则会影响墙体的强度和稳定性。砖墙的组砌方式因叠砌方式不同，可分为下述几种，见表 4.2。

表 4.2 砖墙的组砌方式

组砌方式	图 例	描 述
全顺式	图 4.15 全顺式	亦称走砖式，每皮砖均为顺砖叠砌而成。上下皮搭接互为半砖，适用于半砖墙
上下皮一顺一丁式	图 4.16 上下皮一顺一丁式	每隔一皮顺砖，加铺一皮丁砖，相互间隔铺砌而成，使上下皮的灰缝相互错开，不论墙厚为一砖或几砖，此种砌式的墙整体性好、强度较高，目前应用较广。由于错缝搭接的要求，在墙的转角处或门窗洞口处，第一块砖采用 3/4 砖，一般把砖敲去 1/4，称 3/4 找砖
梅花丁	图 4.17 梅花丁	每一皮砖都有顺有丁，上下皮又顺丁交错，这种砌法难度最大，但是墙体强度最高。
每皮一顺一丁式	上皮 图 4.18 每皮一顺一丁式	即在同一皮上由顺砖和丁砖相间铺砌而成，墙体厚度至少为一砖，这种组砌方式的墙整体性好、墙面美观，但施工比较复杂，目前采用得不多。此外有 180 墙，砌两皮半砖，傍砌一侧立砖，每隔一层内外交错砌筑，其有一定的承载能力，比一砖墙省砖，但砌筑速度慢，且侧砖不易密缝

续表

组砌方式	图　例	描　述
多顺一丁式	24墙　上皮 下皮 (a)三顺一丁式 37墙　上皮 下皮 (b)五顺一丁式 图 4.19　多顺一丁式	通常有三顺一丁式和五顺一丁式之分,即多层错位法,每隔三皮顺砖或五皮顺砖加铺一皮丁砖相互间隔叠砌而成,这种砌法在顺砖皮数的中间出现连续三皮或五皮的通缝,因此搭接不如一顺一丁式牢固,如用来砌筑两砖以上的厚墙时,不会影响墙身的强度,却可以提高砌筑速度

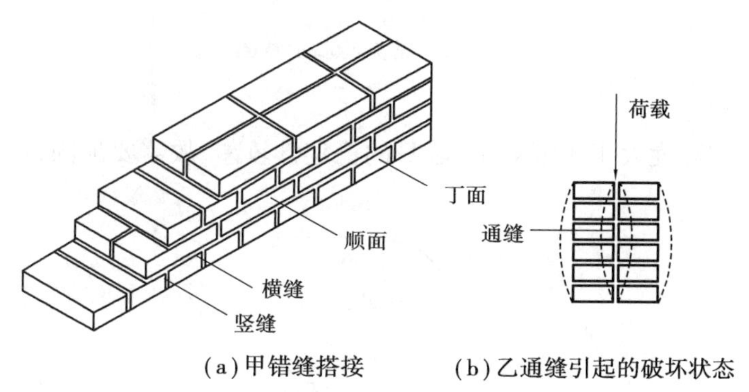

(a)甲错缝搭接　　(b)乙通缝引起的破坏状态

图 4.20　砖的错缝搭接及砖缝名称

2)砖墙的基本尺寸

砖墙的厚度取决于荷载的大小和性质,层高及横向墙的间距,门窗的大小、数量,支承楼板等的情况,以及必需的隔热、隔声、保温、防火等要求。砖墙的厚度一般依砖长来表示,一砖以上砖墙的厚度应加灰缝的宽度。用标准砖砌筑的墙体,常用的砖墙厚度见表 4.3,如图 4.21 所示。

表 4.3　墙厚名称

墙厚名称	习惯称呼	实际尺寸/mm	图　例	墙厚名称	习惯称呼	实际尺寸/mm	图　例
半砖墙	12 墙	115		一砖半墙	37 墙	365	
3/4 砖墙	18 墙	178		二砖墙	49 墙	490	
一砖墙	24 墙	240		二砖半墙	62 墙	615	

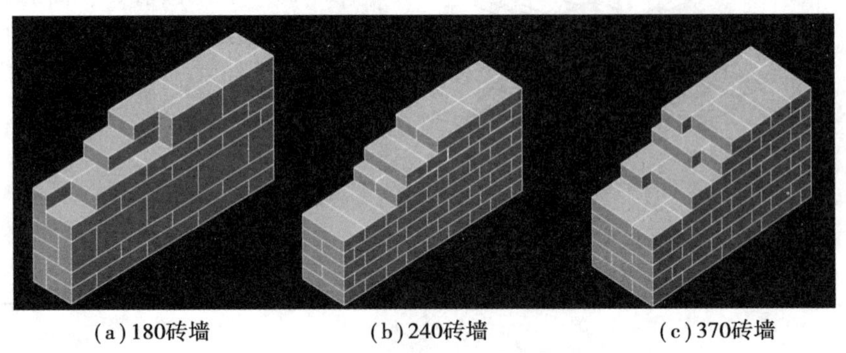

(a) 180砖墙　　(b) 240砖墙　　(c) 370砖墙

图 4.21　常见砖墙示意图

3) 墙体的加固

如墙体的长度和高度大于规范规定，墙身的稳定性较差，故需要加固，可采用如图 4.22 所示的措施。

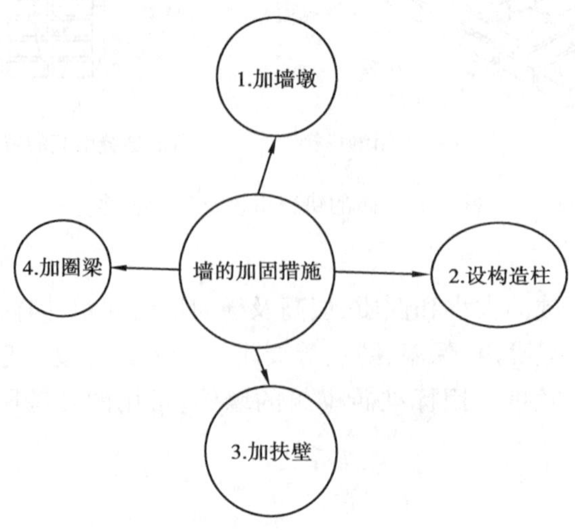

图 4.22　墙体的加固措施

(1)加墙墩

墙墩为墙中柱状突出部分,通常直通到顶,承受上部梁及屋架的荷载,并增加墙身的强度及稳定性。

(2)设构造柱

为了增强建筑物的整体刚度和稳定性,多层砖混结构建筑的墙体中还应设置钢筋混凝土构造柱。钢筋混凝土构造柱是从构造角度考虑设置的,一般设在建筑物的四角、内外墙交接处、楼梯间、电梯间及较长的墙体中。构造柱必须与圈梁及墙体紧密连接,从而增强建筑物的整体刚度,提高墙体的应变能力,使墙体由脆性变为延性较好的结构,做到裂而不倒。构造柱下端应锚固于钢筋混凝土基础或基础梁内,柱截面应不小于 180 mm × 240 mm。主筋一般采用 4ϕ12 或 4ϕ14,箍筋采用 ϕ6,间距不大于 250 mm,墙与柱之间应沿墙高每 500 mm 设 2ϕ6 钢筋拉结,每边伸入墙内不少于 1 000 mm。施工时应先砌墙,将墙砌成马牙状,随着墙体的上升而逐段现浇混凝土柱身,如图 4.23 所示。构造柱的设置应与结构设计统一考虑,如图 4.24 所示。

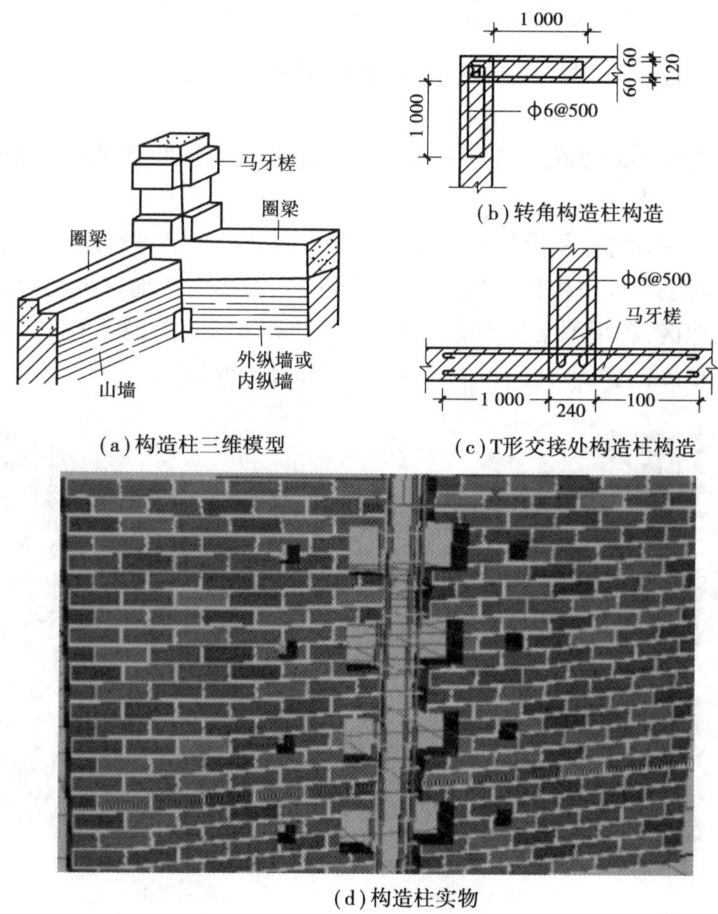

(a)构造柱三维模型

(b)转角构造柱构造

(c)T形交接处构造柱构造

(d)构造柱实物

图 4.23　砖墙构造柱

图4.24　构造柱的设置示意图

(3)加扶壁

扶壁与墙墩的主要不同点在于扶壁主要是增加墙体的稳定性,不考虑承担荷载。

(4)加圈梁

圈梁(图4.25)又称腰箍,是沿外墙四周及部分内隔墙设置的连续闭合的梁。圈梁配合楼板可提高建筑的空间刚度和整体性,增强墙体的稳定性,减少由于地基不均匀沉降而引起的墙体开裂。抗震设防地区,利用圈梁加固墙身尤为重要(图4.26)。圈梁宜设在楼板标高处,尽量与楼板结构连成整体,也可设在门窗洞口上部,兼起过梁作用。

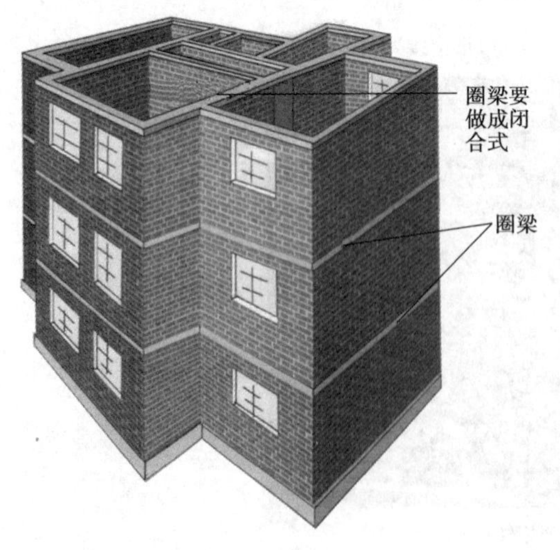

图4.25　圈梁的设置示意图

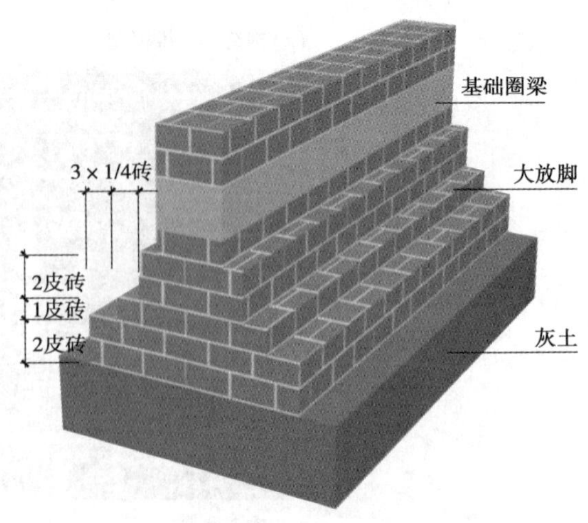

图4.26　基础圈梁

圈梁有钢筋砖圈梁和钢筋混凝土圈梁两种。钢筋砖圈梁多用于非抗震地区，结合钢筋砖过梁使其沿外墙兜圈而成。钢筋混凝土圈梁的宽度一般与墙同厚，但在寒冷地区，由于钢筋混凝土导热系数较大，其宽度则不应贯通墙体整个厚度，并应做局部保温处理。高度一般不小于 120 mm，常见的为 180 mm、240 mm。当遇到门窗洞口使圈梁不能闭合时，应在洞口上部设置一道不小于圈梁截面的附加圈梁。附加圈梁与圈梁的搭接长度应不小于二者垂直间距的 2 倍（$2H$），亦不小于 1 000 mm，如图 4.27 所示。

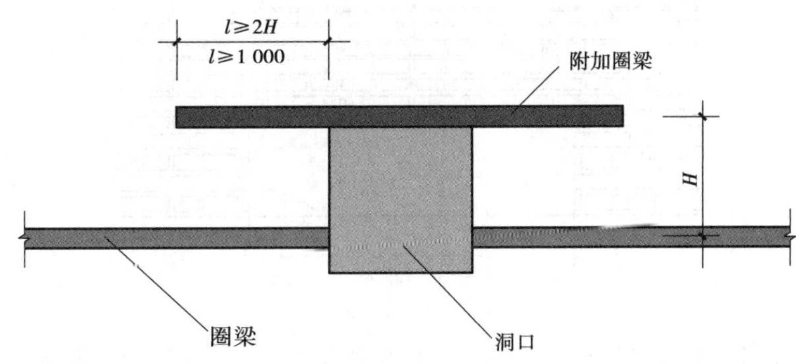

图 4.27　附加圈梁示意图

4）防火墙

为防止火灾的发生、蔓延、扩大，除建筑设计时考虑防火分区分隔、选用难燃和不燃烧材料制作构件、增加消防设施外，在墙体构造上，尚需注意防火墙的设置。防火墙的作用在于截断火源，防止火势蔓延，如图 4.28 所示。

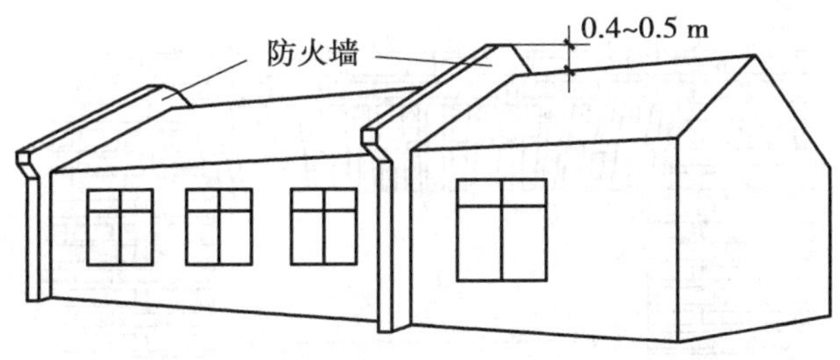

图 4.28　防火墙的设置

根据防火规范规定，防火墙的耐火极限应不小于 4 h，防火墙上不应开设门窗洞口，如必须开设时，应采用甲级防火门窗，并应能自动关闭；防火墙内不应设置排气道，民用建筑如必须设置时，其两侧的墙身截面厚度均不应小于 120 mm，防火墙应截断燃烧体或难燃烧体的屋顶结构，并应高出非燃烧体屋面不小于 400 mm，高出燃烧体或难燃烧体屋面不小于 500 mm；建筑物内的防火墙不应设在转角处。如设在转角附近，内转角两侧上的门窗洞口之间，最近的水平距离不应小于 4 m；紧靠防火墙两侧的门窗洞口之间，最近的水平距离不应小于 2 m；如装有耐火极限不低于 0.9 h 的非燃烧体固定窗扇的采光窗（包括转角墙上的窗洞），可不受距离的限制。有关防火墙的具体构造要求，参见《建筑设计防火规范》（GB 50016—2014，2018 年版）。

5)门窗过梁

墙体上开设门窗洞口时,为了支撑洞口上部墙体所传来的各种荷载,并将这些荷载传给窗间墙,常在门窗洞口上设置横梁,该横梁称为过梁。由于墙体相互错缝咬接,过梁上的墙体在砂浆硬结后具有拱的作用,它的部分自重可以直接传给洞口两侧的墙体,而不由过梁承受,如图 4.29 所示。

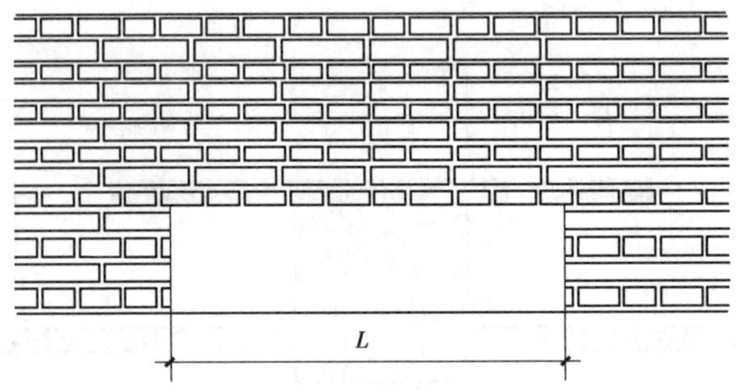

图 4.29　砖过梁

过梁的形式较多,可直接用砖砌筑,也可用钢筋混凝土、木材和型钢制作。钢筋砖过梁和钢筋混凝土过梁采用较广。

(1)*砖砌平拱*

砖砌平拱(图 4.30、图 4.31)是我国传统做法,其跨度最大可达 1.5 m,采用砖侧砌而成,一般将灰缝做成上宽下窄,但宽不大于 20 mm,窄不应小于 5 mm。砌时应将跨中提高约为跨度的 $L/50$,即所谓的起拱,待受力沉降后造成水平。砖的行数以单数为好,使立砖居中,称为拱心砖。

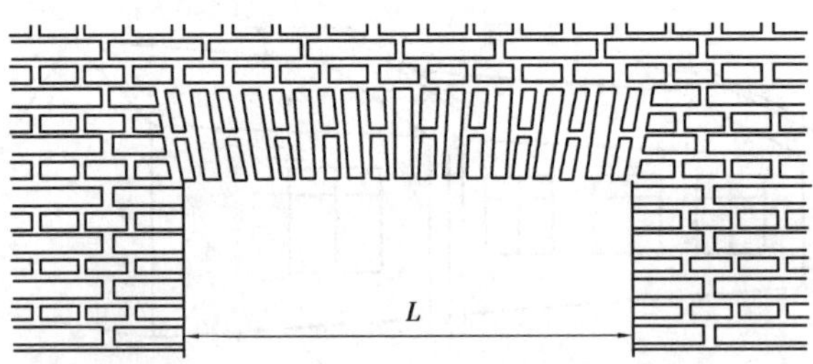

图 4.30　砖砌平拱示意图

图 4.31　砖砌平拱实物

(2)钢筋砖过梁

钢筋砖过梁是在门窗洞口上部砂浆层内配置钢筋的砌砖过梁,如图 4.32、图 4.33 所示。过梁的砌筑方法与一般砖墙相同,适用于清水墙,门窗洞口的宽度一般不超过 1.8 m,常将 $\phi6$ 钢筋埋于过梁底面,厚度为 20 ~ 30 mm 的砂浆层内。每半砖放一根钢筋,钢筋端部弯起,伸入洞口两侧支座处不少于 240 mm,常在洞口上相当于 *L*/4 的高度内(一般 5 ~ 7 皮砖)用不低于 M5 砂浆砌筑。

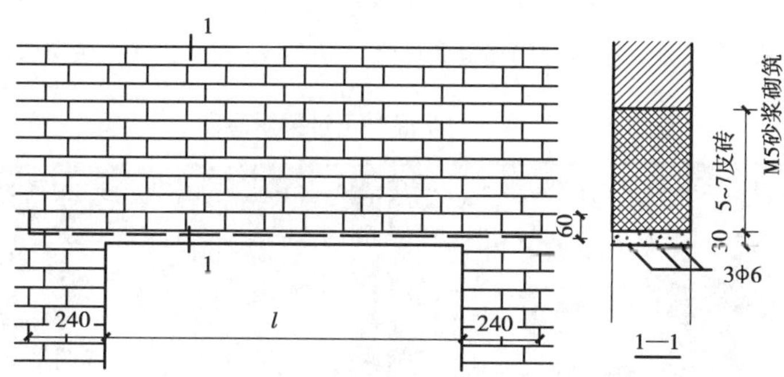

图 4.32　钢筋砖过梁

图 4.33　钢筋砖过梁实物

(3)钢筋混凝土过梁

钢筋混凝土过梁一般不受跨度限制,过梁宽度一般同墙厚,高度与砖的皮数相适应,常为 120 mm、180 mm、240 mm,如图 4.34、图 4.35 所示。过梁伸入两侧支座处不少于 240 mm。钢筋混凝土过梁分为现浇和预制两种类型。预制钢筋混凝土过梁施工方便、速度快、省模板,且便于在窗洞口上挑出装饰线条等,应用较广。钢筋混凝土过梁是墙体中导热系数较大的嵌入体,在寒冷地区不应贯通砌体整个厚度,并应做局部保温处理以避免冷桥。

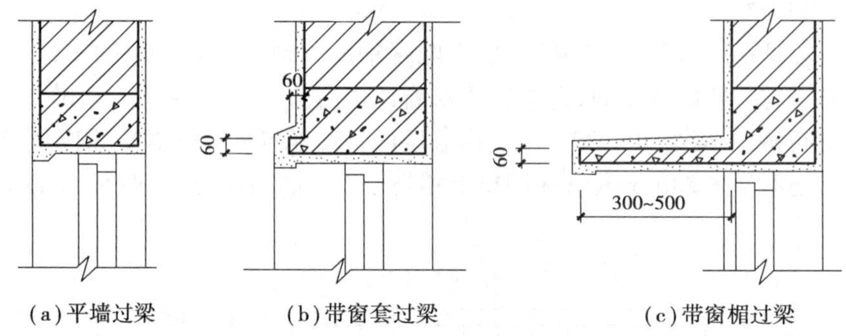

图 4.34　钢筋混凝土过梁示意图

图 4.35　钢筋混凝土过梁实物

6)勒脚

建筑物的外墙与室外地面或散水部分的接接触体部位的加厚部分称为勒脚。勒脚的作用时防止地面水、屋檐滴下的雨水的侵蚀,以及外力对该部位的撞击,从而保护墙面,保证室内干燥,提高建筑物的耐久性,使其更加美观。

(1)勒脚的种类

①石砌勒脚。采用较坚固的材料(如用石块)进行砌筑,标准较高的建筑可用斩假石或以石板贴面进行保护,如图 4.36 和图 4.37(a)、(b)所示。

图 4.36　石砌勒脚示意图

②抹灰勒角。在勒角部位用水泥砂浆或水刷石外抹，这种做法简单经济，得到了广泛应用，如图 4.37(c)、(d)和图 4.38 所示。

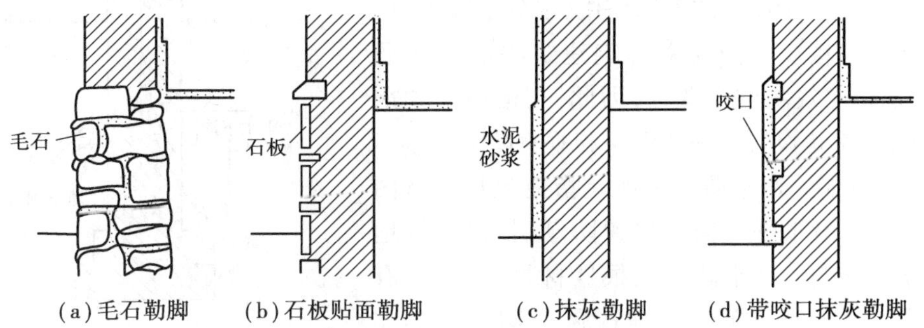

图 4.37　勒角示意图

图 4.38　抹灰勒脚实物

③贴面勒脚：可用人工石材或天然石材贴面，如水磨石板、陶瓷面砖、花岗石、大理石等，如图 4.39 所示。

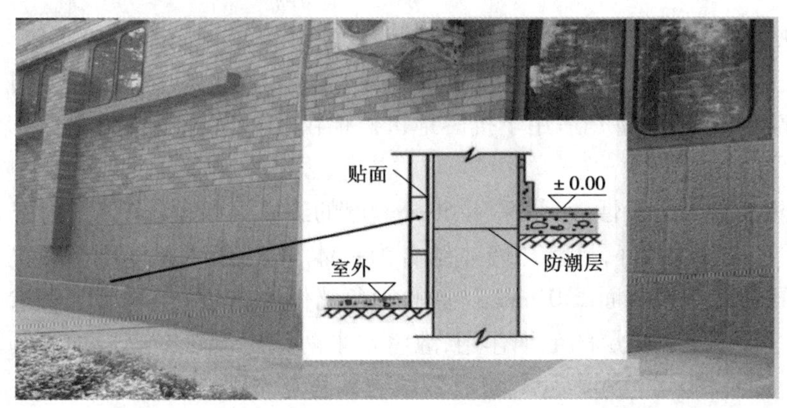

图 4.39　贴面勒脚示意图

(2)勒角的防潮

除雨、雪的侵袭外,地表水和土壤潮气很容易侵入勒角(图4.40)。由于墙体的毛细作用,水分不断上升,严重时可到达二楼。墙身受潮影响建筑物的使用质量、人体健康和建筑物的耐久性,因此,在构造上须采取防潮措施,通常是设置水平防潮层和垂直防潮层。

①水平防潮层。水平防潮一般是指建筑物墙体内靠室外地坪附近沿水平方向设置的防潮层,以隔绝地潮等对墙身的影响。水平防潮层根据材料的不同,有油毡防潮层、防水砂浆防潮层和细石混凝土防潮层,如图4.41所示。

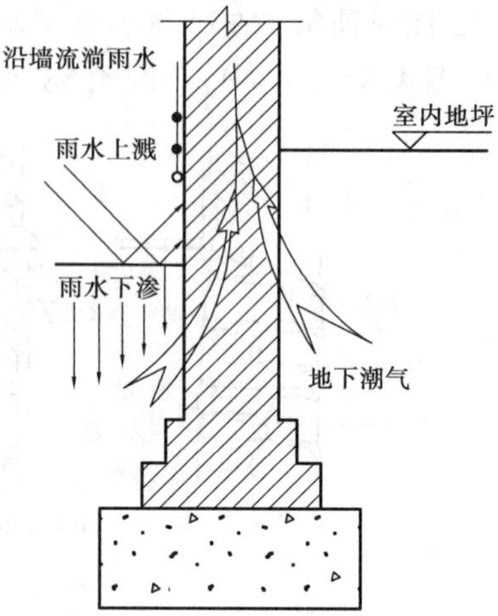

图4.40 墙身受潮示意图

油毡防潮层具有一定的韧性、延伸性和良好的防潮性。先铺设一层10~15 mm厚的砂浆找平层,然后铺上比墙厚宽10~20 mm的油毡,油毡之间的搭接长度不小于70 mm。由于油毡层降低上下砖砌体之间的黏结力,故油毡防潮层不宜用于下端按固定端考虑的砌体和有抗震设防要求的建筑。油毡的使用年限一般只有20年,因此长期使用也极为不利。

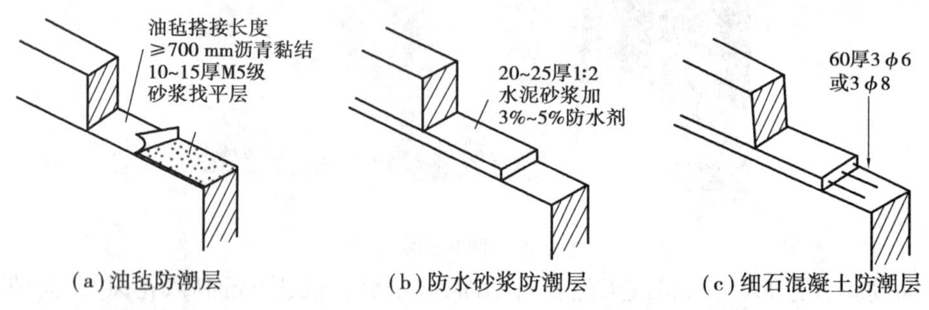

(a)油毡防潮层　(b)防水砂浆防潮层　(c)细石混凝土防潮层

图4.41 墙身水平防潮

砂浆防潮层是在需要设置防潮层的部位铺设防水砂浆或用防水砂浆砌筑2~3皮砖。防水砂浆是在水泥砂浆中加入3%~5%防水剂制成。防潮层厚20~25 mm。防水砂浆防潮层克服了油毡防潮层的缺点,特别适用于抗震地区。但由于砂浆是脆性材料,易开裂,故不适于地基会产生变形的建筑。

为了提高防潮层的抗裂性能,常采用60 mm厚的细石混凝土防潮层,内配2~3根ϕ6或ϕ8钢筋。由于它抗裂性能好,且能与墙体结合为一体,故适用于整体刚度较高的建筑中。水平防潮层应设置在距室外地面150 mm以上的勒角墙体中,以防止地表水溅渗。同时考虑到建筑物室内地坪层填土或垫层的毛细作用,故将水平防潮层设置在底层地坪与混凝土结构层之间的砖缝中(标高-0.060 m),使其更有效地起到防潮作用,如图4.42所示。

②垂直防潮层。当室内地坪出现高差或室内地坪低于室外地面时,对墙身不仅要求按地坪高差的不同,设置两道水平防潮层,而且为了避免高地坪房间填土中的潮气侵入低地坪房间的墙面,对有高差部分的垂直墙面也要采取防潮措施。其具体做法是在高地坪填土前,于两道

水平防潮层之间的垂直墙面上，先用水泥砂浆抹灰 15～20 mm，然后再刮热沥青两道，如图 4.43所示。

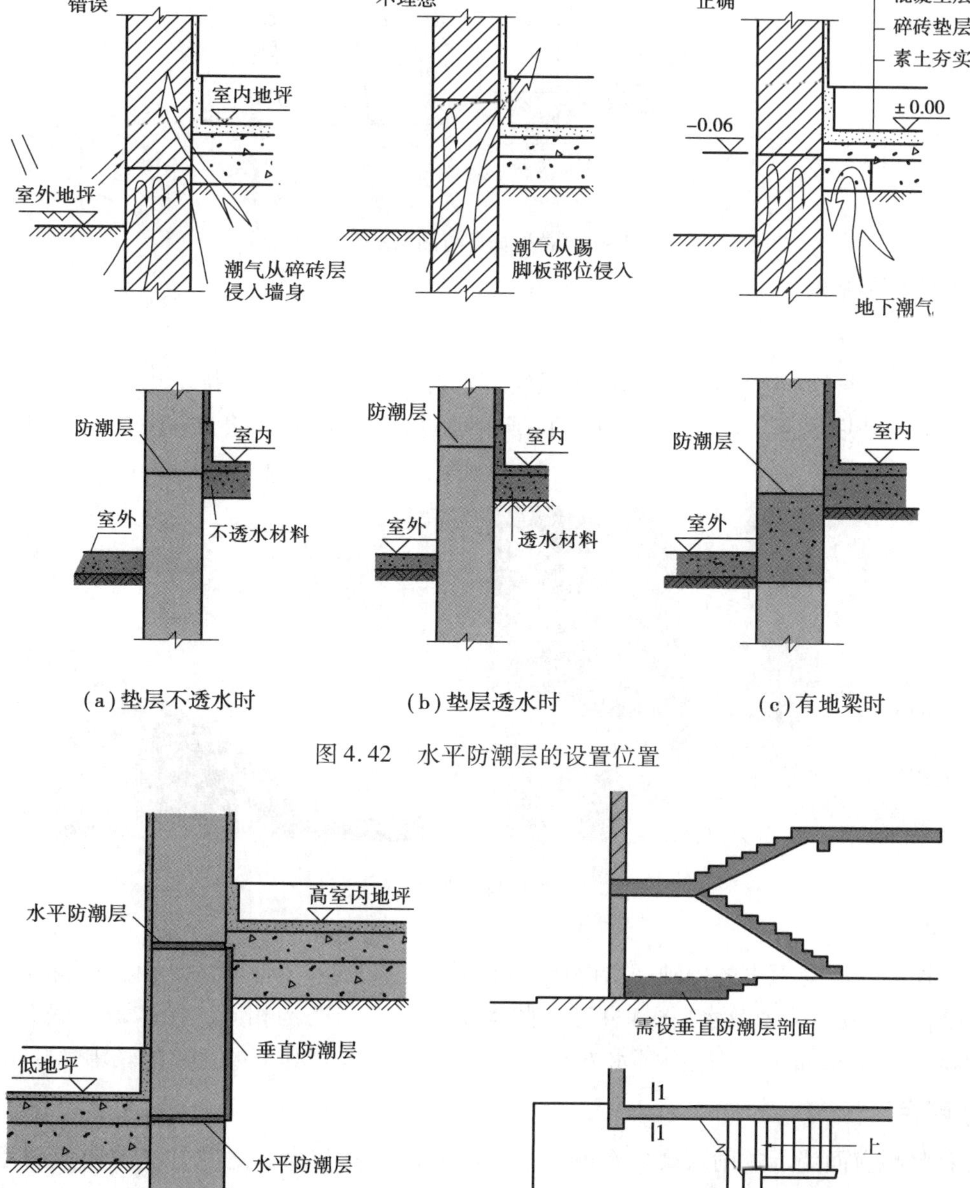

图 4.42　水平防潮层的设置位置

(a)1—1剖面　　(b)平面

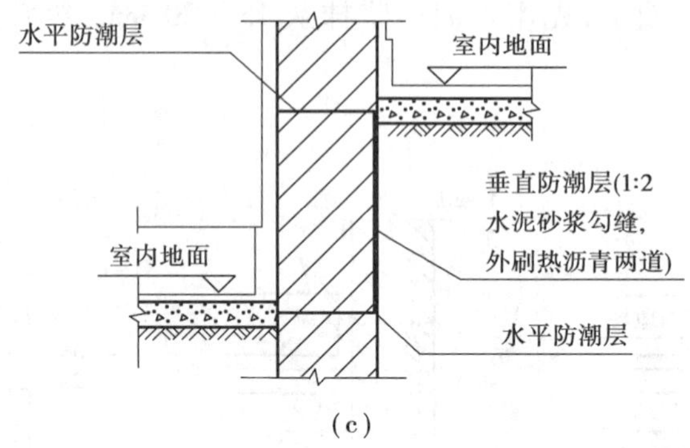

(c)

图4.43　墙身垂直防潮层示意图

7)明沟和散水

(1)明沟

明沟(图4.44)是设置在外墙四周将屋面落水有组织地导向地下排水集井的排水沟,其主要目的是保护外墙墙基。明沟一般用素混凝土现浇,外抹水泥砂浆,或用砖砌筑,水泥砂浆抹面。

图4.44　明沟

(2)散水

为保护墙基不受雨水的侵蚀,常在外墙四周将地面做成向外倾斜的坡面,以便将屋面雨水排至远处,这一坡面称为散水(图4.45)。散水所用材料与明沟相同。散水坡度约5%,宽度一般为600~1 000 mm。当屋面排水方式为自由落水时,要求其宽度比屋檐长出200 mm。

8)窗台

为避免顺窗面淌下的雨水聚集在窗洞下部或沿窗下框与窗洞之间的缝隙向室内渗流,也为了避免污染墙面,应在窗沿下靠室外一侧设置窗台。窗台有不悬挑窗台(图4.46)、悬挑窗台(图4.47)两种。

常见做法是将砖侧立斜砌,凸出外面约60 mm,然后上表面抹水泥砂浆或用水泥砂浆嵌缝,如图4.48(a)所示;也可将砖平砌,再用水泥砂浆抹成斜面,以利排水,如图4.48(b)所示。平砌挑砖窗台下边必须抹滴水槽,避免水污染墙面。也有不少建筑采用不悬挑窗台,即在上表面抹水泥砂浆斜面的窗台,如图4.49(c)所示,但此种做法不可避免地将出现“尿墙”现象。

图4.45 散水

图4.46 不悬挑窗台

图4.47 悬挑窗台

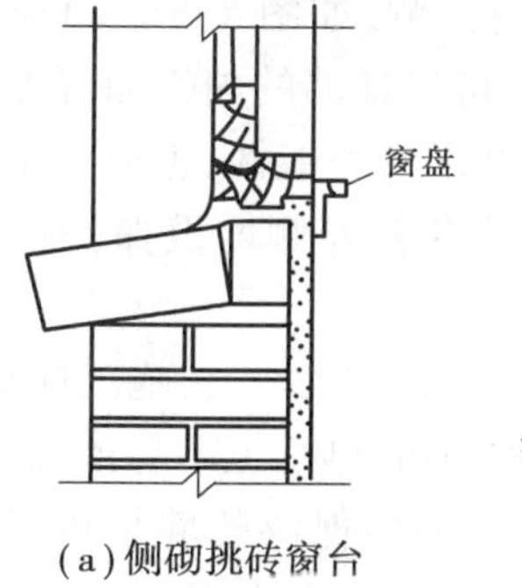

(a)侧砌挑砖窗台

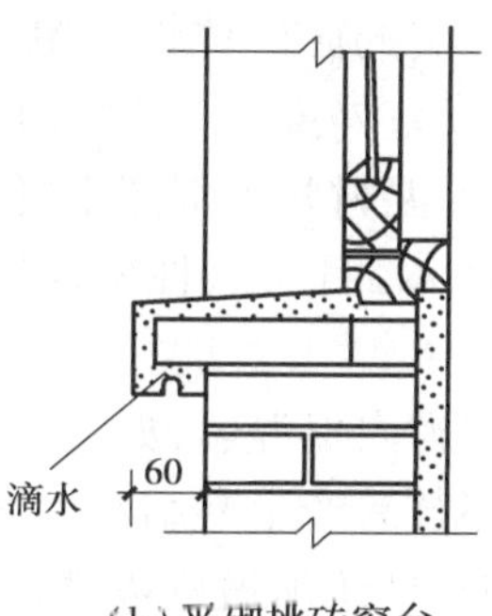

(b)平砌挑砖窗台

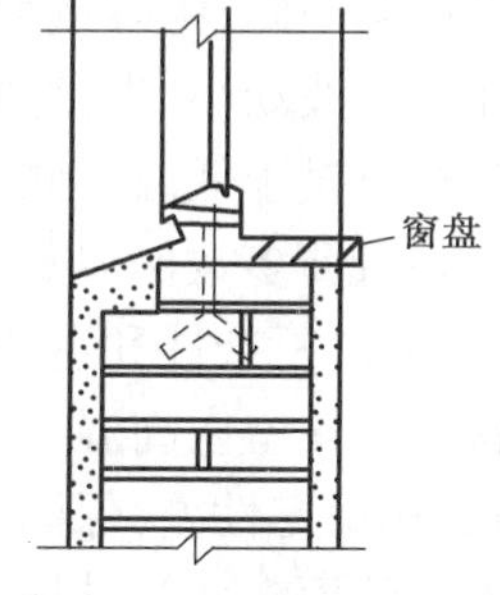

(c)不悬挑窗台

图4.48 窗台构造

4.2.3 空斗墙

空斗墙在我国具有悠久的历史。空斗墙是用普通黏土砖与水泥混合砂浆或石灰砂浆砌筑而成的。墙厚一般为一砖,通常有无眠空斗、一眠一斗、一眠三斗等几种砌法,如图 4.49 所示。

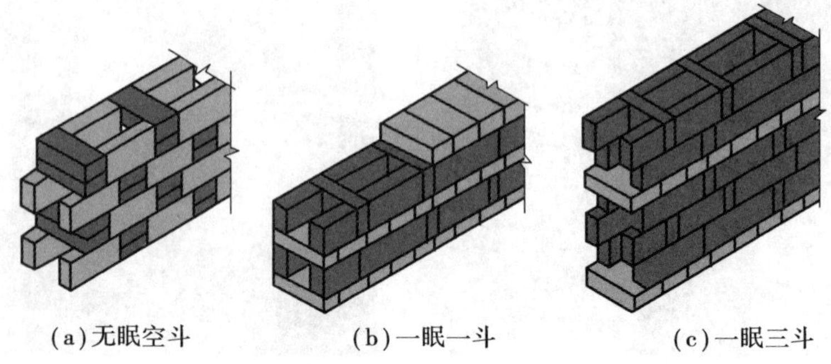

(a)无眠空斗　(b)一眠一斗　(c)一眠三斗

图 4.49　空斗墙的砌法

所谓"斗"是指墙体中由两皮侧砌砖与横向拉结砖所构成的空间。而"眠"则是指墙体中沿水平方向顶砌的一皮砖。根据资料,一砖厚空斗墙与实体墙比较,省砖 22%~38%。空斗墙自重轻、造价低,可用作 3 层以下民用建筑的承重墙。但遇下列情况不宜采用:①土质较弱,且有可能引起建筑物不均匀沉降时;②门窗洞口面积超过 50% 时;③建筑物受到振动荷载时;④地震烈度为 6 度以上时。在构造上,空斗墙要求在门窗洞口两侧、墙转角处、内外墙交接处、勒角及与承重砖柱相接处均应采取眠砖实砌。在楼板、梁、屋架、檩条支承处,墙体也应将眠砖实砌三皮以上,如图 4.50 所示。空斗墙常用在南方民房中,而在北方由于气候原因,除特殊情况外均不采用。

4.2.4　砖复合墙

利用不同性能的材料进行组合构成既承重又可保温的复合墙体,在这种结构中,轻质材料起保温作用,黏土砖负责承重,如图 4.51 所示。在这种结构中,保温材料设置的位置是构造设计中必须考虑的问题。

按保温材料的设置,复合砖墙分为外保温墙、内保温墙和夹心墙。外保温墙是将保温材料设置于室外低温一侧,将容重大、质地密实的砖砌体设于室内一侧,如图 4.51(a)所示。这时墙体的表面温度波动小,当供热不均匀或室外温度变化大时,可保证墙的内表面温度不会急剧下降。保温材料设于低温一侧,减少了保温材料内部产生凝结水的可能性,也避免了墙体内出现热桥。但是目前多数保温材料不能防水,且耐久性差,必须在其外侧增设保护层和防雨措施,增加了构造的复杂性和造价。

保温材料设在室内高温一侧的墙称为内保温墙,如图 4.51(b)所示。它施工简单、造价较低,但室内的热稳定性差,保温材料内部容易产生凝结水,墙体中的热桥也不易消除,一般用于室内温度不高的原有建筑外墙保温改造,且还须做好隔气层。夹层保温砖墙是将保温材料放在两层砖砌体中间,如图 4.51(c)所示。保温材料常用膨胀珍珠岩及其制品、苯板、岩棉板等。设计时应注意内外两层砖砌之间的可靠拉结,并在勒角、窗台等处另加处理,以免保温层受潮,降低保温性能和墙的耐久性能。

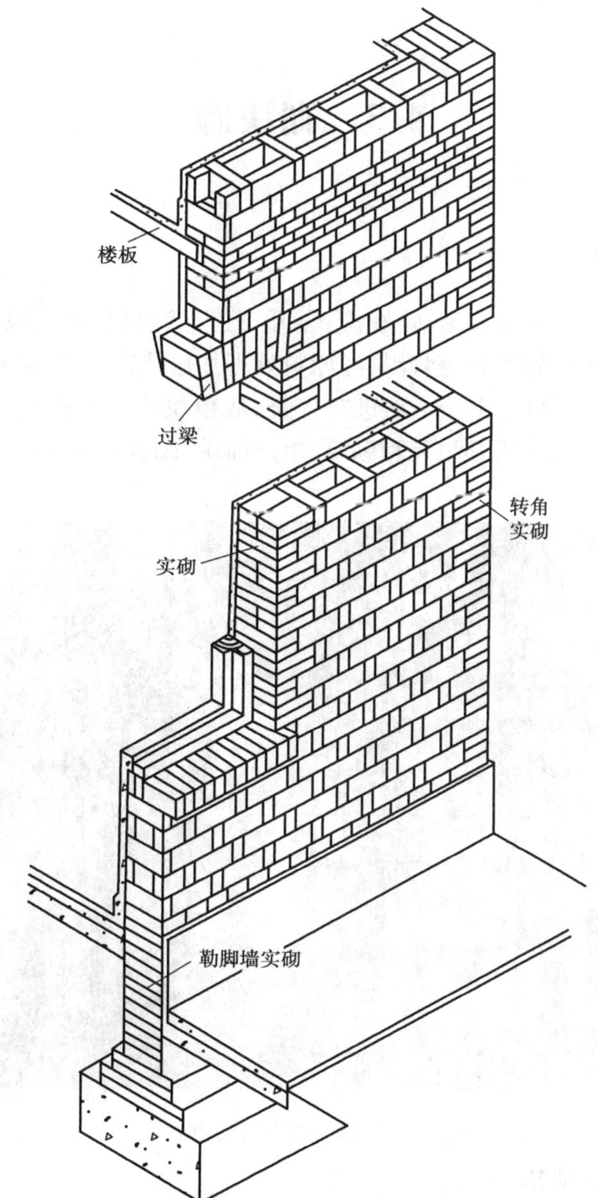

图4.50 空斗墙加固部位构造

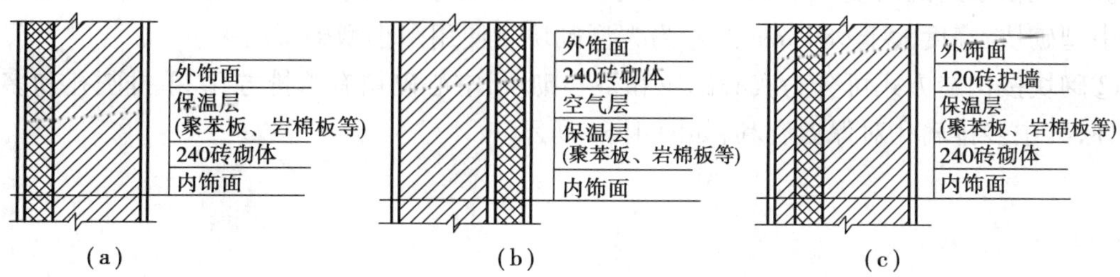

图4.51 复合墙的构造

4.3 砌块墙

4.3.1 砌块墙概述

砌块一般为天然石料或以水泥、硅酸盐、煤矸石、天然熟料、水泥以及煤灰、石灰、石膏等胶结料，与砂石、煤渣、天然轻骨料等骨料，经原料处理加压或冲击，振动成型，再以干或湿热养护制成的砌墙块材(图4.52)。由于不需进窑焙烧，故单块体积较砖大，其规格介于砖和大型墙板之间，施工时可采用简单机具吊装和砌筑，生产简单、砌筑效率较高，且整体刚度和抗震性能较好。

图4.52 砌块墙实物

1)砌块的类型与规格

①砌块与砖的区别在于外形尺寸比砖大，砌块按不同尺寸分为大型砌块、中型砌块和小型砌块。中规格系列的高度大于115 mm小于380 mm的称为小型砌块，高度为380～980 mm的称为中型砌块，高度大于980 mm的称为大型砌块。使用中小型砌块居多。

②砌块按构造方式可分为实心砌块和空心砌块，空心砌块有单排方孔、单排圆孔和多排扁孔3种，其中多排扁孔对保温有利，如图4.53所示。

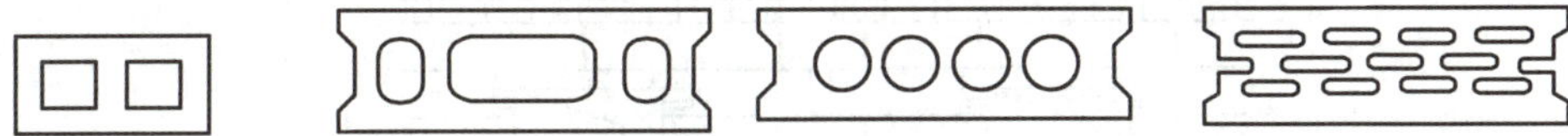

图 4.53　砌块类型图片

③砌块按材料的不同，可分为普通混凝土砌块、加气混凝土砌块、轻骨料混凝土砌块及利用各种工业废料制成的砌块。

④砌块按在组砌中的作用与位置的不同，可分为主砌块和辅助砌块。

2）砌块墙的特点

用砌块砌筑墙体时也必须将砌块交错搭接砌筑，以保证墙体和房屋有一定的整体性。但也有与砖墙不同的地方，砌块的尺寸比砖大，光靠砂浆黏结不可能保证砌体的整体性，因此必须采取加固措施。另外，砌块为配合组砌具有多种规格，为了适应砌筑的需要，必须在多种规格间进行砌块的排列设计。

4.3.2　砌块的拼接

1）砌块的拼接

砌块墙应事先进行排列设计，也就是把不同规格的砌块在墙体中的具体安放位置用平面图和立面图加以表示。砌块排列设计应满足下列要求：上下皮砌块应错缝搭接，排列整齐有规律，尽量减少通缝，使砌块墙具有足够的整体性和稳定性；内外墙的交接处和转角处应根据砌块彼此搭接优先选用大规格砌块，使主砌块的总数量在 70% 以上。为减少砌块的规格，允许在砌筑中用少量的砌砖来镶砌填缝（图 4.54）。当采用混凝土空心砌块时，上下皮砌块应孔对孔、肋对肋，使上下皮砌块间有足够的接触面以扩大受压面积。砌块的排列组合如图 4.55 所示。

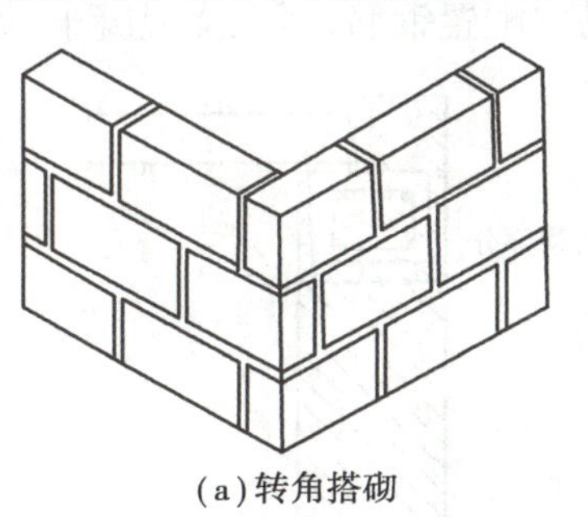

（a）转角搭砌

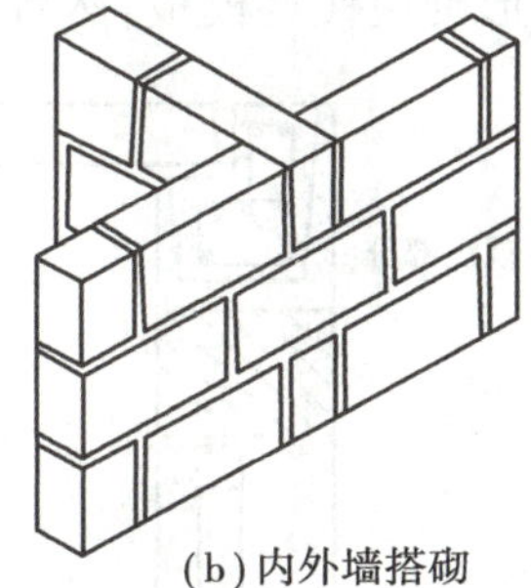

（b）内外墙搭砌

图 4.54　墙的转角处和交接处搭砌

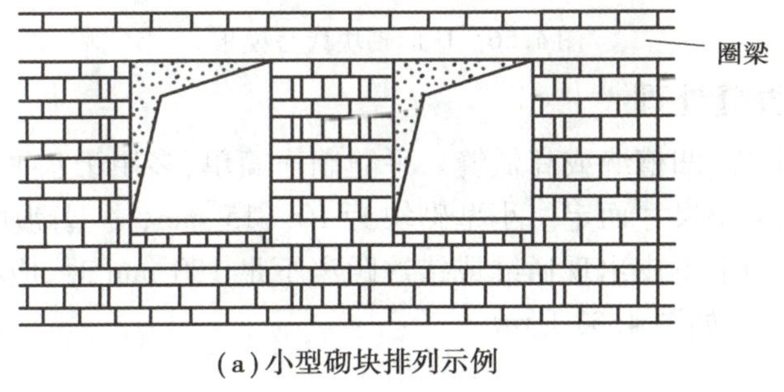

（a）小型砌块排列示例

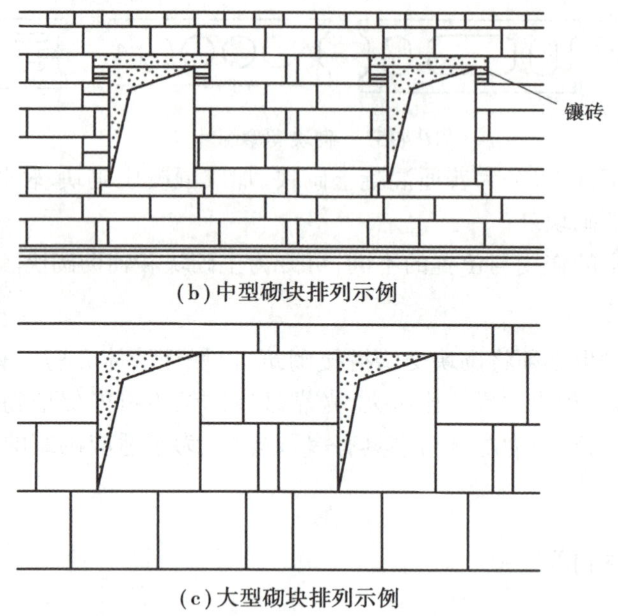

(b)中型砌块排列示例

(c)大型砌块排列示例

图 4.55　砌块的排列组合

2)过梁与圈梁

过梁是砌块墙的重要构件之一,既起联系梁和承受门窗洞口上荷载的作用,又是一种可调砌块。当层高和砌块出现差异时,过梁高度的变化可起调解作用,从而使砌块的通用性更大。砌块建筑每层应设圈梁,用以加强砌块墙的整体性,当圈梁与过梁位置接近时,往往圈梁与过梁合二为一。圈梁有现浇和预制两种,现浇圈梁整体性强,对加固墙身较为有利,但施工麻烦,故不少地区采用 U 形砌块代替模板,然后在凹槽内配置钢筋,再现浇混凝土,如图 4.56 所示。

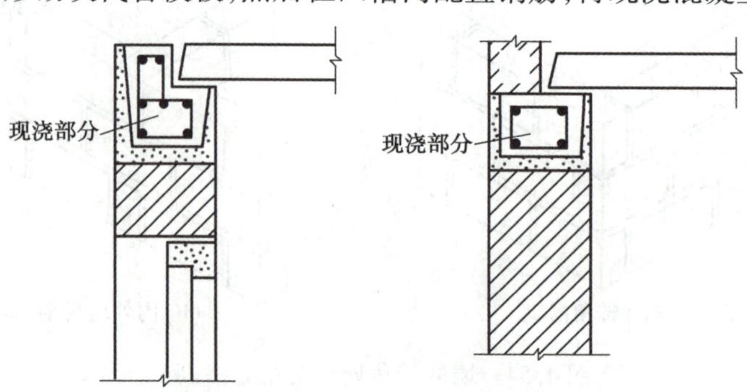

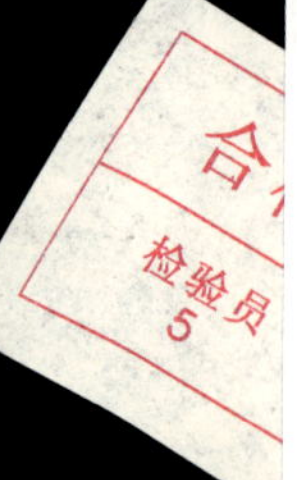

图 4.56　U 形砌块代替模板

3)砌块缝型和通缝处理

砌块建筑可采用平缝、凹槽缝或高低缝。平缝制作简单,多用于水平缝;凹槽缝灌浆方便,多用于垂直缝,缝宽视砌块尺寸而定。小型砌块为 10 ~ 15 mm,中型砌块为 15 ~ 20 mm,砂浆强度等级不低于 M5。当上下皮出现通缝或错缝距离不足 150 mm 时,应在水平缝通缝处加钢筋网片,使之拉结成整体,如图 4.57 所示。

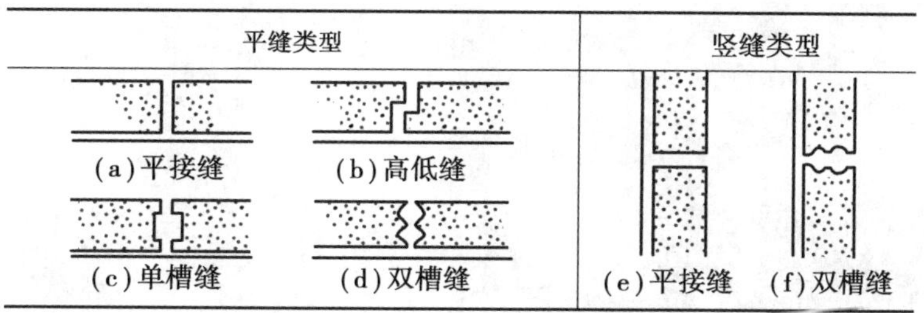

图 4.57　砌块缝型

4)砌块墙芯柱构成

当采用混凝土空心砌块时,应在房屋四角、外墙转角、楼梯间四角设芯柱。芯柱用 C20 细石混凝土填入砌块孔中,并在孔中插入钢筋(图 4.58)。

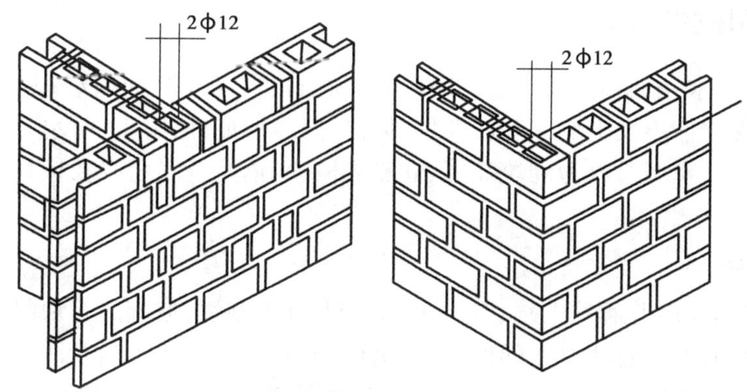

图 4.58　砌块墙芯柱

4.4　隔墙与隔断

4.4.1　概述

隔墙(图 4.59)和隔断(图 4.60)都是具有一定功能或装饰作用的建筑构件,它们均为非承重构件,主要功能是分隔室内和室外空间。人们通常采用分割和组合、引导与过渡的设计手法设置隔断和隔墙。

隔墙和隔断的区别如下:

①分隔空间的程度和特点不同:隔墙到顶,隔声和遮挡视线的要求较高;隔断有一定的视觉交流。

②拆装灵活性不同:隔墙具有不可变动性,隔断较灵活,有的可以移动和拆装。

图 4.59　隔墙

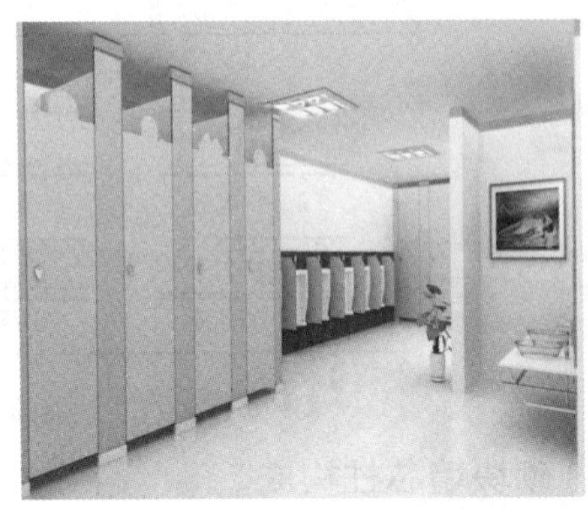

图 4.60　隔断

4.4.2　隔墙的装饰构造

隔墙的设计要求：隔墙应自重轻，以减轻建筑物自重，减少竖向荷载；具有良好的强度、刚度和稳定性，确保墙体不发生变形和破坏；墙体薄、隔声性能好，防火、防水和防潮，便于拆除。

按材料的不同，隔墙可分为砌块隔墙、立筋隔墙、轻钢龙骨隔墙以及板材式隔墙，具体如下所述。

1）砌块隔墙

砌块隔墙是指采用普通黏土砖、空心砖、加气混凝土砌块、玻璃砖等块材砌筑而成的隔墙，其构造简单，应用时要注意块材之间的结合、墙体的稳定性、墙体重量及刚度对结构的影响等。图 4.61 所示为玻璃砖隔墙构造图。采用玻璃砖做隔墙时，因玻璃砖两侧有凸槽，可嵌入水泥或沥青砂浆，将玻璃砖拼装在一起。

2）立筋隔墙

立筋隔墙由木骨架或金属骨架及墙面材料组成，如图 4.62 所示。

（1）木龙骨

木龙骨由上槛、下槛、立筋、斜撑或横档构成。立筋靠上下槛固定。木料断面通常为 50 mm×70 mm 或 50 mm×100 mm，根据房间高度不同来选用。沿立筋高度方向每隔 1.5 m 左右设斜撑一道，与立筋撑紧、钉牢。如表面为铺钉面板，则改斜撑为水平横档。立筋与横档间距视饰面材料规格而定，通常取 400 mm、450 mm、500 mm 及 600 mm，一般铺钉饰面时取 450 mm或 600 mm。

木龙骨轻质罩面板隔墙构造如图 4.63 所示。

（2）金属龙骨

金属龙骨隔墙是在金属墙筋外铺钉面板而制成的隔墙，金属墙筋一般采用薄壁型钢、铝合金或拉眼钢板制作，如图 4.64 所示。

金属墙筋面板隔墙的骨架一般由沿顶龙骨、沿地龙骨、竖向龙骨、横撑龙骨和加强龙骨及各种配件组成。构造做法是用沿顶、沿地龙骨与沿墙（柱）龙骨构成隔墙边框，中间设竖龙骨，如需要还可加横撑龙骨和加强龙骨，龙骨间距一般为 400 ~ 600 mm，具体间距根据面板尺寸而定。

③滑动材料
⑨密封材料
①金属框
②缓冲材料
④弹簧片
③滑动材料
75
30
①金属框
③滑动材料
②缓冲材料
⑨密封材料
④弹簧片
⑥砌筑砂浆
⑦装饰砂浆
⑤水平筋
⑧立筋
⑩
⑩
Ⓗ 外部装饰
砂浆
⑨密封材料
④弹簧片
③滑动材料
⑪ 渗水孔
①金属框

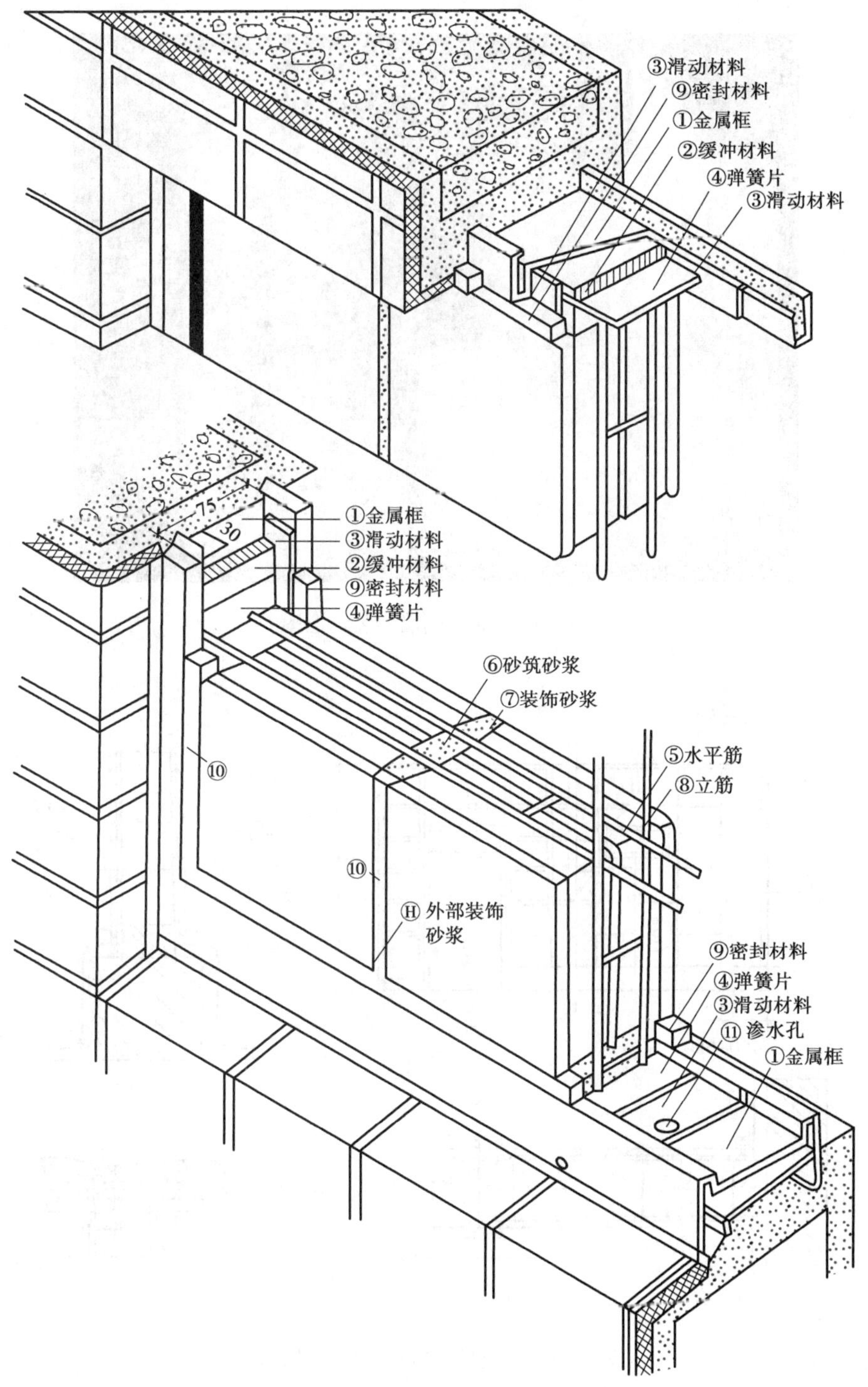

图 4.61 玻璃砖隔墙

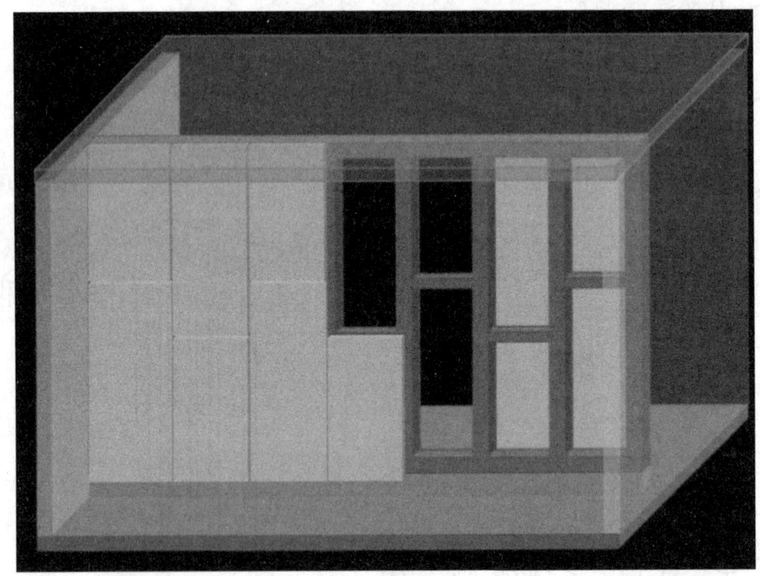

图 4.62　立筋隔墙安装示意图

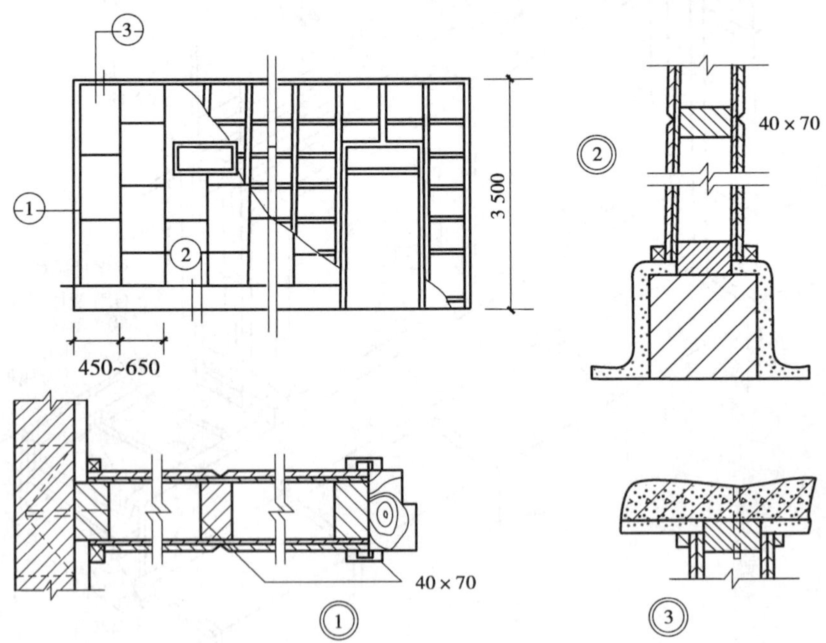

图 4.63　木龙骨轻质罩面板隔墙构造

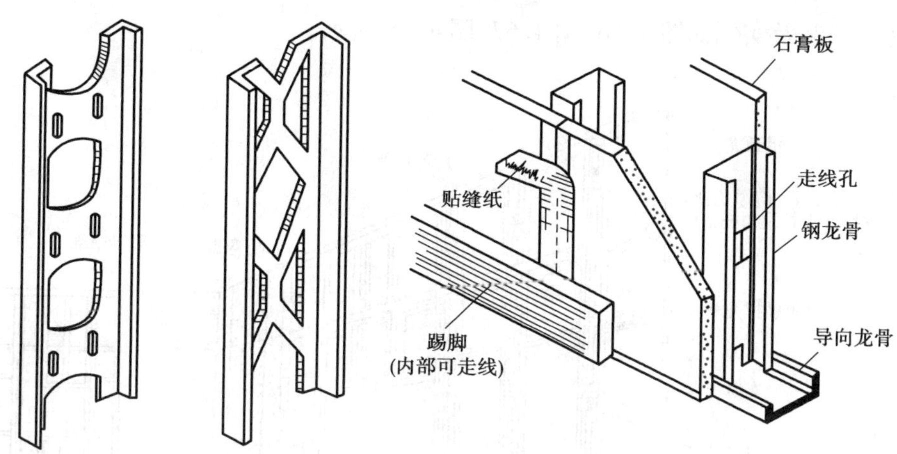

图 4.64　金属墙筋

安装固定沿地、沿顶龙骨有两种构造方式(图 4.65):一种是在楼地面施工时上下设置预埋件;另一种是采用膨胀螺栓或射钉来固定,墙筋、横档之间则靠各种配件或抽心拉铆钉相互连接。面板与骨架的固定方式有钉、粘、卡 3 种。

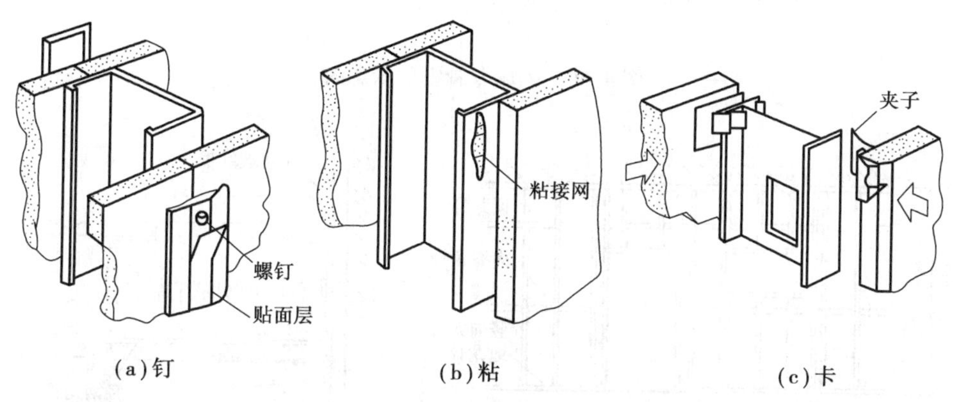

图 4.65　面板与骨架的固定方式

金属墙筋面板隔墙的主要优点是强度高、刚度大、变形小、防火性能好、自重轻、整体性好,易于加工和大批量生产,还可以根据需要拆卸和组装,近几年来得到了广泛应用,如轻龙骨石膏板隔墙构造。

3)轻钢龙骨隔墙

①龙骨设置:按面板的规格和步骤固定竖向龙骨,间距为 400 ~ 600 mm。

②石膏板铺贴:直接钉在金属龙骨上,采用双层石膏板时,两层板接缝一定要错开,竖向龙骨中间通常还需设置横向龙骨,距地 1.2 m 左右,阴阳角处可用铁角固定,插座开孔的周围应贴玻璃纤维布。

③板面接缝:明缝和暗缝。

④防潮处理:其一,涂料法防潮,石膏墙面刮腻子,涂乳化桐油;其二,先刮腻子,再裱糊塑料壁纸。

轻钢龙骨安装及实例如图 4.66、图 4.67、图 4.68 所示。

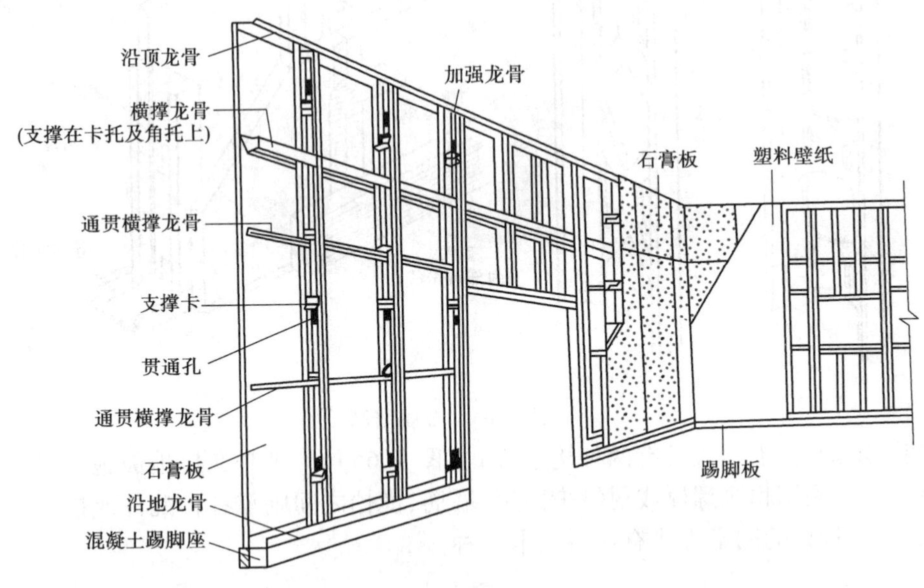

图 4.66　隔墙龙骨安装示意图

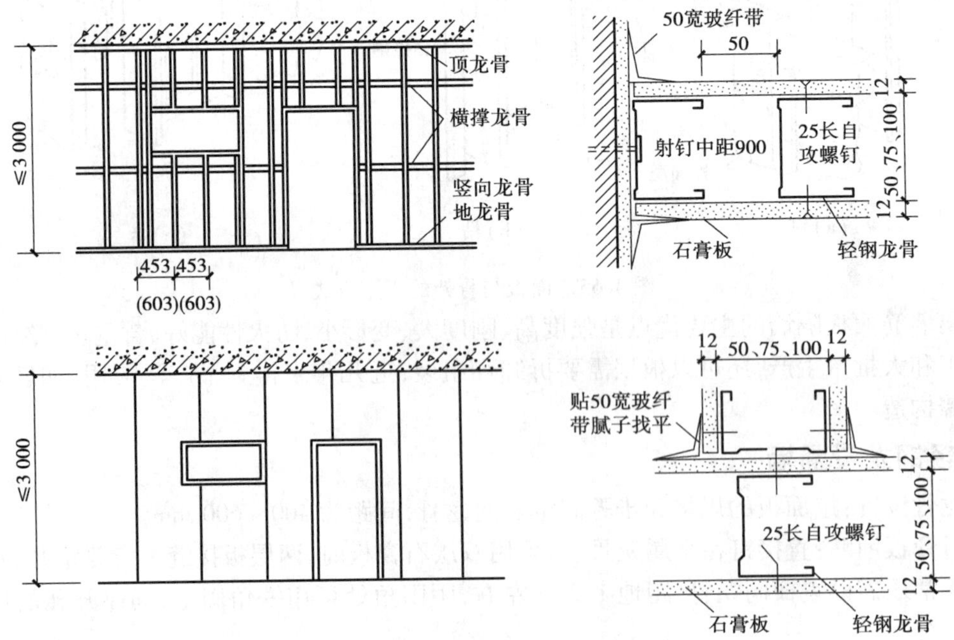

图 4.67　轻钢龙骨石膏板隔墙

图4.68 轻钢龙骨立筋隔墙安装实例

4)板材式隔墙

板材式隔墙是不用骨架,而用厚度比较厚、高度相当于房间净高的板材拼装而成的隔墙(必要时可按一定间距设置一些竖向龙骨,以增加其稳定性)。目前条板隔墙采用的是各种材料的条板(如加气混凝土条板、石膏条板、碳化石灰板和泰柏板等),以及各种复合板(如纸面蜂窝板、纸面草板等)。板材式隔墙固定方式有:将隔墙与地面直接固定、通过木肋与地面固定和通过混凝土肋与地面固定。下面重点介绍加气混凝土条板隔墙(图4.69)。

加气混凝土条板由水泥、石灰、砂、矿渣、粉煤灰等加发气剂铝粉,经原料处理、配料、浇筑、切割及蒸压养护等工序制成。其导热系数低,保温性能、抗震性能和防火性能好,可锯、可刨、可钉,可加工性佳。但加气混凝土吸水性大、耐腐蚀性差、强度较低,在运输、施工过程中易损坏,不宜用于有高温、高湿或有化学及有害空气介质的建筑中。

当使用加气混凝土隔墙设门窗洞口时,门窗框与隔墙连接多采用胶粘圆木的做法。在条板与门窗框相连接的一侧钻孔,孔径25~30 mm,孔深80~100 mm,孔内用水湿润后,将涂满107胶的水泥砂浆的圆木塞入孔内,然后用圆钉或木螺钉将门窗框紧固在圆木上。

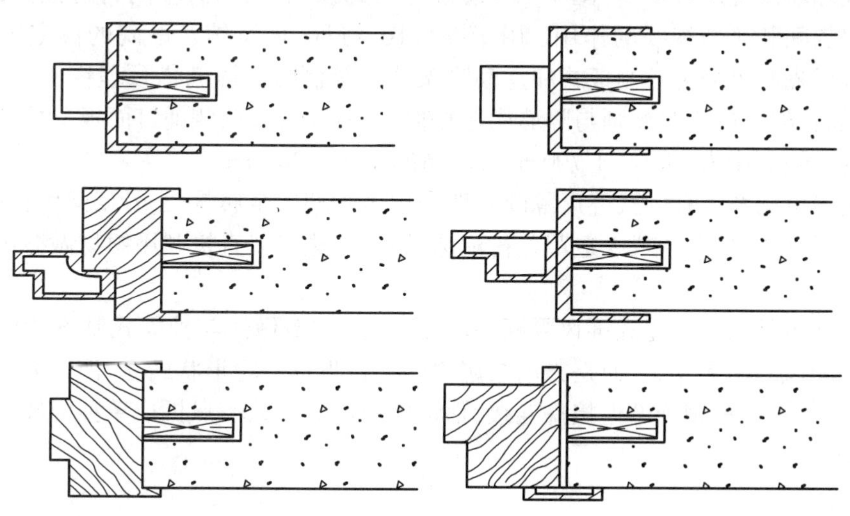

图4.69 条板与门框连接构造

4.4.3 隔断的装饰构造

隔断的种类很多,按固定方式分为固定式隔断和移动式隔断。从限定程度上分为两类:一类是全分隔式隔断(折叠推拉式、镶板式、拼装式和软体折叠式或手风琴式);另一类是半分隔式隔断(如空透式隔断、家具式隔断、屏风式隔断),其中空透式隔断包括水泥制品隔断、竹木花格空透隔断、金属花格空透隔断、玻璃空透隔断、隔扇、屏风、博古架等。

(1)固定式隔断

固定式隔断(图4.70)包括花格、落地罩、飞罩、隔扇和博古架等各种花格隔断和玻璃隔断。隔断所用材料为木制、竹制、水泥制品、玻璃和金属制品。通常采用预埋件连接,框架上镶嵌玻璃,玻璃四周可用压条固定,并采用密封胶封闭。

图4.70 固定式玻璃隔断

①屏风式隔断。屏风式隔断(图4.71)通常是不到顶的,因而其空间通透性强,在一定程度上起着分隔空间和遮挡视线的作用,用于办公楼、餐厅、展览馆及医院的诊室等公共建筑中。固定式屏风隔断可分为预制板式和立筋骨架式。预制板式隔断借预埋铁件与周围墙体、地面固定;立筋骨架式屏风隔断则与隔墙构造相似,它可在骨架两侧铺钉面板,也可镶嵌玻璃。固定式屏风的一般高度为1 050 ~1 700 mm,最高的可达2 200 mm。

②独立式屏风隔断。独立式屏风隔断一般采用木骨架或金属骨架,骨架两侧钉胶合板、纤维板或硬纸板,外面以尼龙布或人造革包衬泡沫塑料,周边可以直接利用织物做缝边也可另加压条。

③联立式屏风隔断。联立式屏风隔断(图4.72)的构造做法与独立式基本相同。不同之处在于联立式屏风隔断无支架,而是靠扇与扇之间连接形成一定形状站立,使平面成锯齿形或十字形、三角形。一般采用顶部连接件连接,保证随时将联立式屏风拆成单独屏风扇。

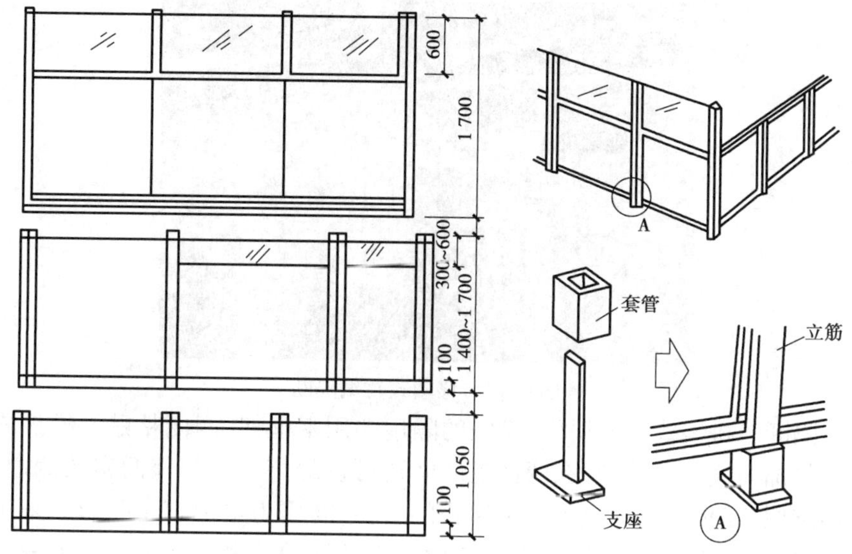

图 4.71　屏风式隔断

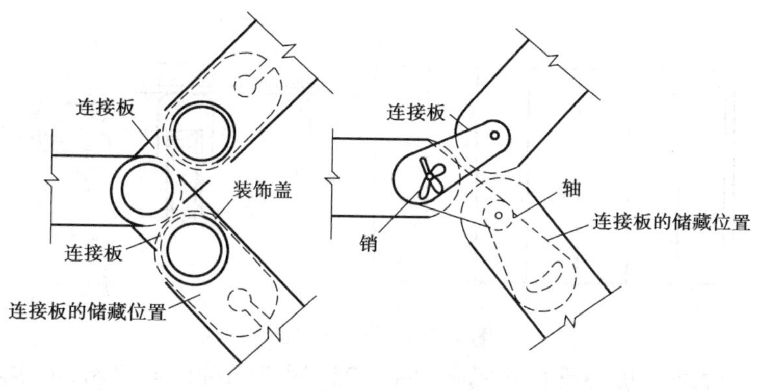

图 4.72　联立式屏风隔断连接件

④隔扇、罩、博古架。

a. 隔扇。隔扇一般是用硬木精工制作的隔框，隔心可以裱糊纱、纸，群板可雕刻成各种图案，它最大的特点是开闭方便，自重轻，而且有装饰性。

b. 罩。罩是梁、柱的附着物，用罩分隔空间，能够增加空间的层次，构成一种有分有合、似分似合的空间环境。

c. 博古架。博古架是一种陈放各种古玩和器皿的架子，其分格形式和精巧的做工具有很强的装饰价值。

(2) 帷幕式隔断

帷幕式隔断即软隔断，即利用布料和织物作为分隔物，分格室内空间。一般由帷幕、轨道、滑轮或吊钩、支架或吊杆、专门构配件等部分组成。支承固定方式一般以墙壁和顶棚为固定支座。

(3) 移动式隔断

移动式隔断按启闭的方式分为拼装式、折叠推拉式等，如图 4.73 所示。

图 4.73　移动式竹编隔断

①拼装式隔断。拼装式隔断(图 4.74)的隔扇多用木框架,两侧粘贴纤维板或胶合板,在其上还可贴面料饰面或包人造革,在两面板之间还可设隔声层。相邻两扇的侧边做成企口缝相拼。为装卸方便,隔断的上部设置一个通长的上槛,断面为槽形或丁字形。采用槽形时,隔扇的上部较平整;采用丁字形时,隔扇上部应设一道较深的凹槽。不论采用哪一种上槛,都要使隔断的顶端与顶棚保持50 mm左右的间隙,以保证装卸方便。

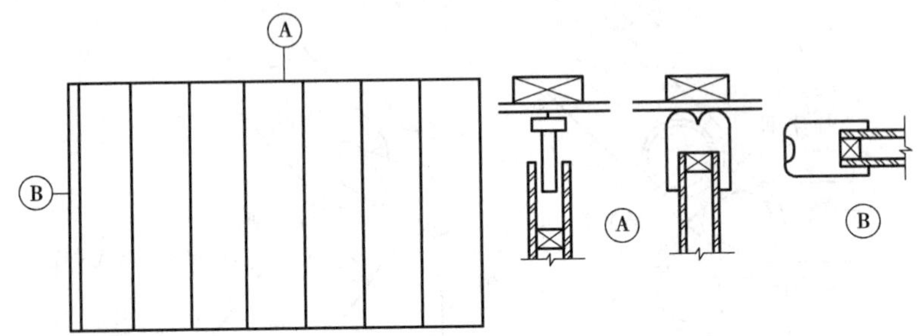

图 4.74　拼装式隔断

②折叠推拉式隔断。折叠推拉式隔断(图 4.75)属于一种硬质隔断,由木隔扇或金属隔扇构成,通常适用于较大的房间。硬质隔断的隔扇的制作方法是:在木框架或金属框架两面各贴一层木质纤维板或其他轻质板材,隔扇之间用铰链连接;并在顶棚安装槽钢轨道,在折叠式的每块隔断板上部安装两副滑轮吊轴。折叠移动式隔断根据滑轮和导轨的不同设置,又可分为悬吊导向式固定、支撑导向式固定和二维移动式 3 种,如图 4.76 所示。

图 4.75　推拉式隔断

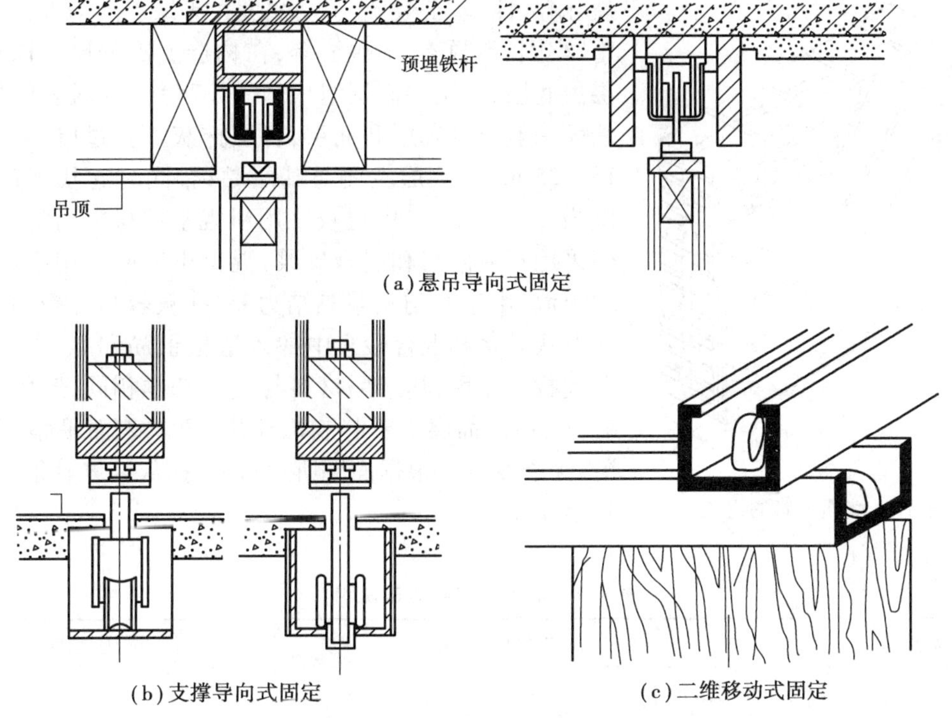

(a)悬吊导向式固定

(b)支撑导向式固定

(c)二维移动式固定

图4.76 折叠推拉式隔断固定方式

4.5 墙面装修

4.5.1 墙面装修的作用

墙面装修的主要作用是保护墙体和提高墙体的使用功能。墙面装修可以保护结构免遭风、霜、雨、雪的直接侵袭,提高墙体的抗风化能力,从而增强墙体的坚固性和耐久性。墙面装修能改善建筑物内外的清洁卫生条件,提高墙体热工性能。墙面装修可美化建筑环境,强化艺术效果,是建筑空间艺术处理的重要手段之一。墙面的色彩、材料的质感效果、线角的处理等,都可在一定程度上改善建筑物的内外形象。

4.5.2 墙面装修的分类

由于材料和施工方式的不同,常见的墙面装修做法可分为抹灰类、贴面类、涂料类、裱糊类和铺钉类等。

1)抹灰类

抹灰类装修一般是指用石灰砂浆、混合砂浆、水泥砂浆以及纸筋灰、麻灰等作为饰面层的装修做法。其优点是材料来源广泛、施工方便、造价低廉,但也存在着现场湿作业量较大、易开

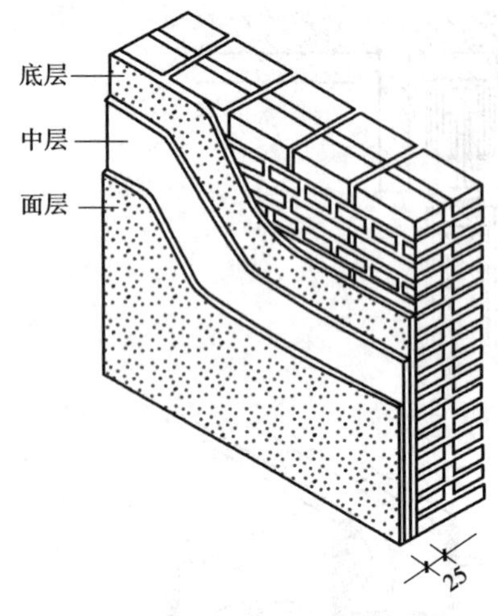

图 4.77　墙面装修的组成

裂、耐久性差、工效低、劳动强度大等缺点。为保证抹灰平整、牢固、不脱落、不裂缝等，在构造上需分层。抹灰装修层由底层、中层和面层组成(图 4.77)。普通装修标准的墙面一般只做底层和面层，各层抹灰不宜过厚，总厚度为 15 ~ 25 mm。底层主要与基层黏结，同时起找平作用，厚度为 6 ~ 10 mm。底层灰浆用料视基层材料而定，普通砖墙采用石灰砂浆和混合砂浆；混凝土墙应采用水泥砂浆；木板墙，由于其与灰浆黏结力差，抹灰容易开裂、脱落，应在石灰砂浆和混合砂浆中掺入适量纸筋和麻刀。中层主要起找平作用，其所用材料与底层基本相同，厚度一般为 6 ~ 8 mm。面层主要起装饰作用，要求表面平整、色泽均匀、无裂纹等。根据面层所用材料，抹灰装修有很多类型，见表 4.4。

表 4.4　常用抹灰类做法说明

抹灰名称	做法说明	适用范围
纸筋灰墙面	1. 喷内墙涂料； 2. 2 厚纸筋灰罩面； 3. 8 厚 1∶4石灰砂浆； 4. 13 厚 1∶3石灰砂浆打底	砖基层的内墙
混合砂浆墙面	1. 喷内墙涂料； 2. 5 厚 1∶0.3∶3水泥石灰混合砂浆面层； 3. 15 厚 1∶1∶6水泥石灰混合砂浆打底找平	内墙
水泥砂浆墙面	1. 6 厚 1∶2.5 水泥砂面罩面； 2. 9 厚 1∶3水泥砂浆刮平扫毛； 3. 10 厚 1∶3水泥砂浆找底扫毛或划出纹道	砖基层的外墙或有防水要求的内墙
水刷石墙面	1. 8 厚 1∶1.5 水泥石子(小八厘)或 10 厚 1∶1.25 水泥石子(中八厘)罩面； 2. 2 厚刷素水泥浆一道(内掺水重的 3% ~ 5% 107 胶)； 3. 12 厚 1∶3水泥砂浆打底扫毛	砖基层外墙
斩假石墙面(剁斧石)	1. 斧剁斩毛两遍成活； 2. 10 厚 1∶1.25 水泥石子(米粒石内掺 30% 石屑)罩面赶平压实； 3. 刷素水泥浆一道(内掺水重的 3% ~ 5% 107 胶)； 4. 12 厚 1∶3水泥砂浆打底扫毛或划出纹道	外墙

续表

抹灰名称	做法说明	适用范围
水磨石墙面	1. 10 厚 1∶1.25 水泥石子罩面； 2. 刷素水泥浆一道(内掺水重 3% ~5% 107 胶)； 3. 12 厚 1∶3水泥砂浆打底扫毛	墙裙、踢脚等处

在人群活动频繁,易受碰撞或有防水、防潮要求的墙面,常做墙裙对墙身加以保护。墙裙高度一般为 1.5 m,个别做到 1.8 m,如图 4.78 所示。易于碰撞的内墙阳角,还需做护角保护。外墙抹灰面积较大,为防止面层开裂和便于操作,或立面处理的需要,常将抹灰面层做线脚分隔处理,面层施工前设置不同形式的塑料引条,即形成线脚。

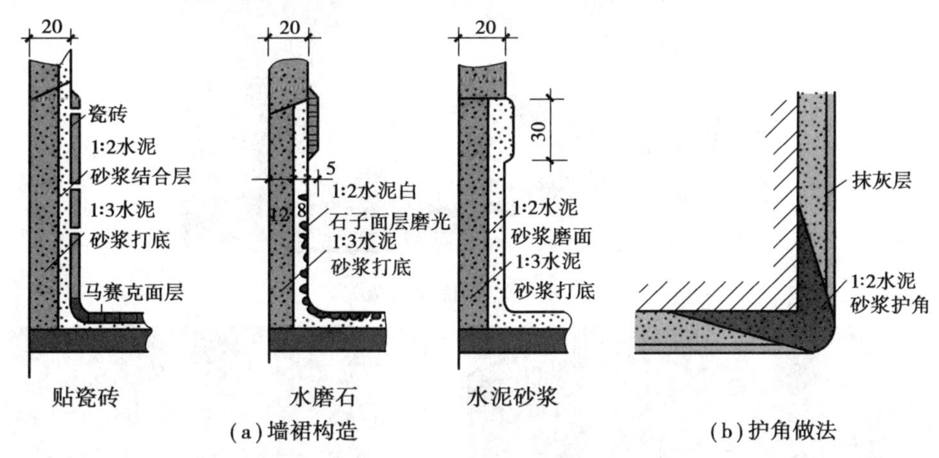

图 4.78　墙裙、护脚做法

2)贴面类

贴面类装修(图 4.79)是利用各种人造石板和天然石板、块等,通过绑、挂和直接粘贴于基层表面的饰面做法,它具有装饰性强、耐久性好、施工方便、容易清洗等优点。常用的贴面材料有釉面砖、瓷砖、锦砖等陶瓷和玻璃制品,水磨石板和剁斧石板等水泥制品以及花岗岩板和大理石板等天然石板。质感细腻、耐候性差的材料,如瓷砖、大理石板等常用于室内装修;而质感粗犷、耐候性好的材料,如陶瓷面砖、马赛克、花岗岩板等用于外墙装修。

(1)陶瓷面砖及马赛克装修

①陶瓷面砖装修。陶瓷面砖(图 4.80)是以陶土为原料,经压制成型煅烧而成的饰面砖,又称为釉面砖,其色彩和规格多种多样。面砖质地坚硬、防冻、耐腐蚀,常用的规格有 240 mm × 60 mm、113 mm ×77 mm、145 mm ×113 mm、233 mm ×113 mm、265 mm ×113 mm 等多种,厚度为 5 ~9 mm。粘贴面砖时,用 1∶3水泥砂浆打底并刮毛,然后用 1∶0.3∶3水泥石灰砂浆或掺水泥用量 5%~10% 107 胶的 1∶2水泥砂浆薄刮于面砖背面,其厚度不小于 10 mm,再将面砖贴于墙上。也可采用专用粘贴剂粘贴,厚度为 3 ~5 mm。一般面砖背面有凹凸纹路,有利于面砖粘贴牢固。贴于外墙的面砖,常常在面砖之间留有 10 mm 左右的缝隙,以增加材料的透气性,并用 1∶1水泥砂浆勾缝。

图 4.79　贴面类装修

图 4.80　陶瓷面砖实例

②马赛克装修。马赛克(图 4.81)是以优质陶土烧制而成的小块瓷砖,有挂釉和不挂釉之分,常用的规格有 18.5 mm×18.5 mm×5 mm、39 mm×39 mm×5 mm、39 mm×18.5 mm×5 mm等,有方形、长方形和其他不规则形状。马赛克一般用于内墙面,也可用于外墙面装修。

马赛克具有造价低、耐腐蚀、耐磨、不吸水、美观、易清洗等特点。马赛克装修一般按设计图案要求,在工厂反贴在标准尺寸为 325 mm×325 mm 的牛皮纸上,施工时将纸面朝外整块粘贴在 1:1水泥砂浆上,用木板压平,待砂浆硬结后,洗去牛皮纸即可。近年来,出现一种玻璃马赛克外墙饰面材料,应用亦较广泛。

图4.81　马赛克装修实例

(2)天然石板及人造石板装修

常见的天然石板有花岗岩板、大理石板等，它们具有强度高、结构致密、色彩丰富、不易被污染等优点，但由于施工复杂、价格较高，故多作高级装修用。

人造石板(图4.82)一般由白水泥、彩色石子、颜料等配制而成，具有强度高、表面光洁、色彩多样、造价较低等优点，有水磨石板、仿大理石板等。这类贴面材料的平面尺寸有500 mm×500 mm×20 mm、600 mm×600 mm×20 mm、600 mm×800 mm×20 mm等。由于每块板质量大、面积大，不能用砂浆直接粘贴，而多采用绑或挂的做法。

图4.82　人造石板墙面装修效果图

天然石板墙面的构造做法，一般是在墙体中预埋ϕ6钢筋头或U形铁件，中距500 mm左右，上绑ϕ6或批放横向钢筋，形成钢筋网，网格大小视石材尺寸而定，用镀锌铁丝或铜丝穿过石板上下边预凿的小孔，将石板绑于钢筋网架上或用ϕ6钢筋勾住。上下石板用Z形钢丝或ϕ6钢筋锚件勾牢。石板与墙之间保留30 mm宽的缝隙，缝中灌1∶3水泥砂浆，使石板与基层连接紧密。

人造石板墙面装修构造与天然石板相同,但不必在板上钻孔,而是利用板背面预留的钢筋挂钩,用镀锌铁丝或铜丝将其绑扎在水平钢筋上,就位后再用砂浆填缝,图 4.83 所示。

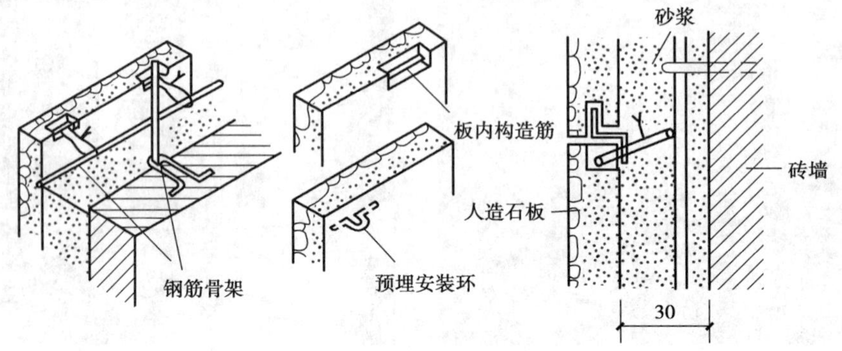

图 4.83　人造石板墙面装修

3)涂料类

涂料类墙面装修(图 4.84)是将各种涂料敷于基层表面,形成完整牢固的膜层,从而起到保护墙面和美观墙面作用的一种装饰做法。建筑内外墙面用涂料作饰面是饰面做法中较为简便的一种方式。

建筑涂料品种繁多,应根据建筑的使用功能、墙体所处环境、施工和经济条件等,尽量选择附着力强、无毒、耐久、耐污染、装饰效果好的涂料。涂料按其成膜物的不同分为无机涂料和有机涂料两大类。无机涂料包括石灰浆、水泥浆及各种无机高分子涂料等,如 JH80-1 型、JHN84-1 和 F832 型等。有机涂料根据其稀释剂的不同,分为溶剂型涂料、水溶性涂料和乳胶涂料等,如 812 建筑涂料、106 内墙涂料 PA-1 型乳胶涂料等。设计中,应充分了解涂料的性能特点,合理、正确地选用涂料。

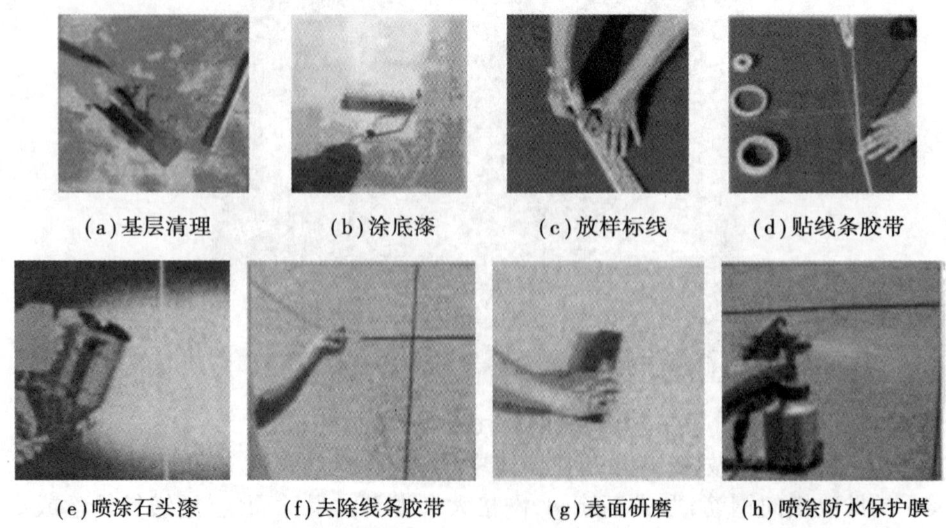

(a)基层清理　(b)涂底漆　(c)放样标线　(d)贴线条胶带

(e)喷涂石头漆　(f)去除线条胶带　(g)表面研磨　(h)喷涂防水保护膜

图 4.84　喷涂方法施工真石漆涂料的步骤

4)裱糊类

裱糊类装修(图4.85)是将各种装饰性壁纸、墙布等卷材用黏结剂裱糊在墙面上的一种饰面做法。材料和花色品种繁多,主要有塑料壁纸、纸基涂塑壁纸、纸基织物壁纸、玻璃纤维印花墙布、无纺墙布等(图4.86、图4.87)。

粘贴壁纸墙布时,要求墙面基层有一定强度,表面干整光洁,不松散掉灰。当墙面基层有局部麻面缺陷时,需用腻子刮平,可采用聚醋酸乙烯乳液滑石粉腻子和石油腻子等。粘贴壁纸墙布的黏结剂多采用107胶,因为其黏结力强,耐老化、防潮、耐碱和防毒性均较好,价格亦较低。

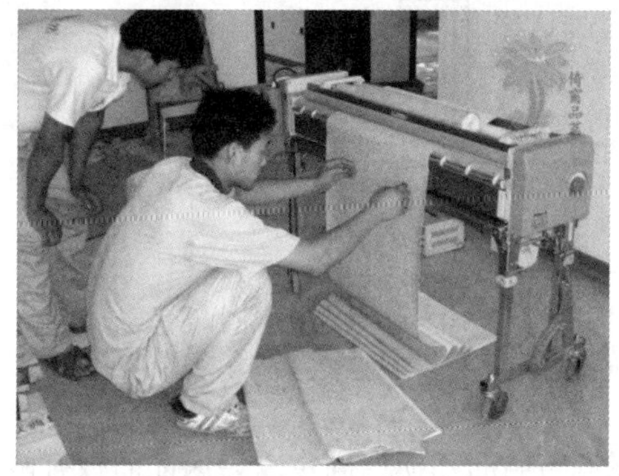

(a)刷胶

(b)粘贴

图4.85 裱糊类装修

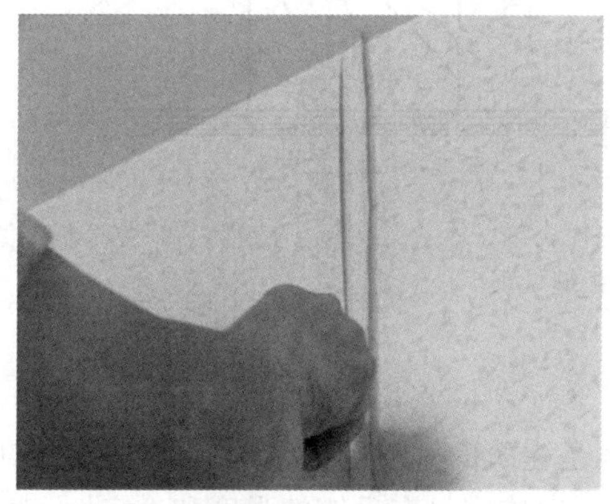

图4.86 无花壁纸的裱糊

图4.87 花壁纸的裱糊

5)铺钉类

铺钉类装修是将各种天然或人造薄板镶钉在墙面上的饰面做法,其构造与骨架隔墙相似,由骨架和面板两部分组成。

(1)骨架

骨架有木骨架和金属骨架之分。木骨架可借埋在墙上的木砖固定在墙身上,金属骨架(轻钢龙骨)可借埋入墙内的膨胀螺栓固定。目前多用更为简单的射钉枪固定方法,用钢钉直接将木或金属龙骨钉射在砖或混凝土墙上。为防止受潮使骨架和面板受损或变形,可在墙基层上涂刷热沥青两道作防潮层。

(2)面板

装饰面板的种类很多,如硬木条、纸面石膏板、胶合板、装饰吸声板等。纸面石膏板是常用的室内墙面装修材料,具有轻质、变形小,施工时可钉、可粘贴等优点。其规格主要有 3 000 mm×800 mm×12 mm、3 000 mm×800 mm×9 mm、600 mm×600 mm×10 mm。纸面石膏板与骨架的固接主要靠木螺钉、自攻螺钉连接,也可用黏结剂粘贴(图 4.88)。

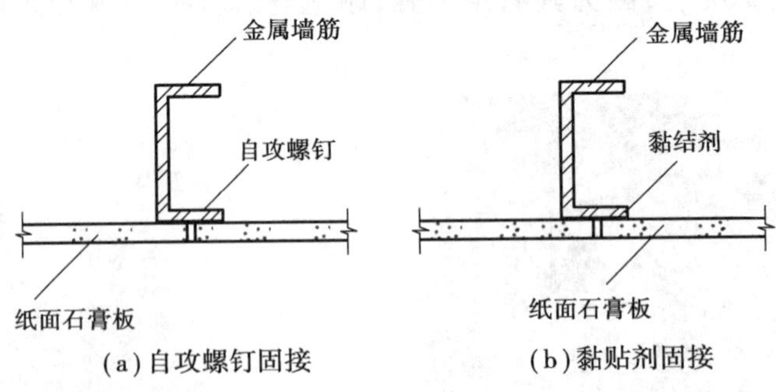

图 4.88 石膏板与骨架的固接方式

(3)石膏板与骨架的固接方式

胶合板、纤维板等均借圆钉(镀锌铁钉)或木螺钉与墙筋和横档固定。为保证面板有微量伸缩,在钉面板时,在板与板之间留出 5~8 mm 的缝隙,缝可用木压条或金属压条嵌固(图 4.89)。

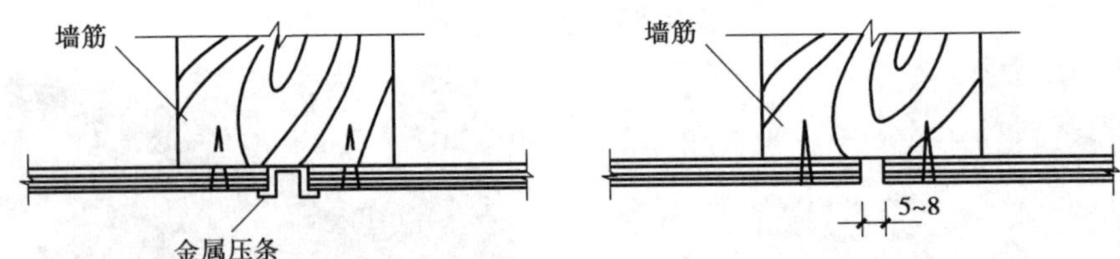

图 4.89 人造板缝处理

本章小结

(1)墙体是房屋的重要承重结构,同时墙体也是建筑的主要围护结构。墙体在建筑中的位置不同,其功能和作用也不同,设计要求也不同。墙体应具有足够的强度和稳定性,满足保温、隔热、防潮、防水,隔声、防火要求以及适应工业化生产的要求。

(2)墙体根据结构受力情况不同,有承重墙和非承重墙之分。非承重墙包括隔墙、填充墙和幕墙。

(3)外墙身构造主要包括门窗洞口、墙脚及墙身加固等。

(4)隔墙和隔断都是具有一定功能或装饰作用的建筑构件,它们均为非承重构件,主要功能是分隔室内和室外空间。常用分割和组合、引导与过渡的设计手法设置隔断和隔墙。

(5)隔墙与隔断的区别。①分隔空间的程度和特点不同:隔墙到顶,隔声和遮挡视线的要求较高;隔断有一定的视觉交流。②拆装灵活性不同:隔墙具有不可变动性,隔断较灵活,有的可以移动和拆装。

(6)隔墙的设计要求:隔墙自重轻,具有良好的强度、刚度和稳定性,墙体薄、隔声性能好,防火、防水和防潮,便于拆除。

(7)墙面装修可分为抹灰类、贴面类、涂料类、裱糊类以及铺钉类。

第5章　楼板层、地层

5.1　概　述

楼板层也称为楼层，是分隔建筑空间的水平承重构件。它将作用于其上的各种荷载（人、家具等）传递给承重的墙或梁、柱，同时对墙体起水平支撑和加强结构整体性的作用。

地层是指建筑物底层室内地面与土壤相接触的构件，它把作用于其上的各种荷载直接传递给地基。由于它们所处的位置及受力状况等不同，因此对其结构、构造有不同的设计要求。

5.1.1　楼板层与地层的设计要求和类型

1）楼板层、地层的设计要求

（1）楼板层的设计要求

楼板层的设计要求包括安全方面的要求、功能方面的要求、建筑工业化的要求和经济方面的要求，具体如下所述。

①安全方面的要求。楼板层应具有足够的强度，以保证楼层在各种不同荷载作用下安全可靠而不被破坏；同时，应具有足够的刚度，以保证在允许荷载作用下不发生超过规定的变形。因此，楼板层在结构、构造设计及材料选择等方面要满足上述要求，以保证建筑物和使用建筑的人的安全。

②功能方面的要求。楼板层应满足防火、隔声、防水、保温、隔热和耐久等基本使用功能要求，以及室内环境的舒适性及安全卫生等方面的要求。

③建筑工业化的要求。在进行楼层设计时，应尽可能减少预制构件的规格和类型，尽量做到符合建筑模数的尺寸要求，以满足建筑工业化的要求。

④经济方面的要求。楼板层的跨度应在结构构件的经济合理范围内，以免结构层厚（高）度过大，造成不必要的浪费，同时还应注意结合实际正确选择结构形式和材料。

（2）地层的设计要求

地层是受压构件，应满足在其上各种荷载作用下而不发生破坏、变形的要求，此外还应满

足防水、防潮以及热工方面的设计要求,以保证保温、隔潮的良好效果。无论楼层还是地层,其面层设计要求基本相同,主要是满足耐磨、保暖、防滑、易清洗、美观及装饰性等要求。

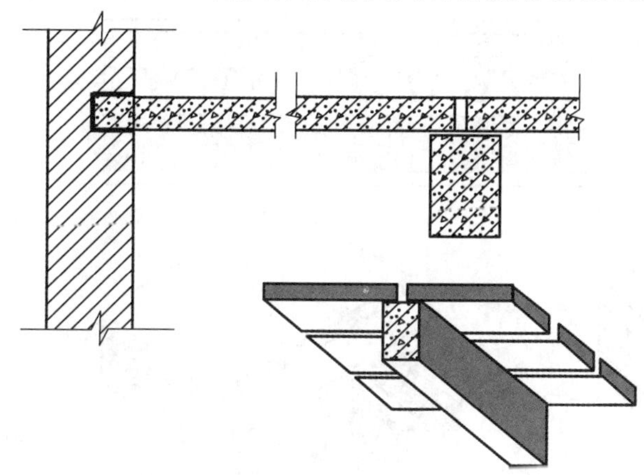

图 5.1　钢筋混凝土楼板层构造

2)楼板层与地层的类型

(1)楼板层的类型

楼板层一般是按主要承重结构材料来分类的。民用建筑中常见的有以下几种类型:

①钢筋混凝土楼板层。这种楼板层是我国目前应用量最大,也是使用效果较好和造价相对较低的一种楼板层,它具有强度大、刚度好、耐久、防火、防潮、施工方便、材料易获得等特点。钢筋混凝土楼板层构造如图 5.1 所示。钢筋混凝土楼板层实例如图 5.2 所示。

图 5.2　钢筋混凝土楼板层实例

②压型钢板式楼板层。这种楼板层主要用于纯钢结构的建筑中,是采用压型钢板为底衬

模,在其上现浇钢筋混凝土形成整体性非常好的楼板层(图 5.3),但造价相对较高。

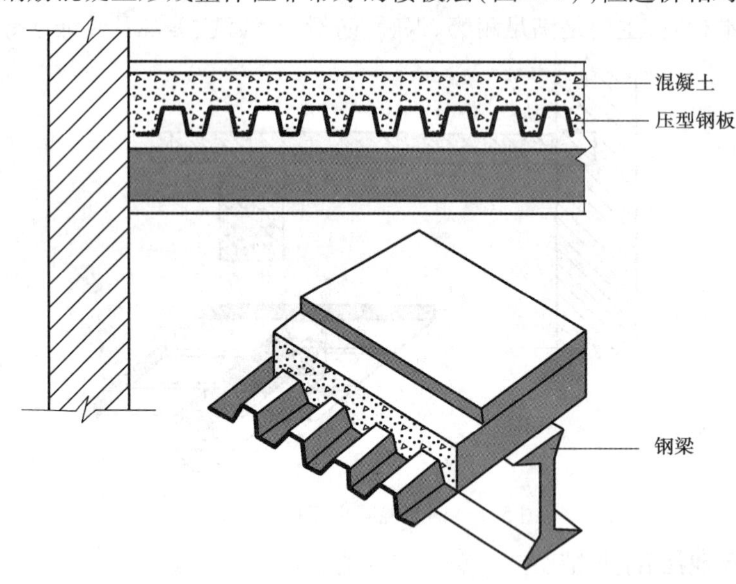

图 5.3　压型钢板式楼板层构造

③木楼板层。这种楼板层具有自重轻、构造及施工简单等特点,但其耐久性、防火、防腐等性能较差,且木材耗量过大而不利于环保,故除少量用于新建或维修改建的中国古典建筑中外,一般极少采用。木楼板构造如图 5.4 所示。

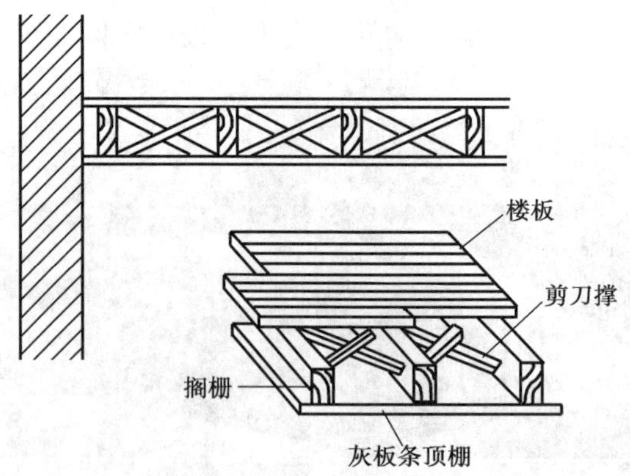

图 5.4　木楼板构造

④其他材料楼板层。除上述 3 种主要类型的楼板层外,还有砖拱楼板层、钢筋混凝土与空心砖组合式楼板层、泰柏板楼板层等。

(2)地层的类型

①空铺类地层。这种类型的地层一般是先在夯实的地基上砌筑地垄墙,再于地垄墙上搭钢筋混凝土薄板或木地板,构造做法如图 5.5(a)所示。

②实铺类地层。这种类型的地层一般是在夯实的地基上直接做三合土或素混凝土一类的垫层,可做一层或两层,根据需要还可增加一些附加层次,如图 5.5(b)所示。

无论是空铺类还是实铺类地层,其面层做法的种类都比较多。

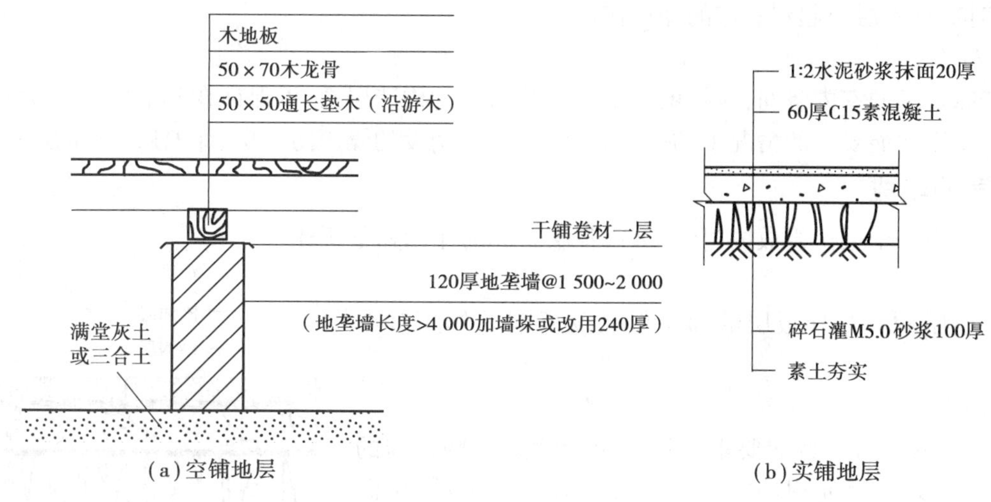

(a)空铺地层　　(b)实铺地层

图 5.5　地层的类型

5.1.2　楼板层与地层的组成

1)楼板层的组成

楼板层是由若干层次组成的,如图 5.6、图 5.7 所示,各层所起的作用如下所述。

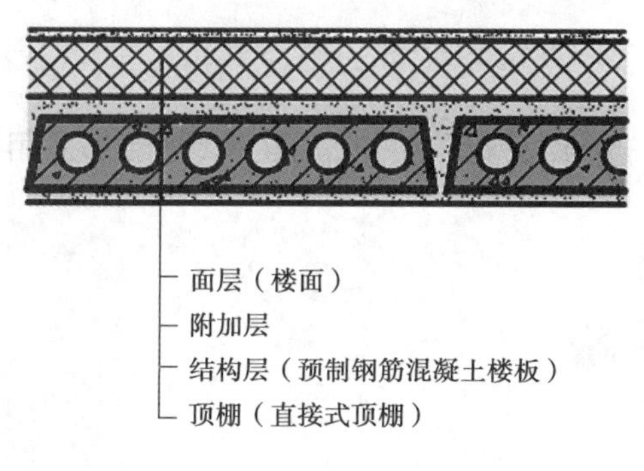

(a)预制钢筋混凝土楼板层

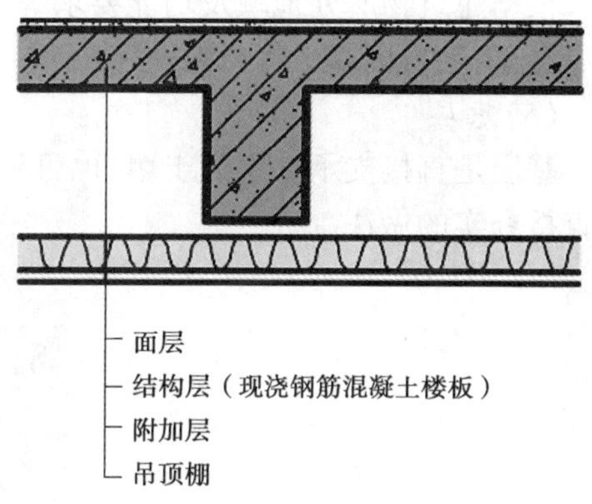

(b)现浇钢筋混凝土楼板层

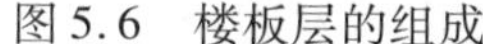
图 5.6　楼板层的组成

(1)面层

面层主要起满足使用功能要求和装饰的作用,同时对结构层有保护作用。面层还可分为饰面层和垫层。

(2)结构层

结构层是楼板层的承重部分,它将作用于其上的各种荷载传递给承重墙或柱,是楼板层的核心层次。

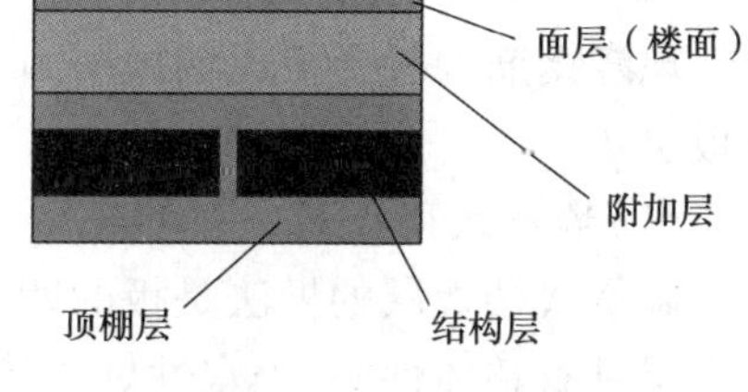

图 5.7　楼板的组成

(3)顶棚层

顶棚层是楼板层底面的构造部分。它对室内空间的装饰性及改善功能和技术协调有良好的效果，同时对结构层也起到一定的保护作用。

(4)附加层

对有特殊要求的室内空间，楼板层应增加一些附加的构造层次，以保证在其他构造层次不能完全满足使用功能要求的情况下的一些特殊要求，如增设的隔声防震层、保温层、防水层等。

2)地层的组成

地层也是由若干层次组成的(图5.8)，各层所起的作用如下所述。

(1)面层

地层的面层做法与楼板层的面层做法及所起的作用基本相同。

(2)附加层

与楼板层一样，对有特殊要求的地层也会增加一些特殊的附加构造层次，以满足使用功能要求，如防潮层、防水层、保温层等。

(3)结构层

结构层是地层的承重部分，它承受整个楼地层的全部荷载，并将荷载传递给垫层。

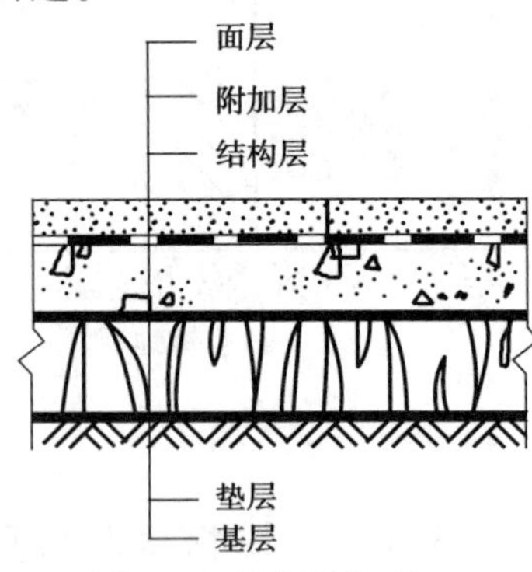

图5.8　地层的组成

(4)垫层

根据建筑物所处地域及功能要求等不同，垫层可采用一层或两层做法，通常采用三合土、素混凝土、毛石混凝土等材料。

(5)基层

基层是直接支承垫层的土壤，也可称为地基。一般无特殊要求的民用建筑，基层都采用素土直接夯实的做法。

5.2　楼　板

5.2.1　现浇整体式钢筋混凝土楼板层

1)板式楼板层

现浇钢筋混凝土板式楼板层因支承方式不同而分为两种情况，即墙承式楼板层和柱承式楼板层。

(1)墙承式楼板层

墙承式楼板层的做法是板的四边由承重墙支承，其上的荷载由板直接传递给墙体。这种楼板层具有整体性好、隔水性好等特点，多用于居住建筑中的居室、厨房、卫生间、走廊等小跨度的空间内。

楼板根据其受力特点和支承情况有单向板和双向板之分。当板的边长 L_2(长边)/L_1(短边)>3时，由于作用于板上的荷载主要是沿板的短向传递，此时板的两个短边起的作用很小，

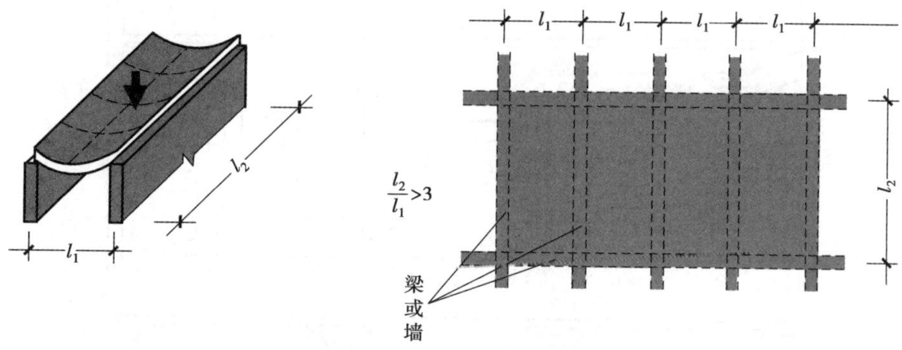

图 5.9　单向板示意图[板的边长 L_2(长边)/L_1(短边)>3]

因此称为单向板(图 5.9);当 L_2(长边)/L_1(短边)<2 时,作用于板上的荷载是沿板的双向传递的,此时板的四边均发挥作用,因此称为双向板(图 5.10)。可以看出,双向板的受力状态比单向板好,另外连续板比简支板的受力状态好。板的厚度由结构计算和构造要求决定,通常为 60~120 mm。单向板的最大跨度一般不宜超过 3.6 m,双向板的最大跨度一般不宜超过 8.0 m。若施加预应力,则板的跨度可达 12 m 左右,但板的厚度要相应增加至 200 mm 左右。板的厚度不宜过大,否则自重大,不经济。

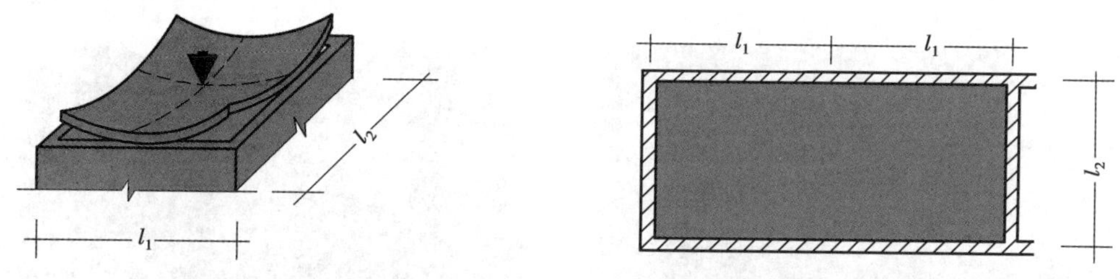

图 5.10　双向板示意图[板的边长 L_2(长边)/L_1(短边)<2]

(2)柱承式楼板层

柱承式楼板层是楼板结构直接由柱子支承,也称为无梁楼板层或无梁楼盖。由于柱子直接支承楼板,为减小板跨和防止局部破坏,需要增大柱子与楼板的接触面积,通常要在柱的顶部设置柱帽和托板。无梁楼板层柱网的布置应为方形或接近方形,柱距在 7 m 左右为宜,板厚不宜小于 120 mm。这种楼板结构天棚平整、室内净高大、采光通风好,通常用于商场、仓库、展厅等大型空间中,如图 5.11、图 5.12、图 5.13 所示。

图 5.12　无梁式楼板三维模型

图 5.13　无梁式楼板实例

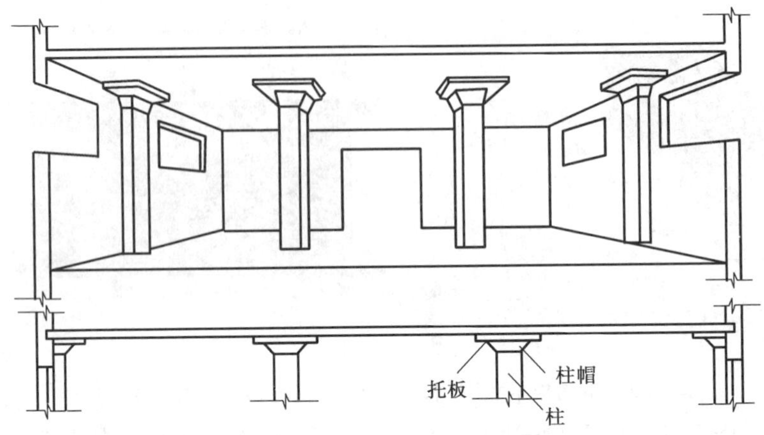

图 5.11　无梁楼板层

2)梁板式楼板层

当房间或柱间距尺寸较大时,要设置梁作为板的中间支点来减小板的跨度,以免板厚过大。这时作用于楼板上的荷载传递方式为板传递给梁,再由梁传递给承重墙或柱。这种楼板层称为梁板式楼板层(图 5.14)。根据梁的布置及尺寸等不同,有下述几种形式的梁板式楼板层。

图 5.14　梁板式楼板实例

(1)主次梁式楼板层

这种形式的楼板层常用于面积较大的有柱空间中。主次梁式楼板层的具体做法是:主梁沿房间的短跨方向布置,置于承重墙或柱上,次梁置于主梁上,板置于次梁上,梁、板、柱整浇在一起,如图 5.15 所示。

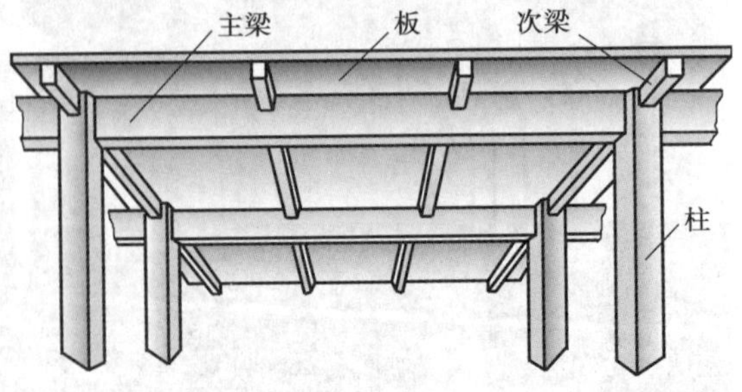

图 5.15　主次梁式楼板层

主梁的经济跨度通常为 6 ~ 8 m,梁高为跨度的 1/14 ~ 1/8,梁宽为梁高的 1/3 ~ 1/2;次梁的经济跨度为 4 ~ 6 m,梁高为跨度的 1/18 ~

1/12,梁宽为梁高的 1/3 ~ 1/2。板的经济跨度为 2.11 ~ 3.6 m,板厚一般为板跨的 1/40 ~ 1/35,常为 60 ~ 100 mm。若施加预应力,则梁的跨度可为 20 m 左右,梁高为跨度的 1/22 ~ 1/18。

也存在一些特殊情况,为降低层高进而降低建筑物总高度,而又要满足室内净高的最低要求,有时采用"宽梁"以降低梁高,即梁的宽度超过了梁的高度。"宽梁"一般都施加预应力。

(2) 井格式楼板层

这种形式的楼板层常用于房间尺寸较大并接近正方形无柱或少柱空间。其做法是沿房间两个方向布置高度相同的梁,再与楼板整浇在一起形成井格式楼板层,如图 5.16 所示。井格的布置形式有正交正放、正交斜放、斜交斜放等(图 5.17),使楼板下部自然形成有韵律的图案。井格尺寸一般在 2.4 m 左右。

图 5.16　井格式楼板层实例

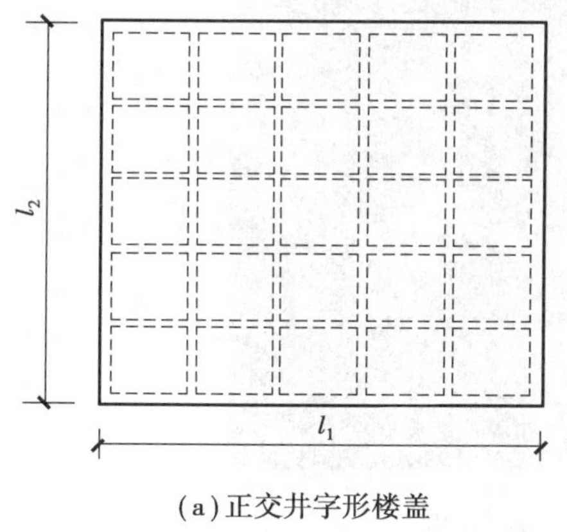

(a) 正交井字形楼盖

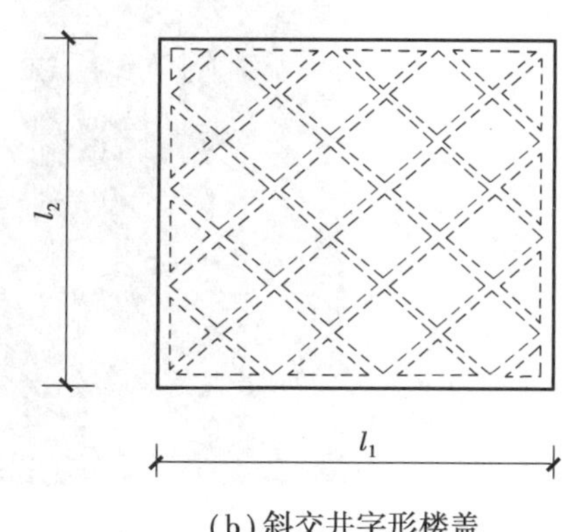

(b) 斜交井字形楼盖

图 5.17　井式楼板墙体放置位置

(3) 密肋式楼板层

密肋式楼板层也称为密梁式楼板层,其做法是将梁的间距适当加密,一般梁的间距不超过 2.5 m,板与梁整浇在一起,如图 5.18 所示。由于梁的数量增加,每个梁所承担的荷载相应减少,所以梁的跨度可适当加大或梁的高度适当降低。密肋式楼板层可用于平面尺寸较大的狭长建筑空间中,如图 5.19 所示。

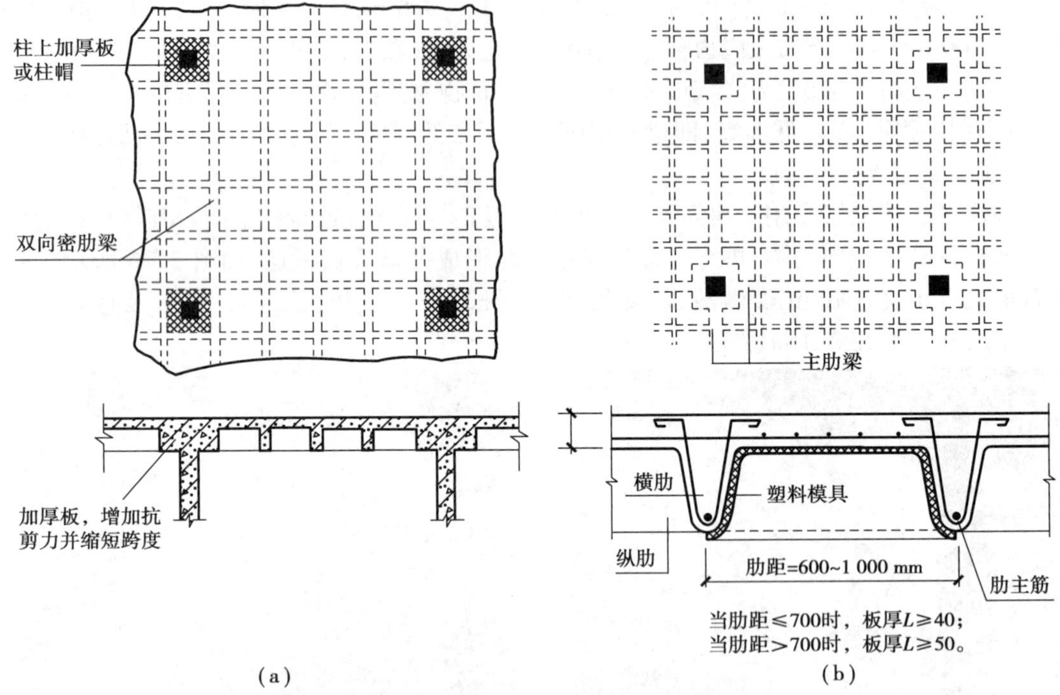

(a)　　(b)

图 5.18　密肋式楼板层

图 5.19　密肋式楼板层实例

3) 压型钢板式楼板层

压型钢板式楼板层由钢梁、压型钢板、现浇钢筋混凝土、连接件等部分组成，如图 5.20 所示。其具体做法是用截面为凹凸型钢板为底衬模板（与钢梁有抗剪栓钉连接），在其上现浇钢筋混凝土面层组合形成整体性很强的一种楼板结构，如图 5.21 所示。压型钢板既为面层混凝土的模板，又起结构作用，从而增加楼板的侧向和竖向刚度。此种楼板层具有现浇钢筋混凝土楼板层的优点，还可以利用压型钢板肋间的空腔敷设电力通信等管线。压型钢板有单层和双层之分，如图 5.22 所示。

图 5.20　压型钢板式楼板层实例

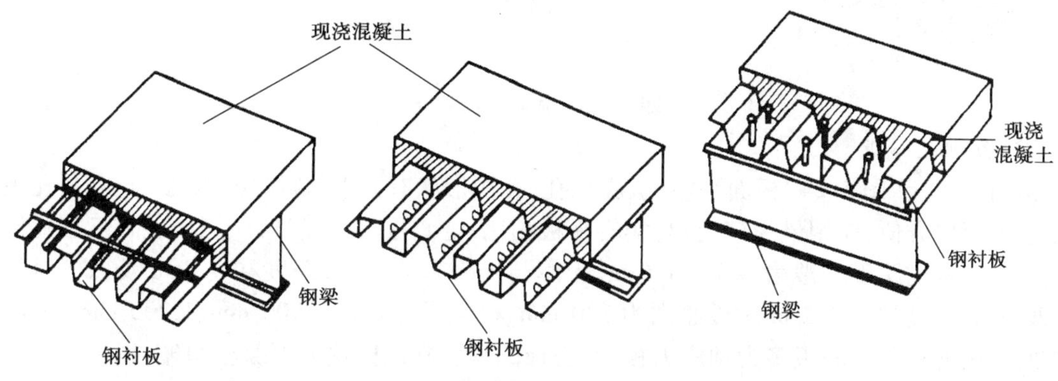

图 5.21　压型钢板式楼板层构造

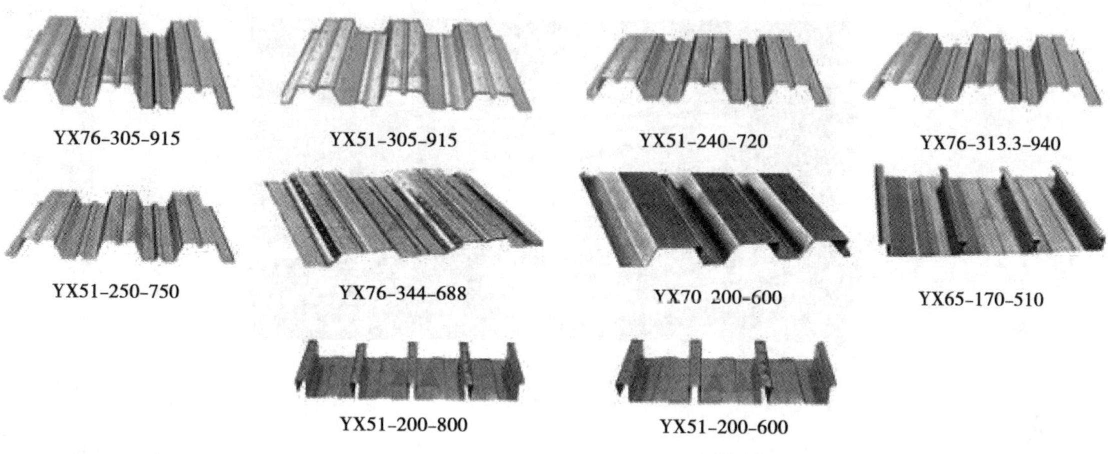

图 5.22　压型钢板

5.2.2 装配式钢筋混凝土楼板层

1)楼板层结构构件种类及构造

(1)预制实心平板

预制实心平板(图5.23)制作简单、板面平整,两端搁置于墙或梁上。强制实心平板的跨度一般在3 m以下,板厚为60~80 mm,多用于小跨度的走廊、厨房、卫生间等,也可用作架空搁板、地沟盖板等。预制实心平板的跨度不应过大,否则板厚要增加,同时自重亦增加较多,极不经济。

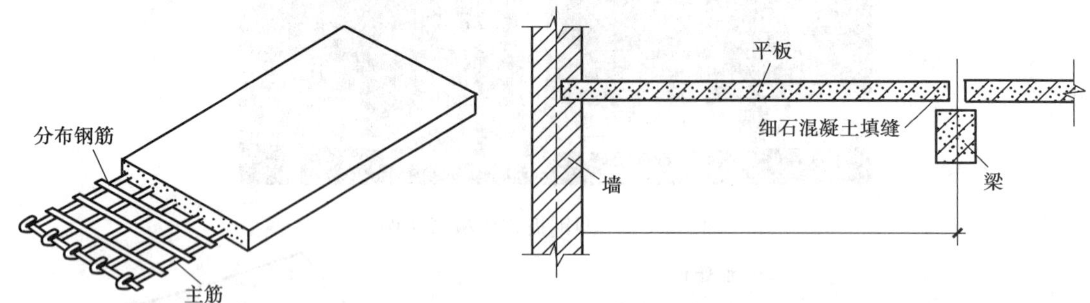

图5.23 预制实心平板

(2)预制空心板

预制空心板(图5.24)板面平整,板腹抽孔,孔洞形状有方形、椭圆形、圆形等,以圆孔板的制作最为简单方便,应用最为广泛;与实心平板相比,空心板具有经济性、隔声、隔热、刚度好等特点。空心板的跨度一般为2.7~6.6 m,板厚与板跨有关,一般跨度在4.2 m及以下时板厚为120 mm,跨度超过4.2 m时板厚则为180 mm,板宽有600 mm、900 mm、1 200 mm等规格。目前所使用的预制空心板多为预应力板,空心板的端孔常以砖块或混凝土填塞,以保证在安装时嵌缝砂浆或细石混凝土不致于流入板孔中,且板端不被压坏。目前世界上较先进的预应力空心板板跨可达10 m以上。

图5.24 预制空心板实例

(3)槽形板

槽形板(图5.25)是一种梁板合一的构件,即在实心薄板两侧设有纵筋,构成槽形截面。它具有自重轻、省材料、便于在板上开洞等优点,板跨为3.0~7.2 m,板宽为600~1 500 mm,

板厚为 30 ~ 40 mm，筋高为 150 ~ 400 mm。槽形板的搁置有正置和倒置两种：正置板底不平，一般用于仓库、车间等美观要求不高的房间，否则需另做吊顶棚；倒置板底平整，但需另做面板，槽内可填轻质隔声、保温材料。槽形板的两端用端肋封闭，当板长达到 6 m 时，则需在板的中部每隔 600 ~ 1 500 mm 处增设小肋一道。

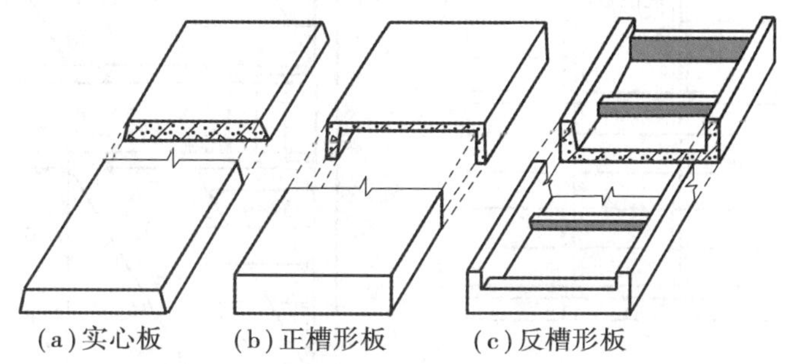

图 5.25　槽形板

(4)T 形板

T 形板(图 5.26)有单 T 板和双 T 板之分，也是一种梁板合一的构件。其体形简洁、受力明确，具有比槽形板更大的跨度，但目前在一般民用建筑中应用不多。

由于装配式钢筋混凝土楼板层存在接缝多、整体性不好、抗震性能差、施工质量不能保证等问题，目前国家在民用建筑工程中推行现浇钢筋混凝土楼板层的做法。上述各种装配式钢筋混凝土楼板做法已极少在民用建筑工程中应用，在此列出仅供参考。

图 5.26　T 形板实例

2)楼板的结构布置与细部处理(以空心板为例)

(1)楼板的结构布置

进行楼板布置，应根据空间的开间、进深尺寸确定布置方案。通常板有搭于墙上和搭于梁上两种布置方法，前者多用于横墙间距较小的宿舍、住宅等建筑中，后者则多用于教学楼、办公楼等开间、进深都较大的建筑中，如图 5.27、图 5.28 所示。

具体布置楼板时，一般要求板的规格、类型越少越好，以简化板的制作与安装。同时应避免出现板的三边支承情况，即板的纵边不得伸入墙内，否则板易产生裂缝。在排板时，当不能排满整个房间，与房间平面尺寸出现差额时，可采用以下办法解决：当缝差在 60 mm 以内时，适当调整板缝宽度；当缝差在 60 ~ 200 mm 时，用局部增加现浇板带的办法解决，如图 5.29 所示；当缝差超过 200 mm 时，则应重新考虑选择板的规格。

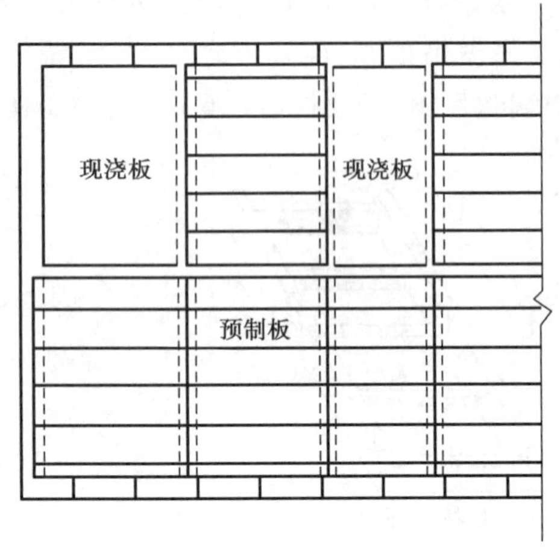

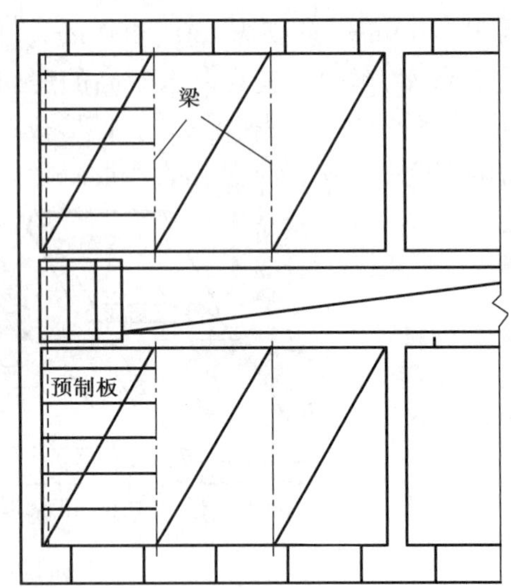

图 5.27　预制楼板的结构布置

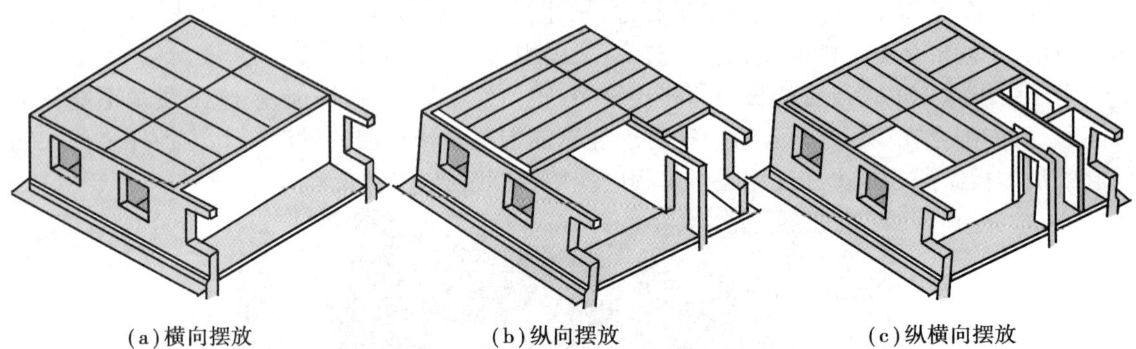

(a)横向摆放　(b)纵向摆放　(c)纵横向摆放

图 5.28　预制楼板的摆放位置

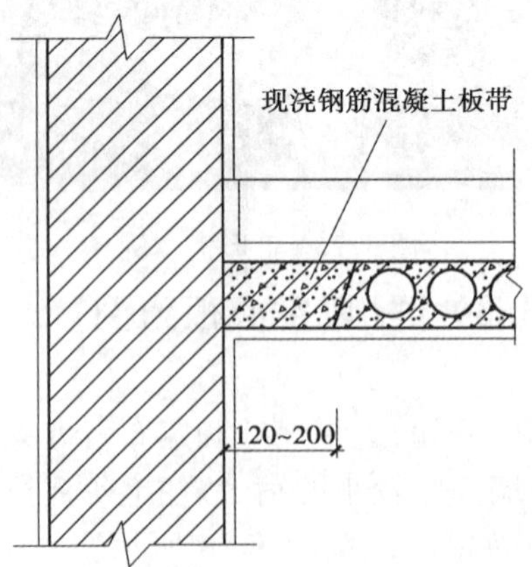

图 5.29　现浇钢筋混凝土板带

(2)楼板的搁置及细部处理

板在墙上的搁置宽度一般不应小于 80 mm,在梁上的搁置宽度不应小于 70 mm,同时必须在墙或梁上铺水泥砂浆以找平(俗称坐浆),坐浆厚度为 20 mm 左右。

为了增强建筑物的整体刚度，板与墙、梁之间及板与板之间常用钢筋拉结，各地区根据防震和稳定性要求，有各种构造做法。板与板之间的缝隙有端缝和侧缝两种情况。端缝的处理一般是将板两端甩出的钢筋头尾焊弯连接在一起（焊接或绑扎），再以通长钢筋相连，之后在板缝内灌细石混凝土，如图 5.30（a）所示。空心板置于外墙及梁上时的拉结处理如图 5.30（b）所示。侧缝一般有 V 形缝、U 形缝和凹槽缝 3 种形式，缝内灌水泥砂浆或细石混凝土，其中凹槽缝板的受力状态较好，但灌缝较困难，常见的为 V 形缝。

在中小型预制板铺设的楼板层上，由于预制构件的尺寸误差及施工误差，会造成板面不平整，所以须做面层处理。常用的做法是现浇 40 mm 厚 15 细石混凝土为找平层，其上再另做面层，对于标准较低的建筑也可直接将细石混凝土表面压光。

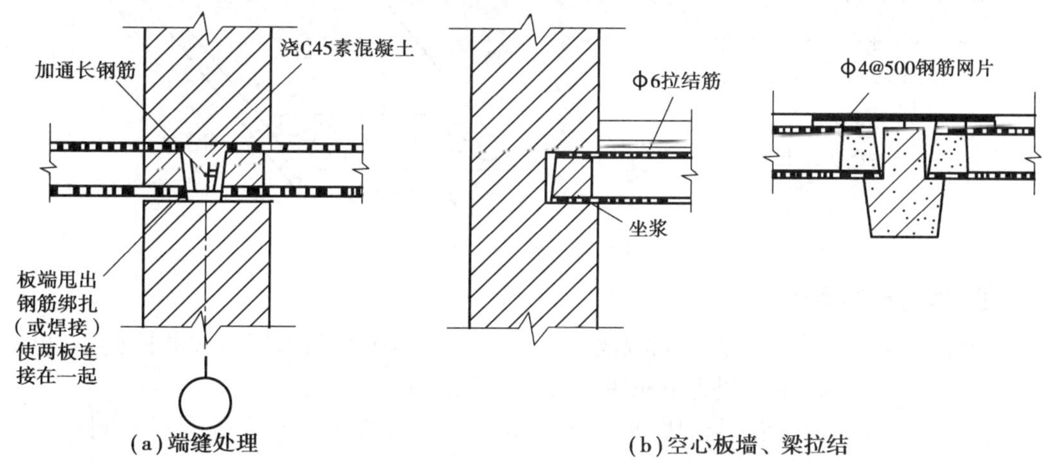

图 5.30　预制板与墙、梁的拉结

预制空心板侧缝的形式如图 5.31 所示。

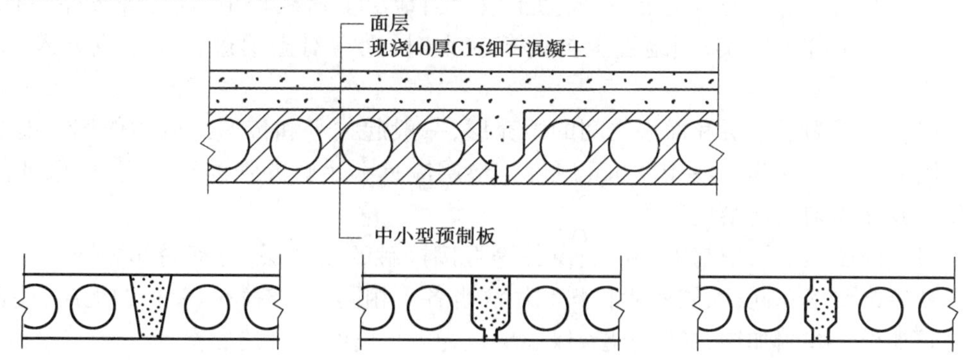

图 5.31　预制空心板侧缝的形式

5.2.3　装配整体式钢筋混凝土楼板层

装配整体式钢筋混凝土楼板层是部分构件采用预制，其余部分采用现浇混凝土（或钢筋混凝土）的办法使其连成一体的楼板层结构。它兼有现浇和预制的双重特点，但由于施工比较麻烦，所以目前工程实践中应用不多。常见的做法有叠合式楼板和密肋填充块楼板。

1)叠合式楼板

叠合式楼板(图5.32)是指预制楼板吊装就位后再现浇一层钢筋混凝土叠合层与预制板连成整体的楼板。预制板一般为预应力钢筋混凝土薄板。预制板面层处理,其板顶面加工成粗糙面,其凹凸差均为6~7 mm,板内配以刻痕高强钢绞线为预应力筋。楼板层内的管线可埋在叠合层内。

叠合式楼板可以提高楼板的整体性和承载能力,同时又可节省模板,但施工多一道工序。

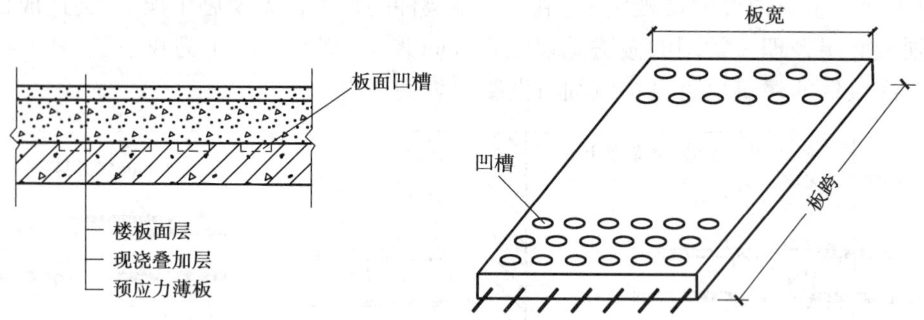

图5.32　叠合式楼板

2)密肋填充块楼板

密肋填充块楼板是指在填充块间现浇钢筋混凝土密肋小梁和面层形成的楼板层,也有采用在预制倒置T形小梁(小梁间为填充块)上现浇钢筋混凝土楼板的做法。

填充块有空心砖、轻质混凝土块、玻璃钢模壳等。这种楼板能够充分利用不同材料的性能,能适应不同跨度,有利于节约模板,缺点是结构厚度(或称高度)偏大。

(1)实铺地层

①基层。基层为地层的承重层,一般为土壤。当地层上荷载较小,且土壤条件好时,则采用原土夯实或填土分层夯实;当地层上的荷载较大时,则需对土壤进行换土或夯入碎砖、砾石等。

②垫层。垫层为承重层和面层之间的填充层,一般起找平和传递荷载的作用。地层的垫层一般采用C10混凝土做80~100 mm厚度。垫层应具有足够的强度和刚度,以保证能够承受其上荷载并能均匀地传给地基。

③面层。面层是地层中与人、家具、设备等直接接触的表面层,对室内起装饰作用。由于室内使用和装饰要求不同,面层所用材料和做法也各不相同。对有特殊要求的地层,还在垫层和面层之间加设一些附加层,如防水层、保温层及为埋置管线而设的层次等。

(2)空铺地层

为避免建筑物底层受潮,影响地层的耐久性和房间的使用质量,或为满足某种特有的使用要求(如舞台、体育馆、比赛场等要求地层有较好的弹性),有时将地层架空,形成空铺地层。地层与土壤之间的空间具有组织通风、带走地潮的功能。空铺地层的基本做法是在夯实土或混凝土垫层上布置地垄墙或墩垛架梁,在墙上或梁上铺设钢筋混凝土预制板或在墙、梁上设木龙骨,然后做木地面,如图5.33所示。

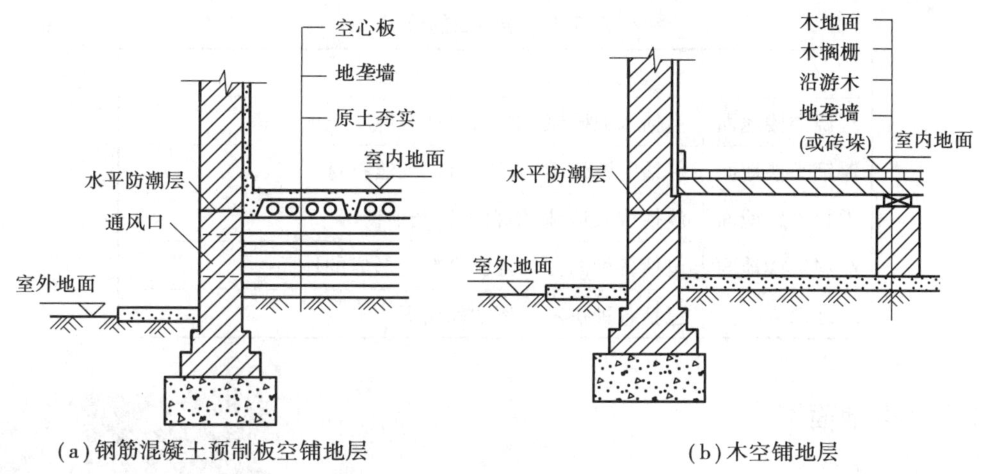

(a)钢筋混凝土预制板空铺地层　　(b)木空铺地层

图 5.33　空铺地层

5.3　楼地面构造

楼板和地层基层上面的装修层分别称为楼面和楼地面，它们的类型、设计要求与构造基本是相同的。

1)楼地面的设计要求

楼地面是室内重要的装修层，起到保护楼层、地层结构，改善房间使用质量和增加美观的作用。与墙面装修不同的是，它与人、家具、设备等直接接触，承受荷载并经常受到磨损、撞击和洗刷，应满足下列要求：

①具有足够的坚固性，即要求在外力作用下不易破坏和磨损。

②表面平整、光洁、不起尘、易于清洁。

③有良好的保温性能，保证寒冷季节脚部舒适。

④具有一定的弹性，使人驻留或行走其上有舒适感，弹性大的楼地面对隔绝撞击声也有益。

⑤对于特殊房间，应具有防潮、防水、防火、耐腐蚀等性能。对有水房间如浴室、厕所等，要求能防水、防潮；对遇火房间如厨房、锅炉房等，要求防火、耐燃烧；对有酸碱作用的房间，则要求具有耐腐等性能。

2)楼地面的类型

根据面层材料和施工方法的不同可分为以下类型，具体见表 5.1。

表 5.1　楼地面的分类

分　类	描　述
现浇类楼地面	包括水泥砂浆、水磨石、细石混凝土地面等
镶铺类楼地面	包括陶瓷地砖、人造石板、天然石材等
卷材类楼地面	包括橡胶地毡、塑料地毡及地毯等
涂料类楼地面	包括各种高分子合成涂料所形成的地面
木地面	包括各种拼木和条木地面等

3)现浇类地面

(1)水泥砂浆地面

水泥砂浆地面(图 5.34)又称为水泥地面,具有构造简单、坚固、防潮、防水、造价低廉等特点,并且可在其上改做成其他材料的面层,应用较广泛。但该地面表面冷硬、易起尘,有时会产生反潮现象。

图 5.34　水泥砂浆地面

水泥砂浆地面有单层和双层做法。单层做法是先在垫层上抹水泥浆结合层一道,再抹 15 ~ 20 mm 厚 1∶2或 1∶2.5 水泥砂浆,抹平后待其终凝前用铁抹子压光。双层做法一般是以 10 ~ 15 mm 厚 1∶3水泥砂浆打底、找平,再以 5 ~ 10 mm 厚 1∶1.5 或 1∶2.0 的水泥砂浆抹面、压光。双层做法虽然增加了施工程序,但可以保证质量。

(2)细石混凝土地面

细石混凝土地面的一般做法是在混凝土垫层上直接做 40 mm 厚 C20 细石混凝土,表面撒 1∶1水泥细砂,随打随抹,压实赶光。其主要优点是经济、施工简单、不易起尘,如图 5.35 所示。

图 5.35　细石混凝土找平层

(3)水磨石地面

水磨石地面(图 5.36)具有表面光洁、整体性好、不易起尘、防水、防潮等特点,常用于公共建筑中的大厅、走道等处,与水泥砂浆、细石混凝土地面相比,施工复杂、造价高且更冷硬。

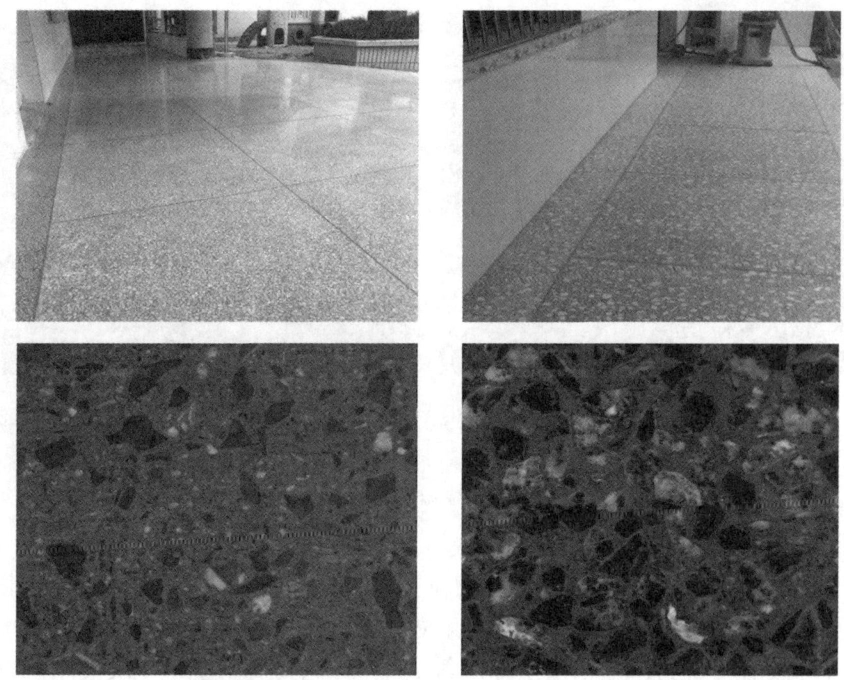

图 5.36　水磨石地面

水磨石面层的做法通常是在混凝土垫层上用 15 mm 厚 1∶3水泥砂浆打底、找平，再用玻璃条或铜（铝）条按设计的图案分格，临时固定采用 1∶1水泥砂浆，面层用 10 ~ 15 mm 厚1∶1.5 ~ 1∶2水泥石子浆抹平，浇水养护，待达到 70% 强度左右时用磨石机加水磨光，磨好后过草酸打蜡铺锯末，进行养护即可。水泥石子浆中的石子用坚硬可磨的石子（白云石、大理石等），粒径为4 ~ 12 mm。水磨石分普通水磨石和美术水磨石两种。普通水磨石采用灰水泥和白石子，玻璃条分格；美术水磨石则采用白水泥加色和彩色石，铜条分格。分格的作用是减少开裂的可能，也便于维修，不同的图案分格的同时也增加了地面美观。

（4）混凝土地层

地层按其与土壤之间的关系分为实铺地层和空铺地层两类。对地层的要求基本与楼层相仿，既要坚固、耐磨等，又要防潮、防腐、保温，并有一定的弹性等。通常混凝土对防潮、防水有一定作用。地层浸在地下水位以下时应采取防水处理。对于江南梅雨季节地层表面产生凝结水的问题，应采取改善通风、控制室内湿度的办法。

4）镶铺类地面

凡利用各种预制块材和天然石材（板）镶铺在混凝土垫层上的面层做法均称为镶铺地面，其面层材料通常有人造石材（板）、天然石材（板）、陶瓷地砖、锦砖、缸砖等。这类地面花色品种繁多，经久耐用，易保持清洁，主要用于人流量大、耐磨损、清洁要求高或较潮湿的场所。

（1）人造石材、天然石材地面

人造石材、天然石材地面主要包括人造水磨石板材、人造大理石板材（图 5.37）、天然大理石及花岗岩板材（图 5.38）。

图 5.37　人造大理石地面

图 5.38　花岗岩地面

(2)陶瓷地砖、缸砖地面

陶瓷地砖、缸砖地面的做法基本与人造石材、天然石材地面相同。

(3)陶瓷锦砖地面

陶瓷锦砖又称马赛克,根据其花色品种不同可拼成各种图案,故名锦砖,如图 5.39(a)所示。这种砖质地坚实,经久耐用,色泽多样,耐酸、耐碱、耐火、耐磨,不透水,易清洗,抗压强度大,吸水率低,可做浴厕、化验室、精密工作间等处地面,尤其适用于有找坡要求的地面,其单个小砖的形状有正方形、矩形、六角形以及对角、斜长条等不规则状,可拼成各种图案,砖背面有凹槽便于与基层结合。正方形尺寸一般为 39 mm×39 mm,23.6 mm×23.6 mm,18.5 mm×18.5 mm,15.2 mm×15.2 mm,厚为 4.5 mm 和 5 mm,在工厂制作时预先拼成 300 mm×300 mm、600 mm×600 mm 大小,以牛皮纸贴于正面,并保证块与块之间留至少 1 mm 的缝隙。施工时,在混凝土垫层上铺 20 mm 厚 1∶3水泥砂浆找平层,再用 10 mm 厚 1∶1水泥细砂浆贴马赛克,待粘贴牢固后,用水洗去牛皮纸,露出正面。最后进行校正,并用素水泥浆擦缝即成,如图 5.39(b)所示。此外,尚有碎拼大理石等,如图 5.39(c)所示。

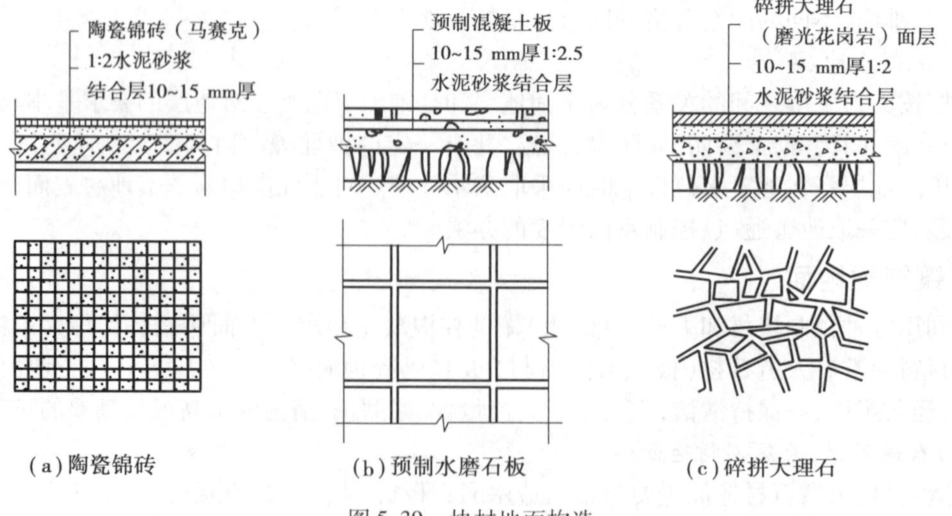

图 5.39　块材地面构造

马赛克地面如图 5.40 所示。

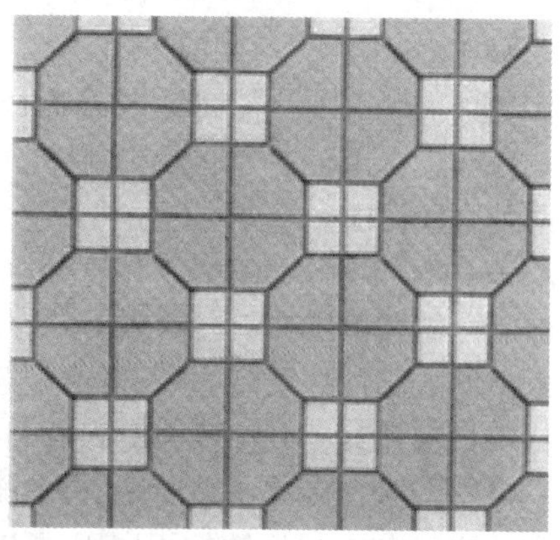

图5.40　马赛克地面

5)粘贴类地面

塑料地毡、橡胶地毡、地毯等地面的通常做法是用胶粘贴于1:3或1:2水泥砂浆层上,这类地面具有整体性好、表面平整、舒适感好、美观大方、隔声、绝缘等特点,如图5.41、图5.42所示。

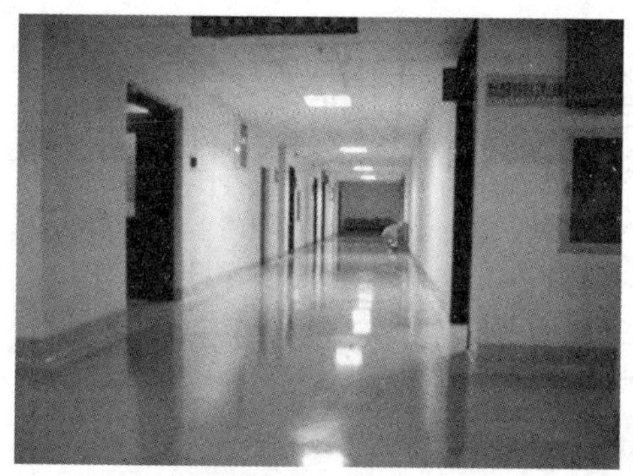

图5.41　橡胶地毡

图5.42　地毯地面

6)涂料类地面

涂料类地面通常是为改善水泥砂浆或细石混凝土地面在质量上的不足,如易开裂、易起尘和不美观等,对地面进行表面处理的一种做法。常见的涂料有醋酸乙烯厚质涂料SJ82—1地面涂料、聚乙烯醇缩甲醛水泥地面涂层、环氧树脂厚质地面涂层以及804彩色水泥地面涂层、聚乙烯醇缩丁醛涂料、H80环氧涂料、环氧树脂厚质地面涂层以及聚氨醇厚质地面涂层等。这些涂料的突出特点是无缝、易于清洁、具有良好的耐磨、抗冲击、耐酸、耐碱等性能。

涂料类地面实例如图5.43所示。

图5.43　涂料类地面

7)木地面

木地面是指表面由木板铺钉或胶合而成的地面。木地面具有弹性好、导热系数小、不起灰、易清洁等特点,常用于住宅、宾馆、剧场、舞台、办公楼等建筑中。木地面有木板地面和拼花木板地面两种常用做法。

(1)木板地面

木板地面面层有单层和双层两种。单层木板面层是在木搁栅上直接钉企口板;双层木板面层是在木搁栅上先钉一层毛地板,再钉一层企口板。木搁栅有空铺和实铺两种形式。空铺木地面消耗木材多、防火差,除特殊房间外已很少采用。实铺式木地面是直接在实体基层上铺设的地面。将木搁栅直接放在结构层上,木搁栅截面一般为 50 mm×50 mm,中距 400 mm,木搁栅预埋在结构层内的 U 形铁件用嵌固或镀锌铁丝扎牢。底层地面为了防潮,须在结构层上涂刷冷底子油和热沥青各一道,如图 5.44(a)、(b)所示。为保证搁栅层通风干燥,常采取在踢脚板处开设通风口的办法。

实铺式木地面也可直接粘贴在结构层或垫层的找平层上,施工方便、造价低,黏结剂可用沥青玛蹄脂、环氧树脂、乳胶等,如图 5.44(c)所示。实铺式木地面实例如图 5.45 所示。

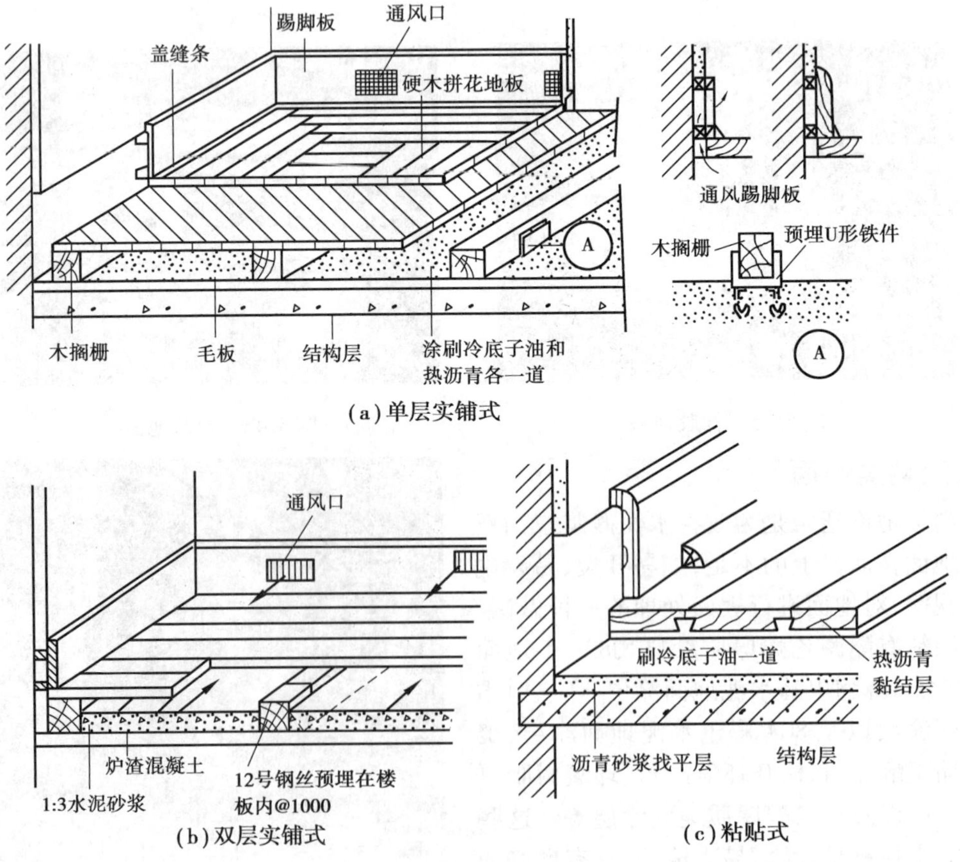

图 5.44　实铺式木地面

图 5.45　木地面实例

(2)拼花木板地面

拼花木板地面面层是用加工好的拼花木板铺钉于毛地板或以胶结剂(如沥青胶结料)粘贴于水泥砂浆或混凝土的基层上,如图 5.46 所示。

拼花木板地面面层以下的毛板可采用普通木料,截面一般为 20 ~ 100 mm,且与木搁栅成 45°方向铺钉。面层则采用硬木,拼花形式根据设计图案确定,正方块、斜方块、席纹等形式,四周留直条的镶边,如图 5.47 所示。

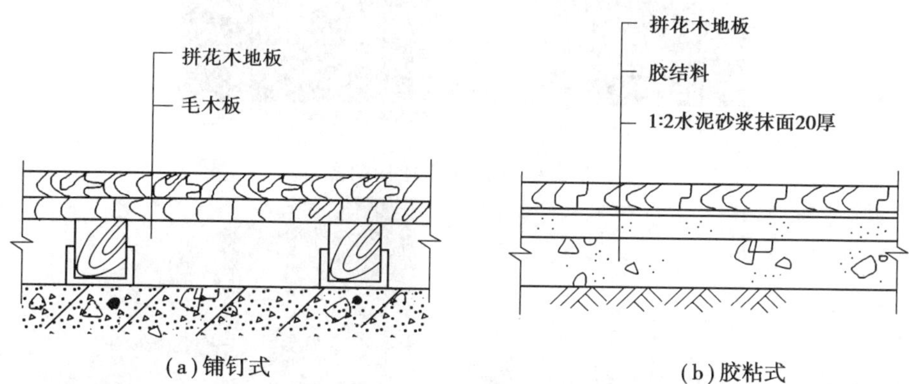

图 5.46　拼花木地板构造

8)踢脚板

踢脚板也称踢脚线,是地面的延伸部分,其主要作用是遮盖地面与墙面的接缝,保护近地部分墙面。它的材料与楼地面材料基本相同,高度一般为 120 ~ 150 mm。构造也按分层制作,通常比墙面抹灰突出 4 ~ 6 mm,如图 5.48 所示。近年来为二次装修方便,也有不做踢脚线抹灰而采用素水泥浆或涂料刷踢脚线的做法。

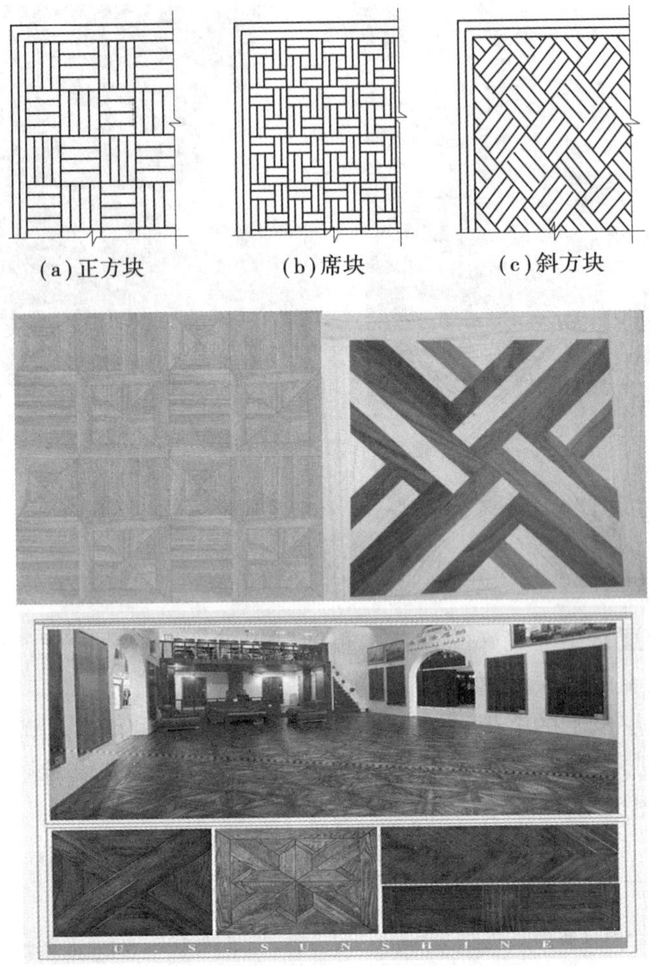

图5.47　拼花木地板图案

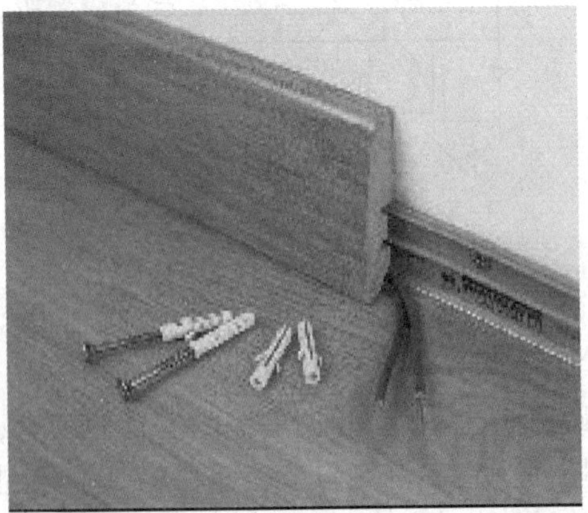

图5.48　踢脚板(踢脚线)

5.4　顶　棚

顶棚又称天棚或天花板，是楼板层下面的装饰层。作为普通房间的顶棚，其下表面常常是平面的，因此要求它表面平整、光洁，能起一定的反射光线的作用，以改善室内亮度。对某些特殊要求的房间，还要求顶棚具有隔声、防火、保温、隔热、隐蔽管线等功能。顶棚依其构造方式不同可分为直接顶棚和吊顶棚两种。吊顶棚则根据室内使用要求设计为不同的剖面形式，以满足不同的设计需要。

1）直接顶棚

直接顶棚是指直接在钢筋混凝土楼板下喷刷、抹或粘贴装修材料而成的顶棚。这种顶棚构造简单、施工方便，如图 5.49 所示。

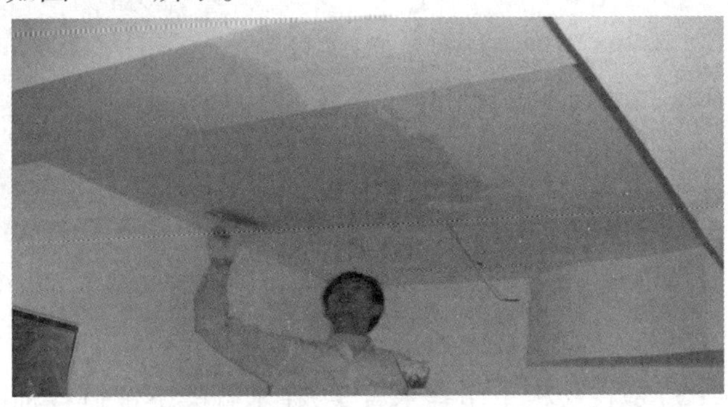

图 5.49　直接顶棚

（1）直接喷、刷涂料顶棚

当楼板底面平整、室内装饰要求不高时，直接在楼板底面喷或刷石灰浆、大白浆或白色、浅色涂料，以改善室内卫生环境和增加顶棚的光线反射能力。

（2）抹灰顶棚

当楼板底面不够平整，室内装饰要求较高时，可在板底进行抹灰装修。抹灰分水泥砂浆抹灰或混合砂浆抹灰和纸筋灰抹灰两种。

水泥砂浆（混合砂浆）抹灰前先将板底打毛，然后抹 10～15 mm 厚 1∶2水泥砂浆，可以一次成活，也可分两次抹灰。纸筋灰抹灰前先以 10 mm 厚混合砂浆打底，再以 3 mm 厚纸筋灰罩面，如图 5.50（a）所示。

2）贴面顶棚

对某些有保温、隔热、吸声要求的房间，以及装饰要求较高的房间，可在楼板底面直接粘贴装饰墙纸、泡沫塑料板、岩棉板、铝塑板等，如图 5.50（b）所示。贴面顶棚实例如图 5.51 所示。

3）吊顶棚

当楼板底部需隐蔽管道，或有特殊的功能（如声学、光学）要求或艺术处理需要，或为降低局部顶棚高度时，常将天棚悬吊于楼板下一定距离，形成吊顶，如图 5.52 所示。吊顶按骨架所用材料不同分为木骨架吊顶和金属骨架吊顶。

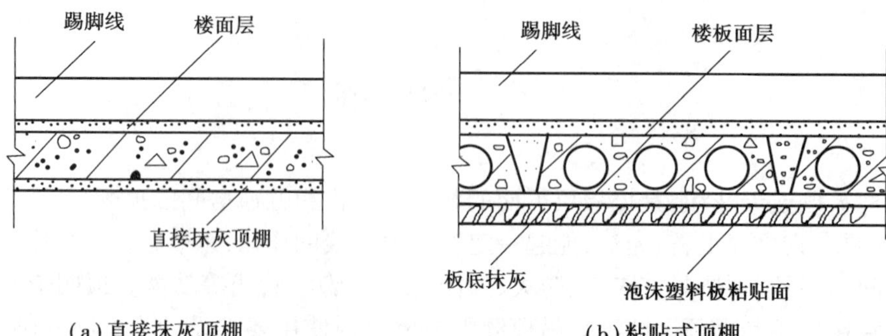

(a)直接抹灰顶棚　　(b)粘贴式顶棚

图5.50　直接式顶棚构造

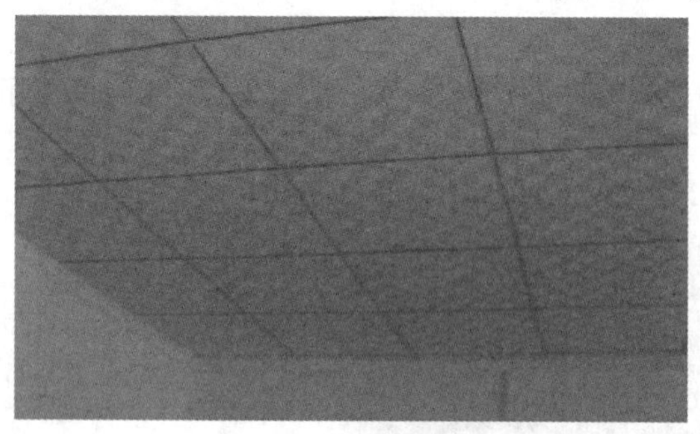

图5.51　贴面顶棚

图5.52　吊顶棚

(1)木骨架吊顶

木骨架吊顶(图5.53)是在楼板下吊挂木骨架,在木骨架下铺钉各种面板而成的悬挂式天棚。木骨架由主龙骨和次龙骨组成。主龙骨截面为45 mm×45 mm或50 mm×50 mm,其借助楼板内预留的金属锚栓通过螺杆或木吊筋吊挂,吊筋间距一般为900~1 200 mm。主龙骨下钉次龙骨,截面为40 mm×40 mm,间距视面层类型和规格而定。木骨架吊顶耗用大量木材,且可燃,不利防火,目前已很少采用。

图5.53　木骨架吊顶

(2)金属骨架吊顶

金属骨架吊顶(图5.54)是在楼板下悬挂金属骨架,在金属骨架下固定各种面板而成的顶棚。金属骨架由主龙骨、次龙骨和横撑组成。吊筋一般采用$\phi6$钢筋或8号铁丝或$\phi8$螺栓等,中距900~1 200 mm。它与钢筋混凝土楼板的固定方式有预埋式、钉入式和吊钩式。吊筋下端悬挂主龙骨,主龙骨下挂次龙骨。为铺、钉装饰面板,应在龙骨间增设横撑,间距视面板类型及规格而定。最后在次龙骨和横撑上铺、钉装饰面板。装饰面板有人造板和金属板,人造板有纸面石膏板、水泥石棉板、矿棉板及铝塑板等,可借自攻螺钉固定在龙骨上,也可放置在T形龙骨的翼缘上。

图5.54 金属骨架吊顶

吊顶的固定如图5.55所示。

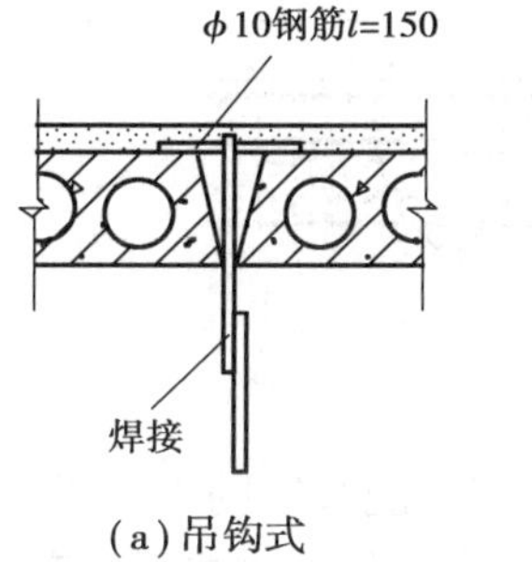

(a)吊钩式

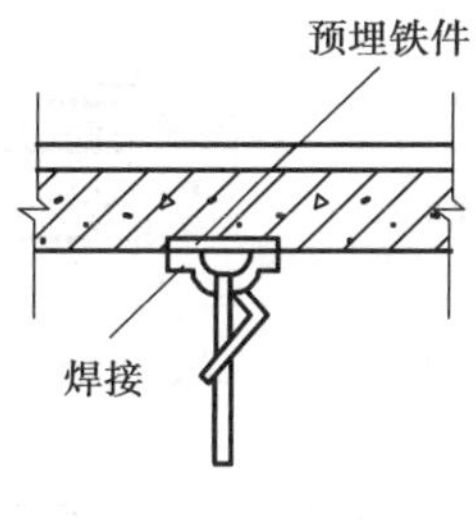

(b)预埋式

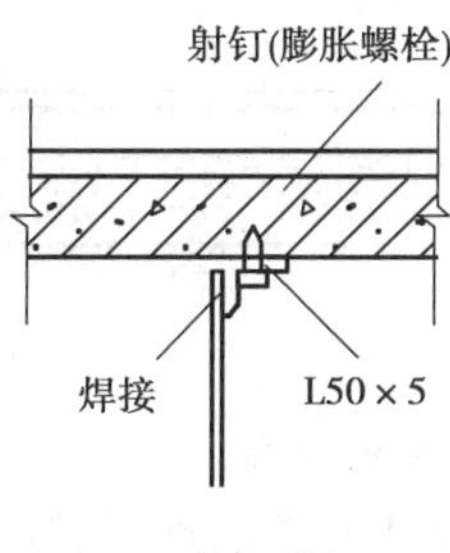

(c)钉入式

图5.55 吊顶的固定

金属骨架吊顶构造如图5.56所示。

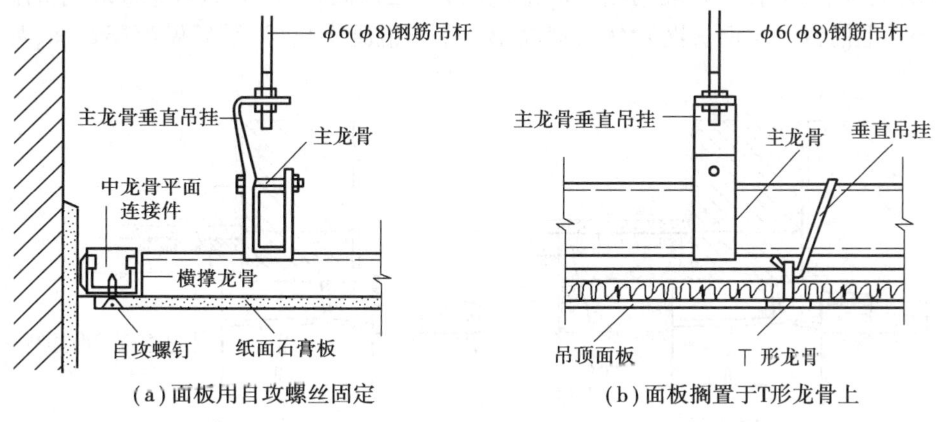

图5.56 金属骨架吊顶构造

5.5 楼地层

1)地层的防潮、保温

(1)地层的防潮

地层与土壤直接接触,土壤中的潮气易浸湿地层,因此必须对地层进行防潮处理。通常对于无特殊防潮要求的地层,在垫层中采用一层 60 mm 厚 C10 素混凝土即可;而对有较高防潮要求的地层,则采用二道热沥青或二布三涂防水层等做法,如图 5.57 所示。

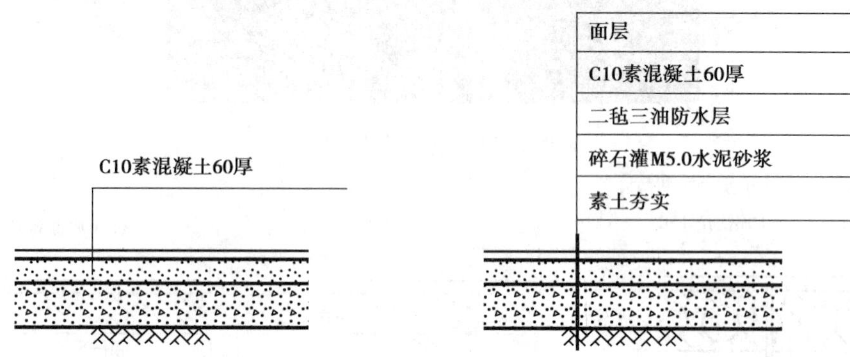

图 5.57 地层的防潮

(2)地层的保温

对无特殊要求的地层,通常不做保温处理。但随着我国建筑节能政策的深入贯彻执行,以及人们对室内热环境的要求不断提高,地层的保温设计也开始引起人们的重视。建议采用以下两种做法:其一是在建筑物靠室内一侧四周垫层以下采用宽深 500 mm 炉渣保温;其二是在第一个垫层上满铺(或在距外墙内侧 2 m 范围内)一层保温材料(如 30 ~ 50 mm 厚的高密度聚苯板,再于其上铺钉一层钢板网),然后现浇第二个素混凝土垫层,最后做面层饰面,如图 5.58 所示。

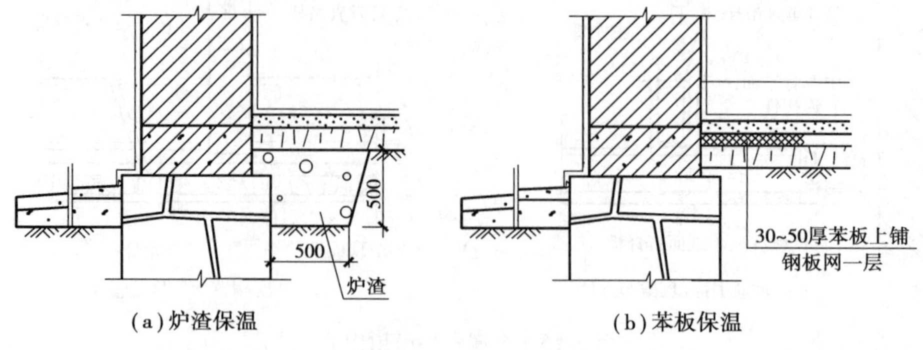

图 5.58 地层的保温

2)楼层的防潮、防水、保温

(1)楼层的防潮、防水

对于无特殊防潮、防水要求的楼层,通常采用C15细石混凝土垫层40 mm厚,再于其上做面层即可。对于有防潮、防水要求的楼层,其构造做法有二:其一,对于只是有普通防潮、防水要求的楼层,采用C15细石混凝土,从四周向地漏处找坡0.5%(最薄处不少于30 mm厚)即可;其二,对于防潮、防水要求高的楼层(如卫生间),应在垫层或结构层与面层之间设防水层。常见的防水材料有卷材、防水砂浆、防水涂料等。为防止房间四周墙体受水,应将防水层四周卷起150 mm高,门口处铺出300 mm宽,如图5.59所示。

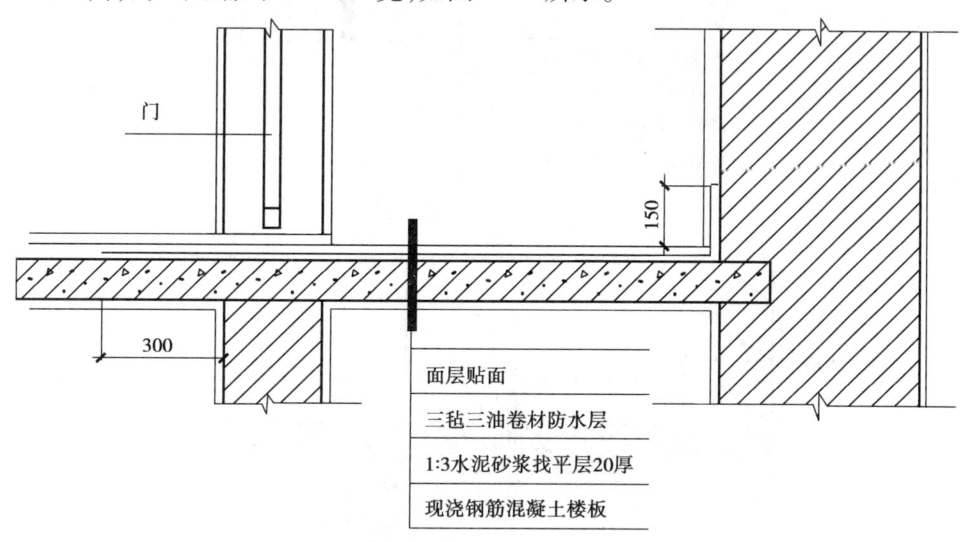

图5.59 楼层防水层构造

(2)楼板层的保温

楼板层的上下通常均为室内环境,因此通常情况下不存在特殊的保温处理。但对于悬挑出去的楼板层或穿过建筑物的门洞处的上部楼板以及封闭凹阳台的底板等,在北方寒冷地区则必须做好保温处理。其做法有两种:其一是于楼板层上面做保温处理,保温材料可采用高密度聚苯板、膨胀珍珠岩制品、轻骨料混凝土等(如将悬挑部分的楼板层下卧100 mm左右,再于其上做50 mm厚高密度聚苯板,上面铺钉一层钢板网,然后在苯板层上现浇一层约50 mm厚的细石混凝土,使之与未挑出部分的楼板层做成一平,最后再一起施工饰面层)。此种做法因要降低楼板层,所以结构设计较复杂。其二是于楼板层下面做保温处理,这时可采用保温层与楼板层浇筑于一起,然后再抹灰,或将高密度聚苯板粘贴于挑出部分的楼板层下面再做吊顶处理等,如图5.60所示。

(3)楼板层隔声

对楼板层的隔声处理通常有两条途径:一是面层处理,采用弹性面层或浮筑层;二是吊顶棚增加隔声效果。下面仅就面层隔声处理举两例:其一是在楼板层结构上做50 mm厚C7.5炉渣混凝土垫层,再做面层于其上;其二是在楼板结构层上加橡胶垫一类的弹性垫层,再于其上设置龙骨,龙骨上另做木地板,如图5.61所示。

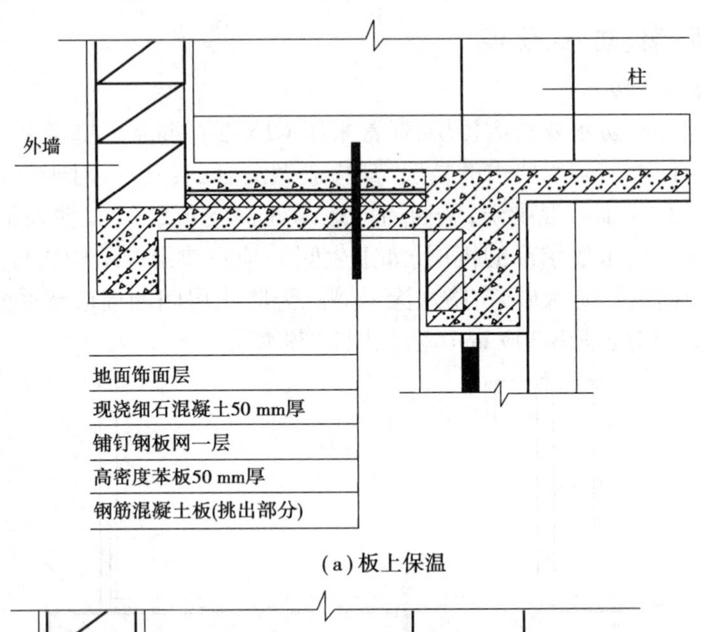

(a)板上保温

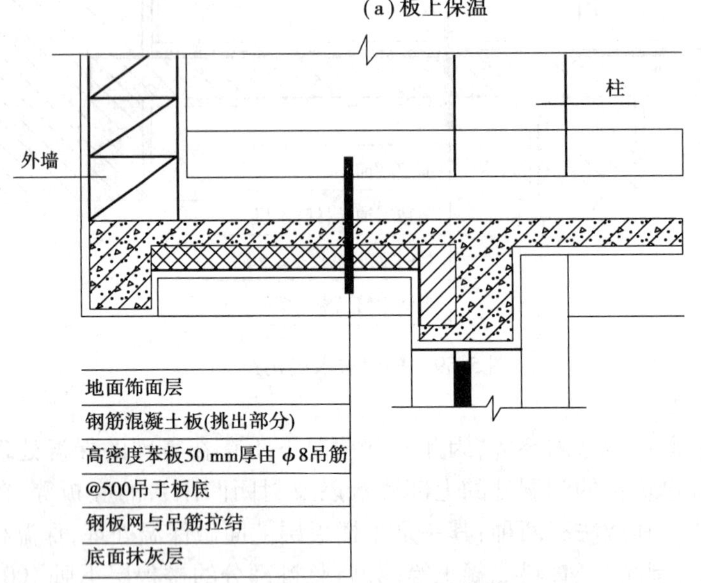

(b)板下保温

图 5.60　悬挑楼板层的保温处理

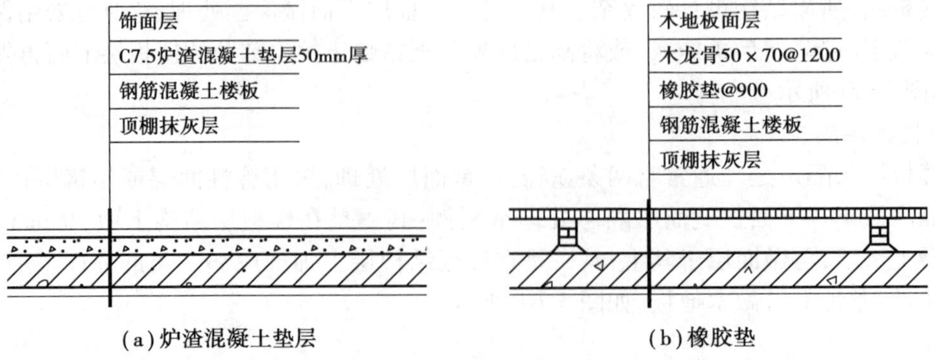

(a)炉渣混凝土垫层　　(b)橡胶垫

图 5.61　楼板层隔声

5.5　阳台与雨篷

5.5.1　阳台

阳台是室内和室外接触的平台，人们可以在阳台上休息、眺望、晾晒衣物或从事其他家务活动，是多层、高层住宅建筑中不可缺少的部分。

1）阳台的类型及设计要求

（1）阳台的类型

按阳台平面与建筑物外墙的相对关系可分为凸阳台、凹阳台、半凸半凹阳台、带两侧墙阳台、假阳台等，如图 5.62、图 5.63 和图 5.64 所示。

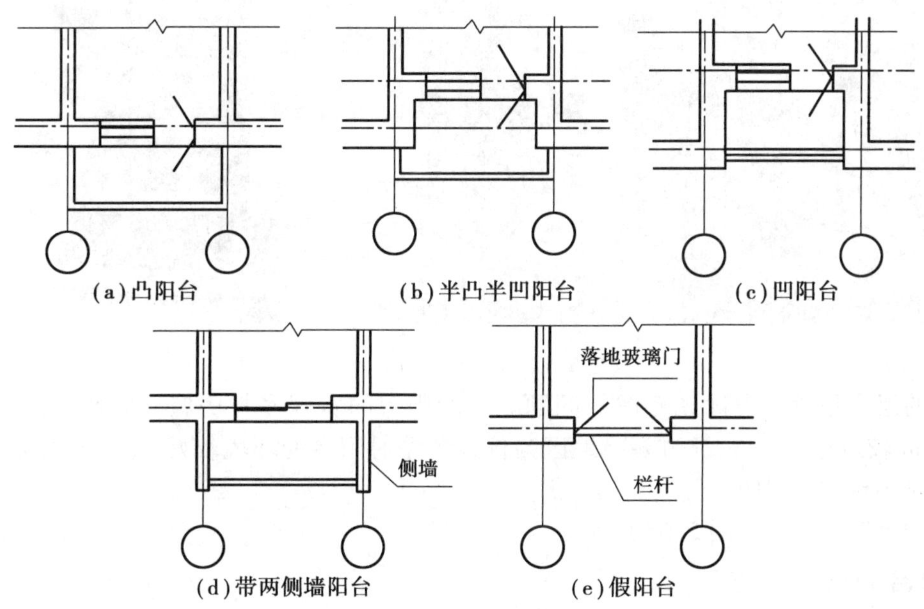

图 5.62　阳台的类型

（2）阳台的设计要求

阳台是建筑物中较特殊的构配件，设计时应考虑以下要求：

对于阳台的安全性来说，主要是要保证阳台底板及阳台栏板（或栏杆）的安全可靠。如果是凸阳台，一般是悬挑结构，应保证阳台在施加荷载的情况下不致发生倾覆。阳台的挑出深度应考虑结构的安全，但也应考虑适用。对于凹阳台或带两侧墙的阳台来说，阳台底板为简支结构，按一般现浇钢筋混凝土楼板考虑即可。对阳台栏板（栏杆）的安全性要求主要有两方面：一是栏板（或栏杆）高度要保证满足规范要求的最低尺度；二是栏板（或栏杆）要与阳台底板有可靠的连接构造。阳台栏板（或栏杆）的高度不宜过低，对低层、多层房屋来说，一般不宜低于 1.05 m，对高层房屋来说一般不宜低于 1.10 m，以保证阳台上人员的安全及心理上不产生恐惧感。如果阳台栏板（或栏杆）上设有花盆架时，应有防坠落措施。

图 5.63 阳台

图 5.64 凸阳台、凹阳台

阳台的尺度是设计中优先考虑的问题。一般阳台的宽度多与房屋开间相一致,深度以 1.2～1.5 m 较适宜。另外,北方寒冷地区为保证冬季时阳台的环境较好,常采用保温的阳台栏板并且对阳台进行封闭。

阳台的尺度及封闭如图 5.65 所示。

2) 阳台的结构布置

阳台的结构布置按其受力及结构形式的不同主要分为搁板式和悬挑式,而悬挑式中又有挑板式和挑梁式之分。

(1) 搁板式

搁板式一般适合于凹阳台[图 5.66(a)]或带两侧墙的凸阳台,它是将阳台底板(现浇或预制)支承于两侧凸出的承重墙上,阳台底板形式和尺寸与楼板一致。这种阳台的进深尺寸可以做得较大一些,使用较方便。

(2) 挑板式

挑板式[图 5.66(b)]的结构布置方式有两种:一种是利用现浇或预制的楼板延伸外挑而形成挑出的阳台底板,此时靠与之成为一体的室内这部分楼板的重量及压在两板端的横墙来平衡挑出的阳台底板;另一种是挑板式压梁[图 5.66(c)],即将阳台底板与过梁、圈梁整浇在一起,借助梁的重量来平衡挑出的阳台底板,也可以将过梁室内一侧做成凹槽,将第一块预制

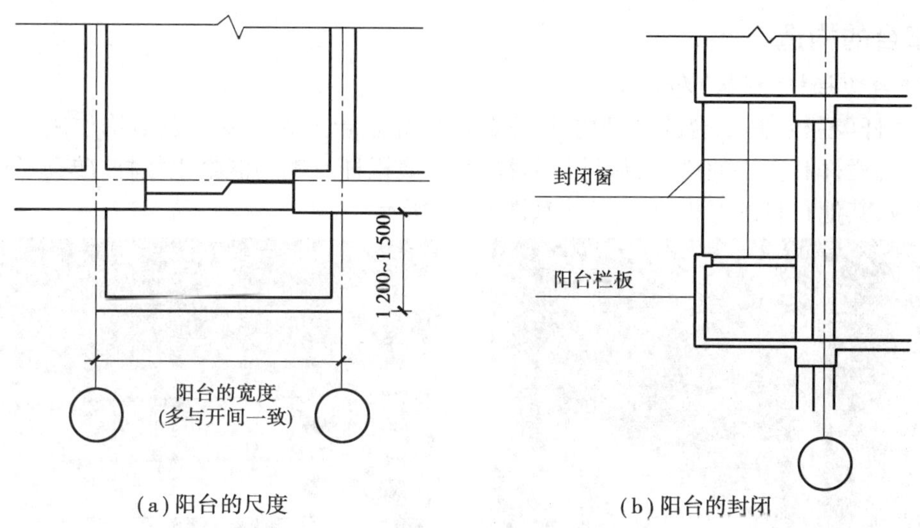

(a)阳台的尺度　　(b)阳台的封闭

图 5.65　阳台的尺度及封闭

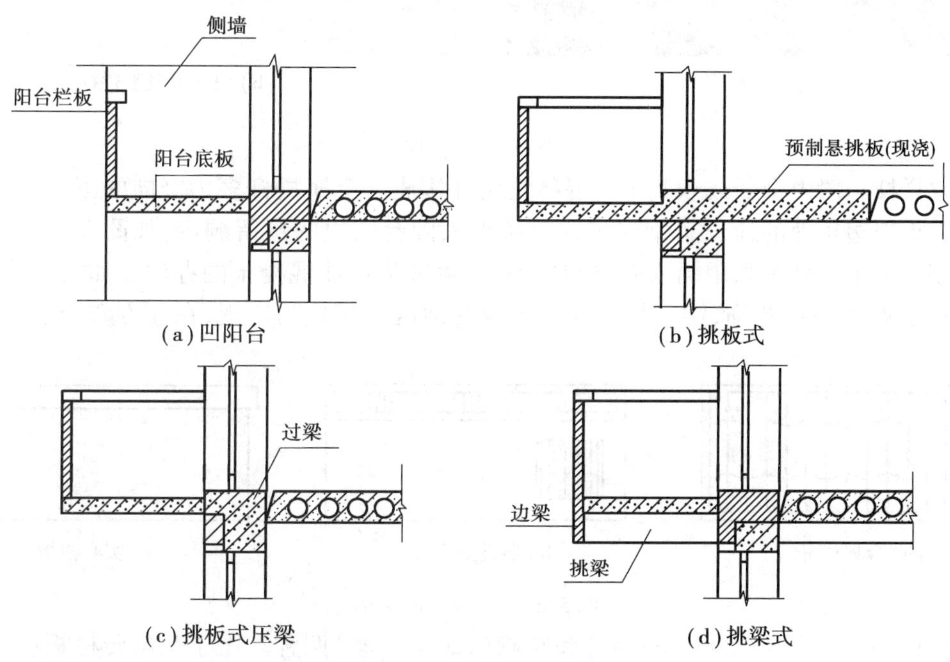

(a)凹阳台　　(b)挑板式

(c)挑板式压梁　　(d)挑梁式

图 5.66　阳台的结构布置

板压住过梁,这样抗倾覆效果会更好。这种挑板式阳台的挑出长度一般宜在 1.00 m 以内。

(3)挑梁式

挑梁式[图 5.66(d)]的做法是从横墙上外挑梁,梁上置板。挑梁与板通常整浇在一起,平衡挑梁靠两侧置于梁上的横墙重量。由于是梁挑出,所以阳台的挑出长度可稍大些。挑梁式在阳台立面上可以看到两梁端头,不够美观也对阳台封闭不利,因此可增设边梁来解决这一问题,而边梁对室内采光又有影响。

3)阳台的构造

(1)阳台的栏杆(栏板)和扶手

阳台栏杆(栏板)是阳台的围护构件,它起着保障阳台上人的安全及装饰作用。从外观上看,有镂空的栏杆和实心的栏板;从材料上看,有金属栏杆及钢筋混凝土栏杆、砖砌栏板及钢筋混凝土栏板、其他材料的栏板,如图 5.67、图 5.68 所示。

(a)金属栏杆

(b)钢筋混凝土栏杆

图 5.67 栏杆

镂空栏杆一般由金属或预制钢筋混凝土构件构成。金属栏杆多为竖向的圆钢或方钢,它们与阳台板周边预埋的通长扁钢焊牢或直接埋入阳台周边的预留洞内,如图 5.68(a)所示。预制钢筋混凝土栏杆则采用插入面梁和扶手内,再现浇钢筋混凝土的办法。如需装饰也可在竖向栏杆上增加一些花饰,镂空栏杆在南方炎热地区应用较为广泛,在北方寒冷地区已极少采用。

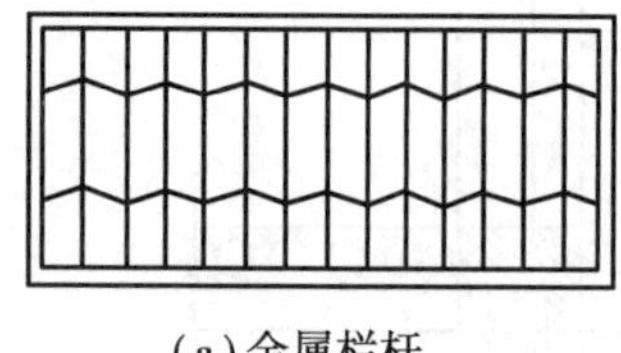
(a)金属栏杆

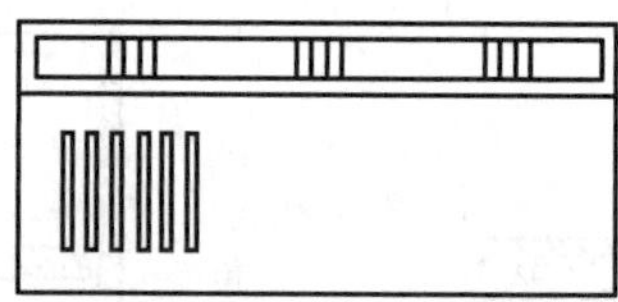
(b)半镂空栏杆

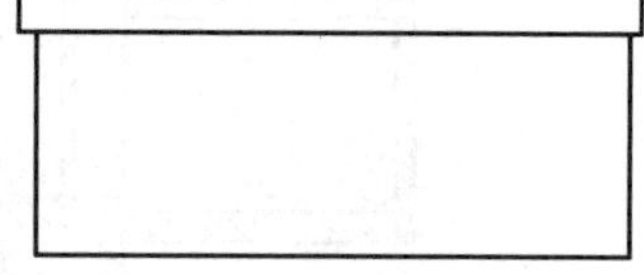
(c)实心栏板

图 5.68 阳台立面举例

砖砌栏板通常有立砌(60 mm 厚)和顺砌(120 mm 厚)两种。由于顺砌砖栏板厚度大、荷载重,所以一般较少采用。为确保立砌砖栏板的安全,常在砖栏板外罩一层钢筋网,再加一圈钢筋混凝土扶手,如图 5.69(c)所示。

现浇钢筋混凝土栏板的做法是将预埋于阳台底板的钢筋扶起,按设计要求绑扎好再整浇混凝土栏板及扶手,如图 5.69(b)所示。

其他材料的阳台栏板还有泰柏板栏板[图 5.69(d)],预制钢丝网水泥薄板、玻璃和其他复合材料的栏板。

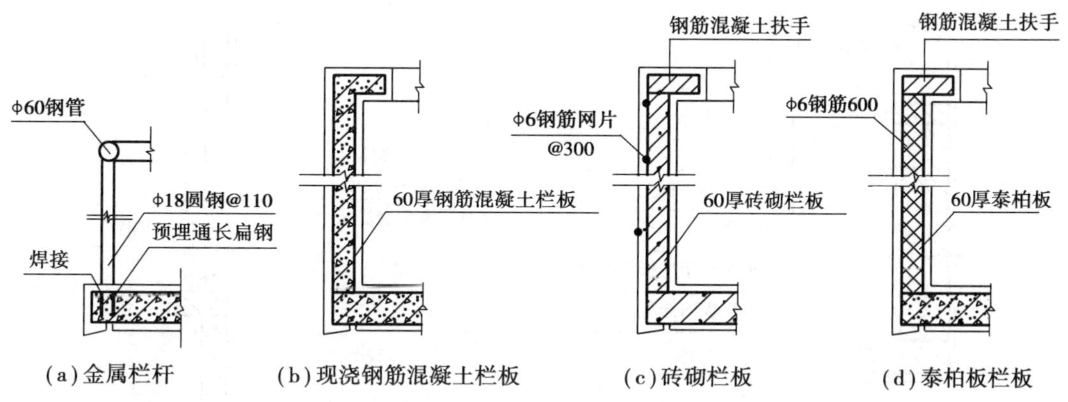

(a)金属栏杆　(b)现浇钢筋混凝土栏板　(c)砖砌栏板　(d)泰柏板栏板

图 5.69　阳台栏杆、栏板构造举例

(2)阳台的保温(图 5.70)

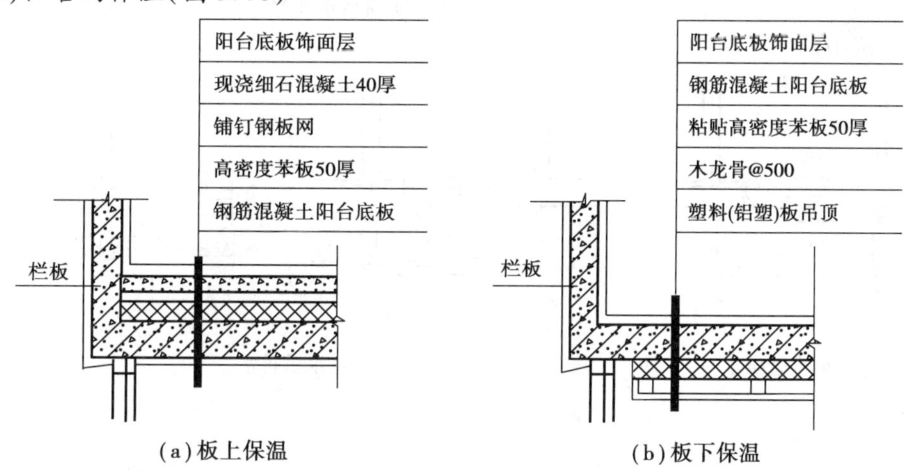

(a)板上保温　(b)板下保温

图 5.70　阳台底板的保温处理

为改善阳台空间的环境和提高其空间利用率,北方寒冷地区居住建筑常对阳台进行保温处理。保温处理主要有 3 个环节:一是采用保温的阳台栏板材料或对不保温的阳台栏板进行保温处理;二是对阳台进行封闭处理,即采用玻璃窗(最好为单框双玻璃窗)将阳台包围起来,为通风排气,封闭阳台的窗应有一定数量的可开启窗扇。保温阳台栏板及封闭阳台窗构造举例如图 5.71 所示。其三,阳台的钢筋混凝土底板是形成热桥的主要部位之一,北方寒冷地区宜采取措施避免或减少热桥作用,可以采取在阳台底板上下分别做保温处理,即贴苯板保温吊顶和苯板钢板网抹灰的做法。

(3)阳台的排水

对于外露的阳台,阳台地面一般要低于室内地面 20 ~ 50 mm,并向排水口处找 0.5% ~ 1% 的排水坡,以利雨水的迅速排除和防止雨水倒灌室内。

阳台的排水有两种做法:其一是利用“水舌”直接排出;其二是通过水落管排出阳台的雨水,如图 5.72 所示。前一种做法采用镀锌钢管预埋于阳台的角部,管径通常为 $\phi40 \sim \phi60$,水舌管管口向外挑至少 80 mm,以防止排水时(特别是冲洗阳台时)水溅到下层阳台扶手上;后一种做法是将雨水引向外墙边的雨水管内排至地面,此种做法多用于雨水较多地区的高层建

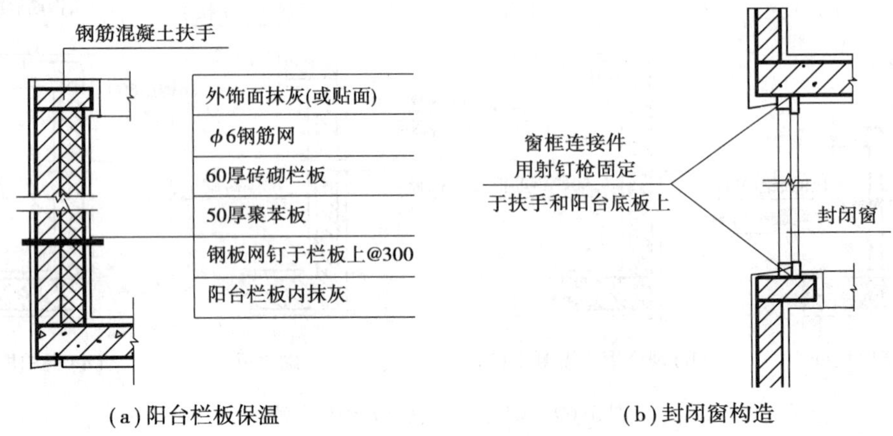

(a)阳台栏板保温　　(b)封闭窗构造

图 5.71　阳台栏板保温及封闭窗构造举例

筑或临街的建筑中。

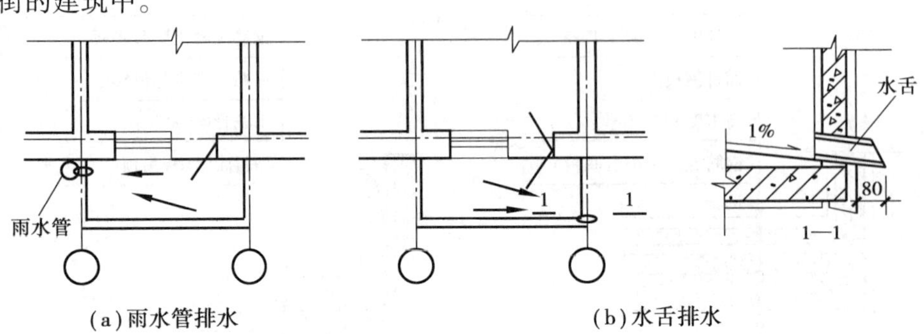

(a)雨水管排水　　(b)水舌排水

图 5.72　阳台排水

5.5.2　雨篷

雨篷(图 5.73)是建筑物入口处和顶层阳台上部用于遮挡雨水、保护外门免受雨水侵蚀和人们进出时不被滴水淋湿以及免受空中落物砸伤的水平构件。雨篷多采用钢筋混凝土悬挑，大型雨篷常设立柱支承而形成门廊。

1)小型雨篷

这里所说的小型雨篷特指无柱支承的悬挑式雨篷，如图 5.73、图 5.74 所示。常见的悬挑式钢筋混凝土雨篷有挑板式和梁板式两种。雨篷挑出较小时常采用挑板式，挑出长度通常为 1 ~1.5 m;挑出较大时一般采用梁板式，梁从雨篷两侧的横墙或室内进深梁直接挑出。为使雨篷板底平整，可将梁上翻或在板下做吊顶处理;为防止雨篷倾覆，常将雨篷与入口处过梁整浇在一起。小型雨篷的构造如图 5.75 所示。

由于雨篷承受的荷载较小，所以雨篷板的厚度较薄，常做成变截面形式，板上沿厚度为 50 ~70 mm。雨篷顶面应做防水砂浆抹面处理，并做出排水坡度。为防止雨水沿墙边渗透，应将防水砂浆沿墙身抹至墙面上至少 200 mm 处，形成泛水。有些小型雨篷采用玻璃-钢结构组合式的做法，这种雨篷常采用钢斜拉杆以抵抗雨篷的倾覆，如图 5.76、图 5.77 所示。另外，还有在钢结构骨架外包铝塑板的雨篷做法。

图 5.73　雨篷

图 5.74　小型雨篷

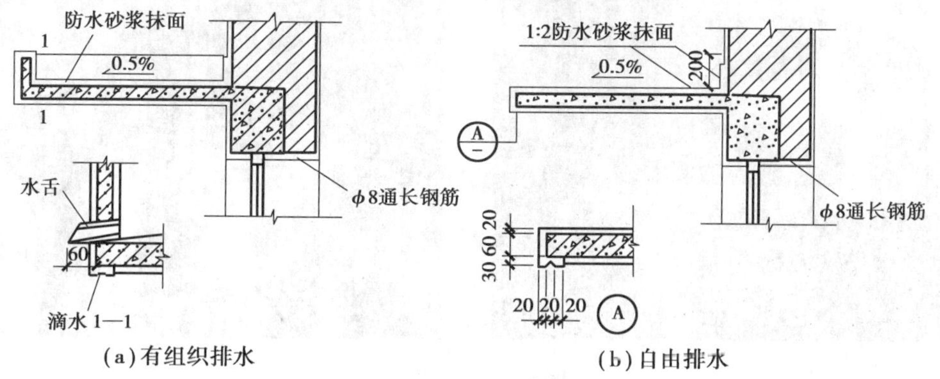

图 5.75　小型雨篷构造

2)大型雨篷

这里所说的大型雨篷是指有立柱支承的雨篷。采用这种雨篷的大多是大型或高层建筑的主要入口,为与主体建筑相协调做出外伸较大的雨篷,此时应有立柱支承。立柱除起结构支承作用外,尚有强调入口的装饰作用,如图 5.78 所示。

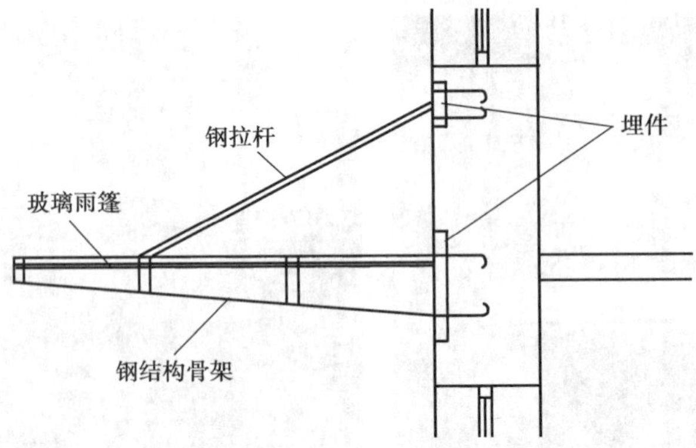

图 5.76　玻璃-钢组合雨篷示意图

图 5.77　玻璃-钢组合雨篷实例

图 5.78　大型雨篷

立柱支承式的大型雨篷其结构处理比小型雨篷更为复杂，一般有 3 种情况：一是立柱及支承的雨篷与主体建筑脱开，柱子有单独的基础可以自由沉降，如图 5.79(a)所示；二是立柱与主体建筑连成一体，二者均采用桩基础，使二者沉降量均得到控制，不致于因沉降不均将二者拉裂，如图 5.79(b)所示；三是立柱的基础与主体建筑的基础连成一体，这样可使二者同步沉降，如图 5.79(c)所示。

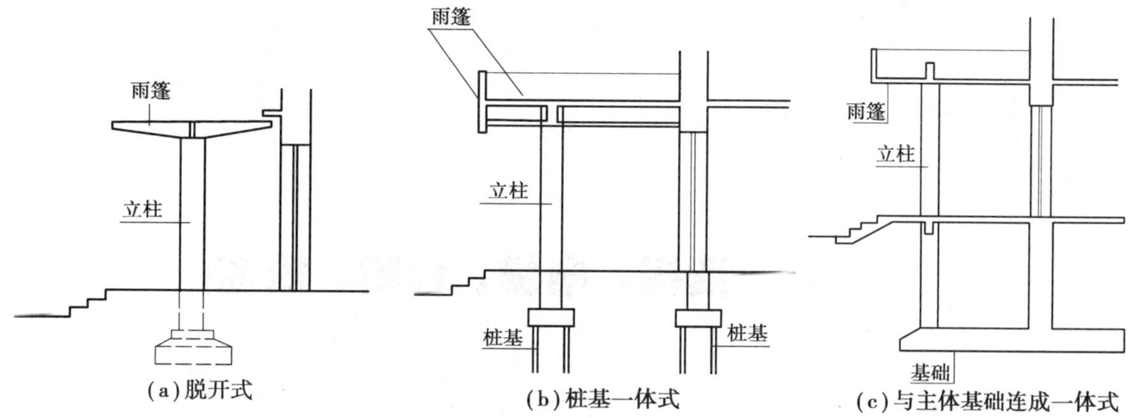

图5.79　大型雨篷结构处理

由于立柱式雨篷面积较大，所以雨篷顶面通常均须做防水处理，并根据雨篷面积的大小设置雨水斗或水舌。

雨篷结构一般采用钢筋混凝土梁板式，也有采用钢网架结构上置玻璃或阳光板的做法。

本章小结

本章主要讲述民用建筑楼、地层以及阳台和雨篷的常见类型、基本构造和设计要求，其重点是现浇钢筋混凝土楼板层的构造。

(1)现浇钢筋混凝土楼板按受力和传力情况分为板式楼板、梁板式楼板、压型钢板式楼板等。

(2)装配式钢筋混凝土楼板类型有实心板、空心板、槽形板、T形板等。

(3)装配整体式钢筋混凝土楼板常见的做法有叠合式楼板层和密肋填充式楼板层。

(4)地层按其与土壤之间的关系分实铺地层和空铺地层两类。

(5)根据楼板所处的部位，需采取相应的防潮、防水、保温、隔声等措施。

(6)楼地面构造分为现浇类、镶铺类、卷材类、涂料类和木地面等类型，顶棚构造主要为直接顶棚和吊顶棚。

(7)阳台和雨篷设计应考虑功能、安全和美观等要求。

第6章　楼梯、电梯、台阶、坡道

建筑各楼层间的垂直交通联系，是依靠楼梯、电梯、自动扶梯、爬梯、台阶和坡道等交通设施来实现的。根据这几种交通设施的使用功能，本章重点介绍了楼梯、电梯、台阶、坡道等的设计要求、设计尺度、组成和类型，其中以讲解钢筋混凝土楼梯的形式、特点、构造及细部构造处理为主。

6.1　楼　梯

楼梯（图6.1）是建筑各楼层间的主要交通设施，除交通联系功能之外，还是紧急情况下安全疏散的主要通道，因此楼梯既要满足使用功能要求，又要确保使用安全。

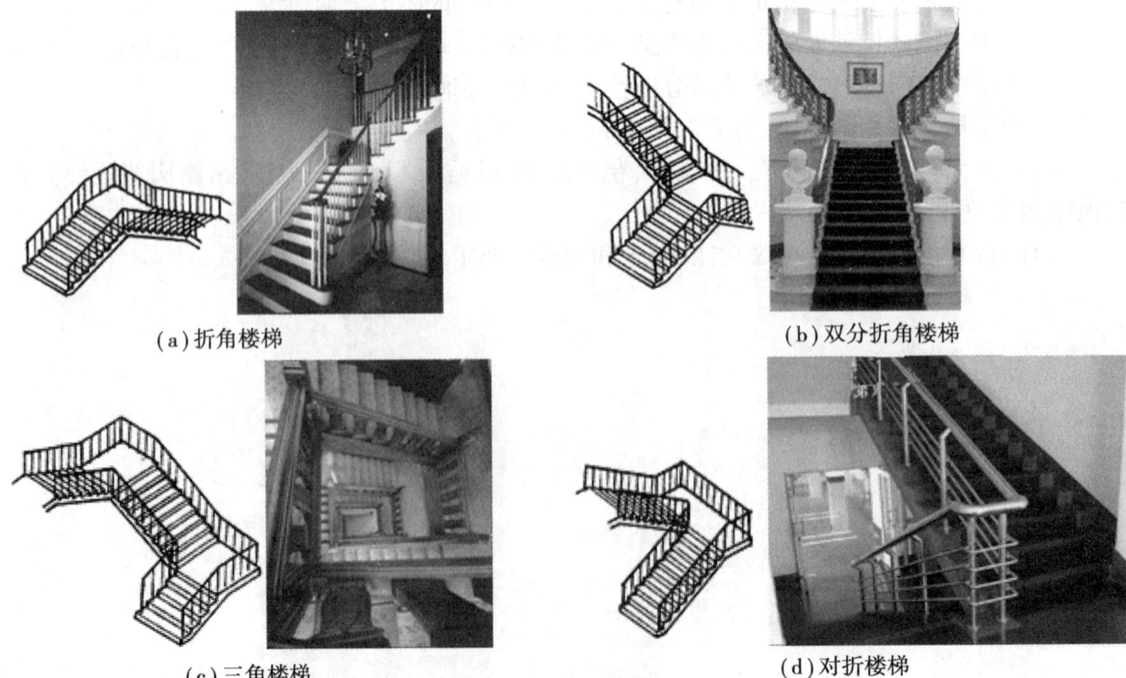
(a)折角楼梯　(b)双分折角楼梯　(c)三角楼梯　(d)对折楼梯

图6.1　楼梯示例

6.1.1　概述

1)楼梯的设计要求

楼梯的设计应满足以下几方面的要求：

(1)满足使用功能要求

楼梯要求通行顺畅，行走舒适，楼梯的数量、位置、楼梯段的宽度以及整个建筑物楼梯的总宽度都应满足一些基本的规定。主要楼梯应与主要出入口邻近，位置明显，同时还应避免垂直交通与水平交通在交接处的拥挤堵塞。楼梯间内必须有良好的自然采光。

(2)符合结构、构造、施工、防火等方面要求

楼梯属承重结构，除承受自重，还承担使用中产生的较大的活荷载，并且楼梯是整个建筑中刚度较薄弱的部分，因此楼梯应具有足够的强度、刚度及稳定性，并适当考虑楼梯间的位置，采取一定的加强措施，以保证结构的坚固、安全，选择合适的材料和合理的构造方案，使施工简单、经济合理。

民用建筑的室内疏散楼梯宜设置楼梯间。楼梯间在受火灾时又有竖向井筒的烟囱作用，因此要具有一定的防火能力，并符合国家防火规范的规定。从防火、防烟的角度看，楼梯间可分为开敞式楼梯间、封闭式楼梯间和防烟楼梯间几种形式。供疏散用的楼梯间，除一、二、三级耐火等级的公共建筑和 6 层以下的单元住宅建筑外，其余如医院、影剧院、体育类建筑以及超过 5 层以上的其他民用建筑，均应设置封闭楼梯间。此外，高层建筑中一类建筑和高度超过 32 m 的二类建筑(单元式和走廊式住宅除外)，以及塔式住宅，均应设置防烟楼梯。

(3)注意美观要求

楼梯也是建筑装饰、装修设计的重要部分之一，尤其是公共建筑的主要楼梯，其楼梯的形式、栏杆的式样，以及细部处理等都要考虑建筑环境空间的艺术效果。

2)楼梯的组成和类型

(1)楼梯的组成

楼梯一般由楼梯段、楼层平台(中间平台)和栏杆扶手 3 部分组成(图 6.2、图 6.3)。

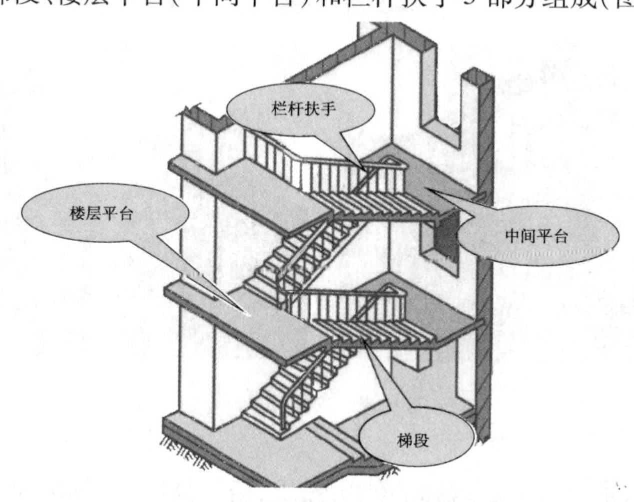

图 6.2　楼梯的基本组成 1

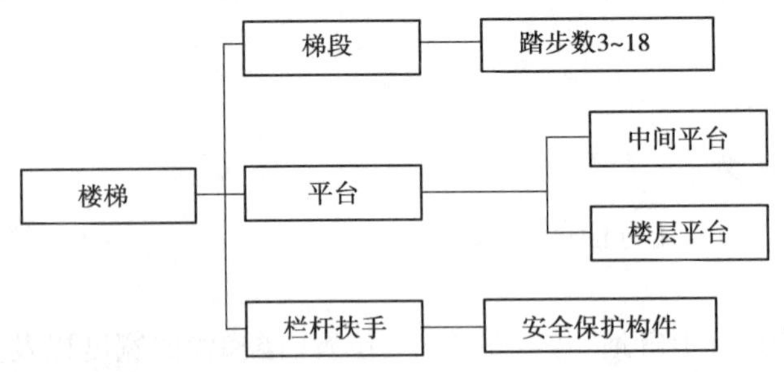

图6.3　楼梯的基本组成2

①楼梯段。楼梯段是指设有若干踏步供层间上下行走的通道段落,也称梯段或梯跑。它是楼梯联系两个不同标高平台的倾斜构件,也是楼梯主要使用和承重的部分。为减少人们上下楼梯时的疲劳和适应人们的习惯,一段楼梯段的踏步数最好不超过18级,最少不少于3级。

②平台。平台是指两楼梯段间的水平板,起缓解行人疲劳和改变行进方向的作用。楼层之间的平台让人们在连续上楼时可稍加休息,故也称为中间平台或休息平台。与楼层地面标高相同的平台还有缓冲、分配从楼梯到达各楼层的人流的功能,称为楼层平台。

③栏杆(栏板)和扶手(图6.4、图6.5)。栏杆(栏板)和扶手是指楼梯段及平台边缘的安全保护构件,供上下楼梯时倚扶之用,要可靠、坚固并有足够的安全高度。当楼梯宽度不大时,可只在梯段临空面设置;当楼梯宽度较大时(大于1.4 m),非临空面也应加设扶手;当楼梯宽度很大时(大于2.2 m),还应在梯段中间加设扶手。实心的称栏板,漏空的称栏杆。栏杆栏板上部供人们倚扶的配件称为扶手。

图6.4　栏杆和扶手

(2)楼梯的类型

楼梯的类型选择,主要根据建筑物的使用性质、楼层高度、楼梯的位置、楼梯间的平面形

图 6.5　栏板

状、材料的提供、人流的多少与缓急等因素综合考虑。

楼梯按使用性质分类，见表 6.1。楼梯按材料分类，有木楼梯、钢筋混凝土楼梯、金属楼梯等。

表 6.1　楼梯的分类

分类依据	名　称	描　述
按使用性质分类	主要楼梯	一般布置在建筑门厅内明显的位置或靠近主入口的位置
	辅助楼梯	在建筑的次要出入口或建筑的适当位置设置，如建筑走道转折处，容纳比较小的人流，或仅供紧急疏散用
	消防楼梯	专为防火使用。当建筑内部楼梯的数量与位置未满足防火要求时，经常在建筑的端部设置开敞式疏散楼梯

楼梯按外形分类，有以下楼梯：

①单跑楼梯（图 6.6）。直行单跑楼梯多用在层高不大或楼梯较陡的建筑中；造型优美、丰富建筑空间的弧形单跑楼梯和螺旋单跑楼梯具有很好的装饰性，但其受力复杂、施工难度较大，因此使用受到限制，尤其是螺旋楼梯，坡度较陡，不宜作为疏散楼梯；对人流较大和防火要求较高的多层公共建筑，应考虑使用交叉楼梯。

②双跑楼梯（图 6.7）。平行双跑楼梯在一般建筑物中较常见，平面形状和尺寸与一般房间相近，是便于平面组合的楼梯形式；直行双跑楼梯适用于人流量大、楼层很高的大厅内主楼梯，导向性较强；折行双跑楼梯适用于面积较小的住宅、过厅等。另外，常用于公共建筑的主要楼梯还有双分式、双合式楼梯和剪刀式楼梯、交叉式楼梯等。

③三跑楼梯（图 6.8）。将层高分成 3 个梯段，并围成较大尺寸的楼梯井，一般在层高较大、楼梯间接近方形时采用，也常用于结合楼梯井设置电梯时采用。

此外，有些公共建筑中也采用四跑或多跑楼梯（图 6.9）。

(3) 楼梯的尺度（图 6.10）

①梯段宽度与平台宽度（图 6.11）。楼梯的宽度应满足疏散要求，从确保安全角度出发，楼梯宽度主要由通过该梯段的人流数来确定，还应考虑建筑的类型、耐火等级、层数及通过的

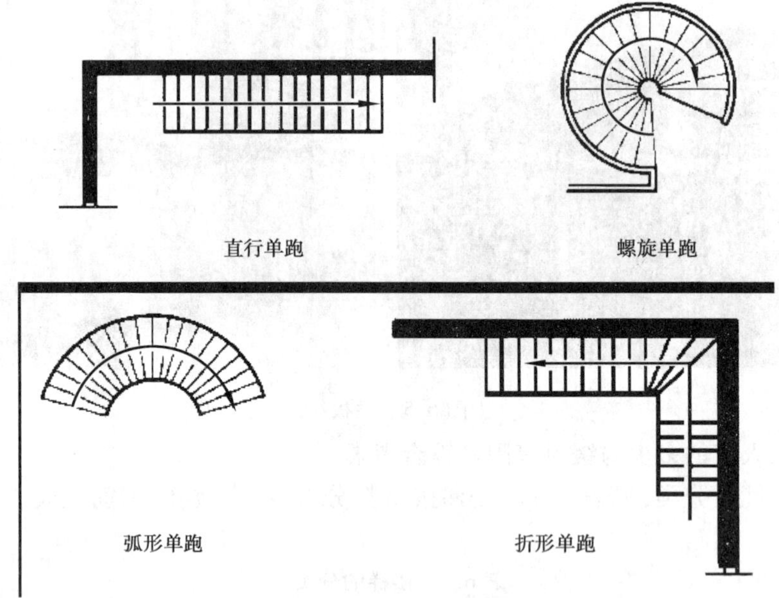

图 6.6 单跑楼梯形式示意图

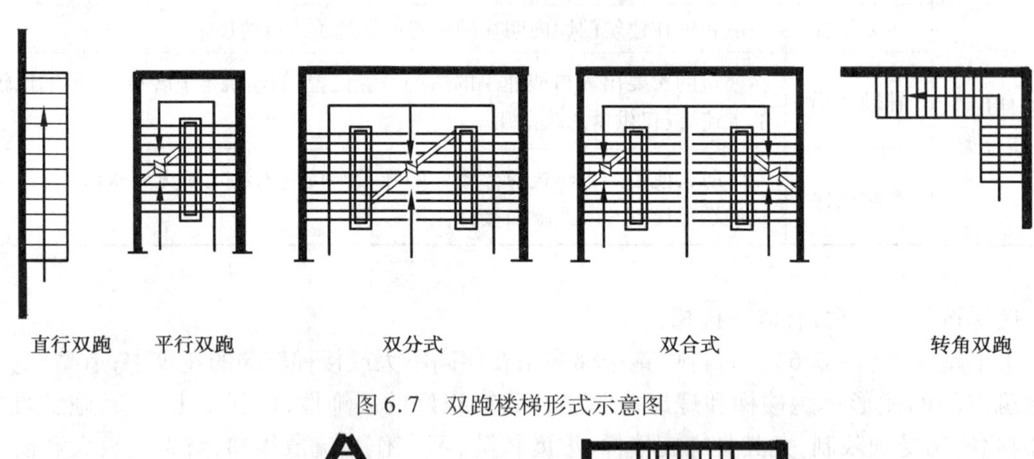

图 6.7 双跑楼梯形式示意图

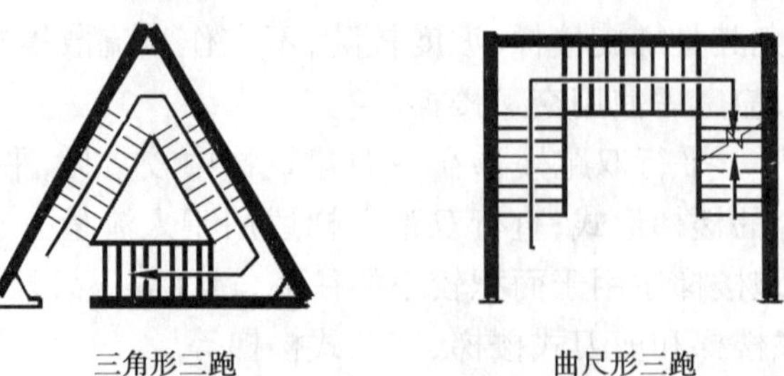

图 6.8 三跑楼梯形式示意图

居住或工作人数等因素。一般按每股人流宽为 0.55 +(0～0.15)m 的尺寸确定，每部楼梯应不少于两股人流，尺寸(0～0.1 m)为人流在行进中人体的摆幅，人流较多的公共建筑应取上限值。一般单股人流通行梯段宽为 0.85 m，双股人流通行梯段宽为 1.1～1.4 m，三股人流通行梯段宽为1.65～2.1 m。

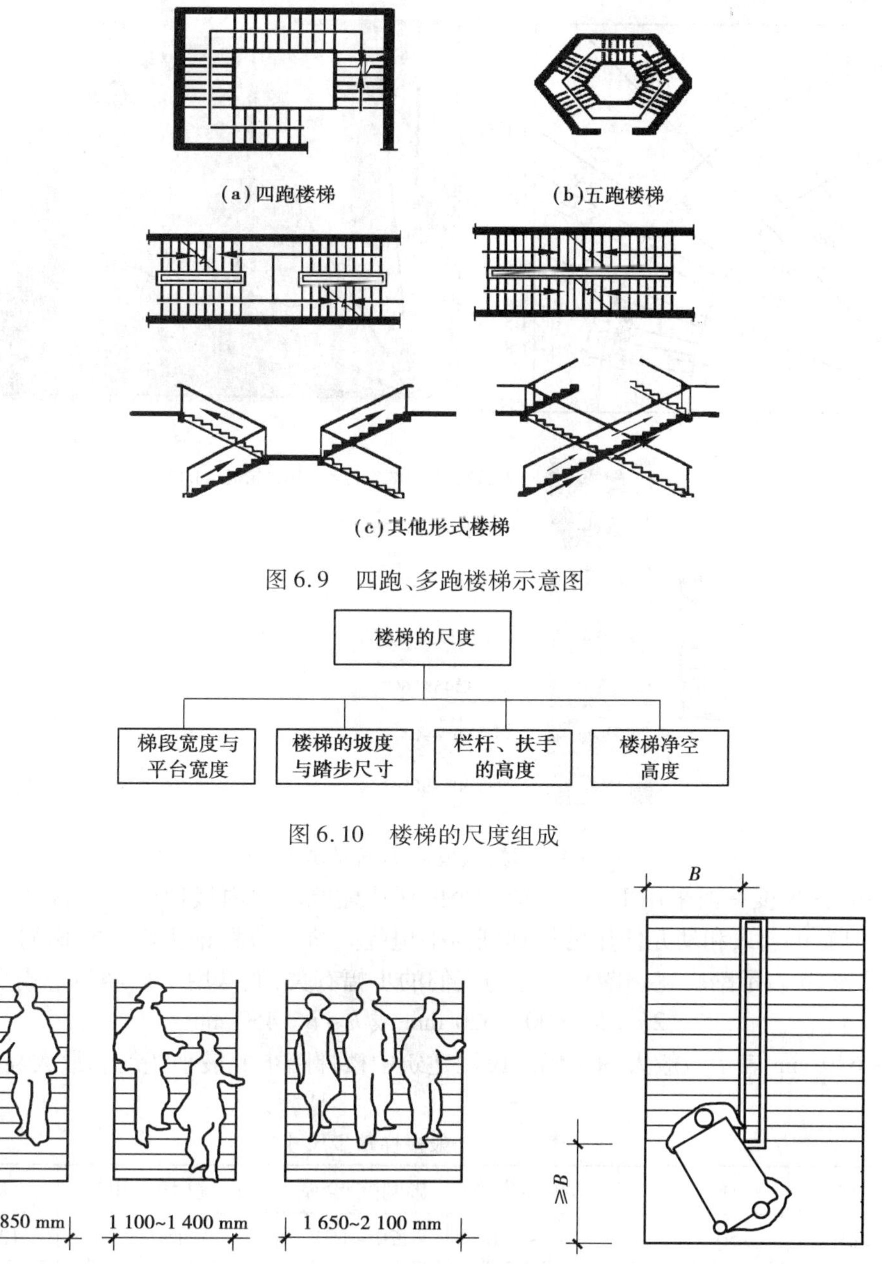

图 6.9　四跑、多跑楼梯示意图

图 6.10　楼梯的尺度组成

图 6.11　梯段宽度与平台宽度

楼梯平台的净宽度不得小于梯段的净宽度，以确保通过楼梯段的人流和货物也能顺利地在楼梯平台上通过，避免发生拥挤堵塞。当有搬运大型物件需要时应再适量加宽。

②楼梯的坡度与踏步尺寸。楼梯的坡度是指梯段的斜率，一般用斜面与水平面的夹角表示，也可用斜面在垂直面上的投影高与在水平面的投影宽之比表示。坡度小时，行走舒适，但占地面积大，增加造价；反之，可节约面积，但行走吃力。一般楼梯的坡度范围为 23°～45°，适宜楼梯坡度为 30°左右。小于 20°时应采用坡道，大于 45°时应采用爬梯，如图 6.12 所示。

楼梯的坡度还应根据各种房屋使用性质的不同而进行设计，如人流量大的公共建筑中楼

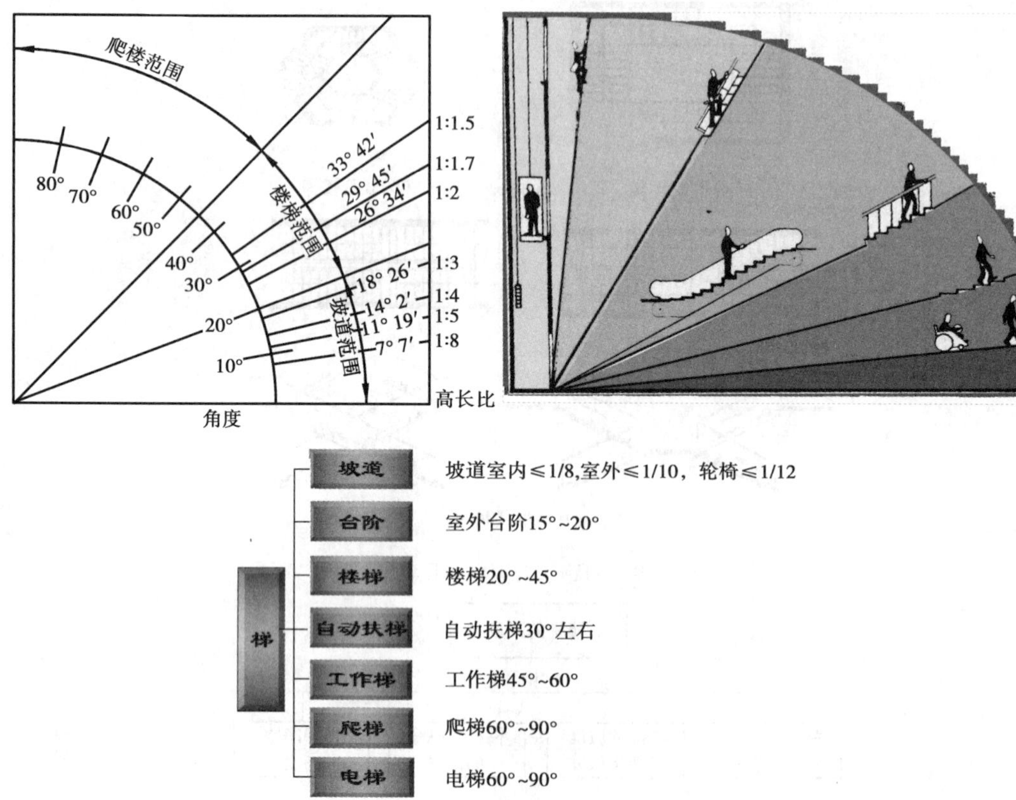

图6.12　楼梯、坡道、爬梯的坡度范围

梯应较平坦,其坡度一般采用1∶2。人流量小的居住建筑的户内楼梯或辅助楼梯可较陡,最高可达1∶1,但专供老人和幼儿使用的楼梯则需平坦些。踏步的高宽比构成楼梯的坡度,一般以 h 表示踏步高,b 表示踏步宽。踏步尺寸与人们的步幅有关,通常用下列经验公式表示:

$$2h+b=600\sim620\ \text{mm} \text{ 或 } h+b=450\ \text{mm}$$

600~620 mm表示一般人的步幅。民用建筑中楼梯踏步的最小宽度和最大高度的限值见表6.2。

表6.2　一般楼梯踏步尺寸　　单位:mm

名　称	住　宅	学校办公楼	影剧院、会堂	医院(病人用)	幼儿园
踏步高	150~175	140~160	120~150	150	120~150
踏步宽	300~280	340~280	350~300	300	280~250

踏步由踏面(踏步宽度)和踢面(踏步高度或踢板)组成。为了适应人们上楼梯时脚的活动情况,踏面应适当放宽,在不增加楼梯间进深的情况下可加踏口或将踢面做倾斜,使踏面宽度增大。踏口长度挑出踢面20~40 mm(图6.13)。楼梯越陡,踏口出挑应越大,这样也能解决楼梯间深度受到限制,致使踏面宽度不足最小尺寸的问题。

③栏杆、扶手的高度。扶手高度是指自踏步前缘线至扶手顶面的垂直距离。扶手的高度与楼梯坡度、楼梯的使用要求有关。很陡的楼梯其扶手高度大些,一般扶手高度为900 mm,托

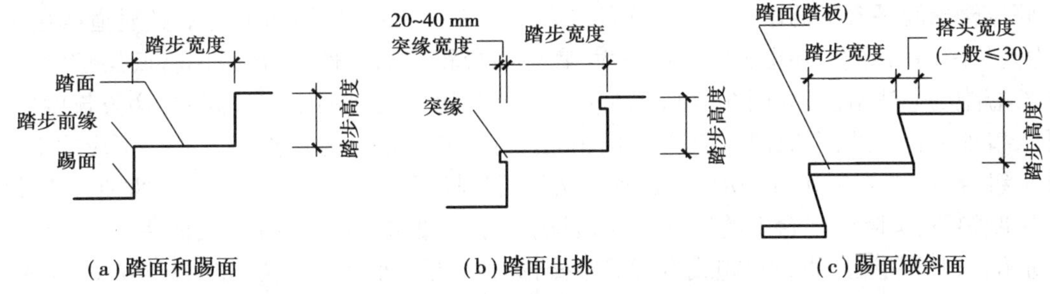

(a)踏面和踢面　(b)踏面出挑　(c)踢面做斜面

图 6.13　踏步尺寸

幼建筑应符合儿童身材，扶手高度一般为 600 mm。楼梯顶层水平扶手及靠楼梯井一侧水平扶手超过 500 mm 长时，其高度宜为 1 000 mm 以上，如图 6.14 所示。

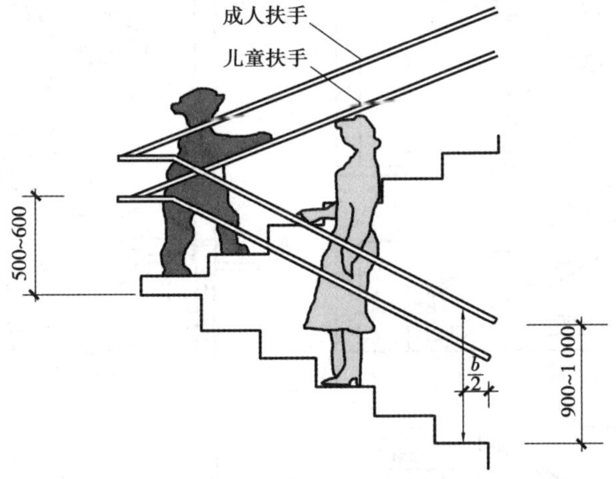

图 6.14　楼梯扶手的高度

④楼梯净空高度。楼梯净空高度是指楼梯平台下或梯段下通行人或物件时需要的竖向净空高度。平台下净高一般应大于 2.00 m，梯段下净高应大于 2.20 m。对于楼梯的净空高度，设计时应特别注意楼梯平台构件所需的高度，如图 6.15 所示。

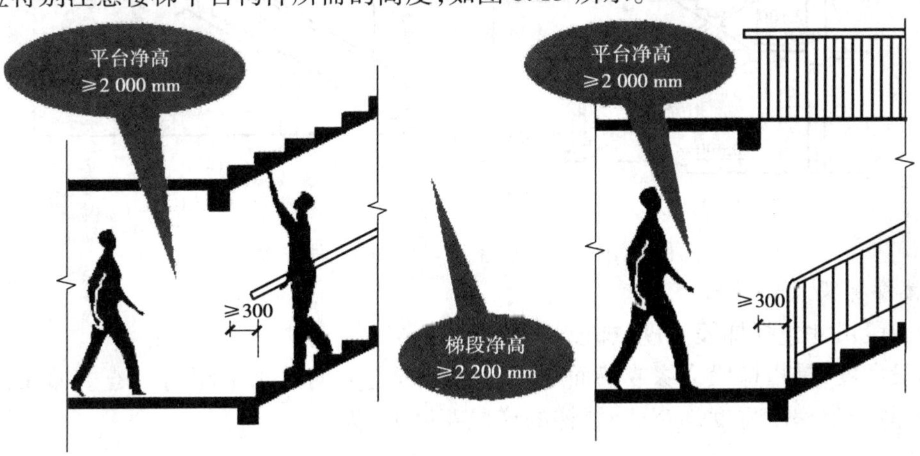

图 6.15　楼梯的净高设计

底层楼梯间平台下的出入过道,净高应不小于 2.00 m。当楼梯平台下做通道或出入口时,为满足净高的要求,在楼梯间进深较大、底层平台较宽的条件下,可采用将底层首跑加长,形成长短跑的办法解决,如图 6.16(a)所示。也可利用建筑物的室内外高差,梯段长度不变,降低入口处平台下地面的标高,使平台下净高达到要求。为防止雨水内溢,平台下应比室外至少高一级台阶,如图 6.16(b)所示。这种方法的楼梯梯段构造简单。综合上述两种方法,既采取长短跑梯段,又降低平台下的地坪标高,以满足净空要求,这是一种常用的手法,如图 6.16(c)所示。也可底层用直行单跑或直行双跑楼梯直接从室外上到二楼,如图 6.16(d)所示,南方多使用这种方式。

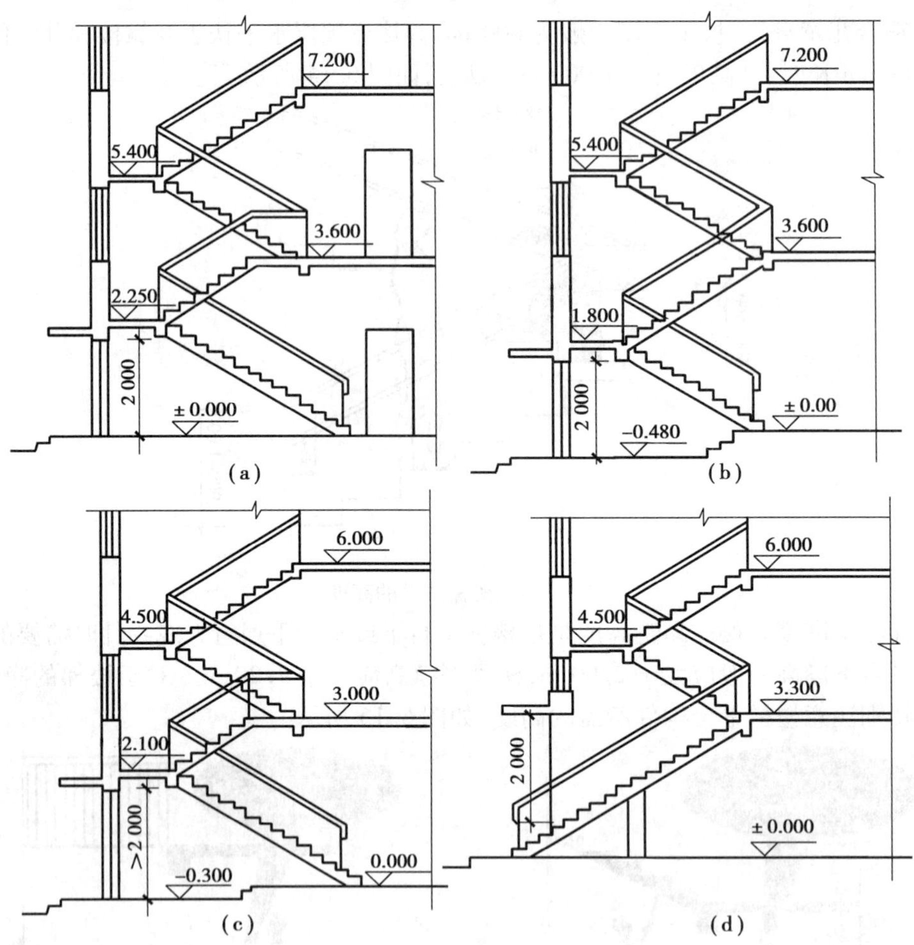

图 6.16　楼梯平台下设入口的几种方式

(4)楼梯梯段尺寸

楼梯梯段尺寸包括梯段宽度、梯段长度和梯段高度。

①梯段宽度,是指梯段边缘或墙面之间垂直于行走方向的水平距离。若楼梯间的开间已定,应按开间确定梯段宽度,如双跑楼梯的梯段宽度 B_1 为:

$$B_1 = \frac{B - B_2}{2}$$

式中，B 为楼梯间的净宽；B_2 为梯井宽度。梯井宽度是指上下两梯段内侧之间缝隙的水平距离。考虑梯段的施工，应有一定的梯井宽度，一般为 60 ~ 200 mm。梯段宽度应采用基本模数的整数倍数，必要时可采用 1/2 的整数倍。

②梯段长度，是指梯段始末两踏步前缘线之间的水平距离。梯段长度(L)与踏步宽度(b)及该梯段的踏步数量(N)有关。梯段的踏步数量与该梯段所在楼层的高度(H)和踏步高度(h)有关。若为双跑楼梯，且两个梯段为等跑，则梯段的踏步数量为 $N = H/2h$；由于梯段上行的最后一个踏步面的标高与平台标高一致，在计算梯段长度时应减去一个踏步宽度，即梯段长度 $L = (N - 1)b$。

③梯段高度与梯段的踏步高度和踏步数有关。楼梯各部分尺寸，如图 6.17 所示。例如某住宅楼，层高为2 800 mm，楼梯间开间 2 700 mm，进深 5 400 mm，一梯两户，入户门宽 900 mm，门侧墙垛120 mm，室内外高差 0.6 m。设计一平行双跑楼梯，要求平台板下做出入口。梯段宽度 $l = (2\ 700 - 2 \times 120 - 60) \div 2 = 1\ 200$(mm)(120 mm 为半砖墙厚，60 mm 为梯井尺寸)。中间休息平台宽应不小于 1 m。根据层高 H 确定每层楼梯踏步高度 h 和步数 N。按关系式 $h = H/(2N)$，采用等跑梯段，$h = 2\ 800/(2 \times 8) = 175$(mm)，$h = 2\ 800/(2 \times 9) \approx 155.6$(mm)，16 步和 18 步的踏步高度 h 都在正常范围，考虑住宅建筑的性质，确定 $N = 8$ 步，$h = 175$ mm，又根据 $2h + b = 600 \sim 620$ mm，则有$b = 600 - 2 \times 175 = 250$(mm)。根据规范规定，住宅踏步宽度应大于 260 mm，故取$b = 260$ mm，则标准层梯段长度 $L = (N - 1)b = (8 - 1) \times 260 = 1\ 820$(mm)。为了平台板下做出入口，根据所给条件，采用长短跑和降低平台板下地坪相结合的办法。楼梯间和室外地面留一级 150 mm 高台阶，则平台板下地坪标高为 −0.45 m。首层第一跑楼梯加长到 11 步，则首层中间平台标高为 1.925 m，该平台梁下净高为 1 925 + 450 − 250(平台梁高) = 2 125(mm)，满足大于 2 m 的要求。

6.1.2　钢筋混凝土楼梯

由于钢筋混凝土的耐火、耐久性能均比其他材料好，并且具有较高的强度和刚度，因此在一般建筑中使用最为广泛，分为现浇式(又称整体式)和装配式两种。

1)现浇式钢筋混凝土楼梯

现浇式钢筋混凝土楼梯是指楼梯段、楼梯平台等整浇在一起的楼梯。它整体性好、刚度大，对抗震有利，但模板耗费多，施工速度慢，故多用于工程比较大、抗震设防要求高或形状复杂的楼梯。现浇式钢筋混凝土楼梯有板式楼梯和梁板式楼梯两种。

(1)板式楼梯

板式楼梯(图 6.18、图 6.19)是指楼梯段作为一块整板搁在楼梯梁上，是以板的受力方式承受荷载，两个平台梁的距离就是板式梯段的跨度；若平台梁影响其下部空间高度或认为视觉不美观，可取消平台梁，将梯段与楼梯平台形成一块整体折板，但这样会增加楼梯段板的计算跨度，从而增加板厚。板式楼梯底面平整，外形简洁，支模容易。

公共建筑和庭园建筑的外部楼梯也较多采用悬臂板式楼梯，其特点是梯段和平台均无支承，完全靠梯段与平台组成空间板式结构与上下层楼板结构共同受力，造型新颖、空间感好。板式楼梯梯段上踏步的三角形截面不能起结构作用，板厚和混凝土耗量较大，因此宜在梯段长

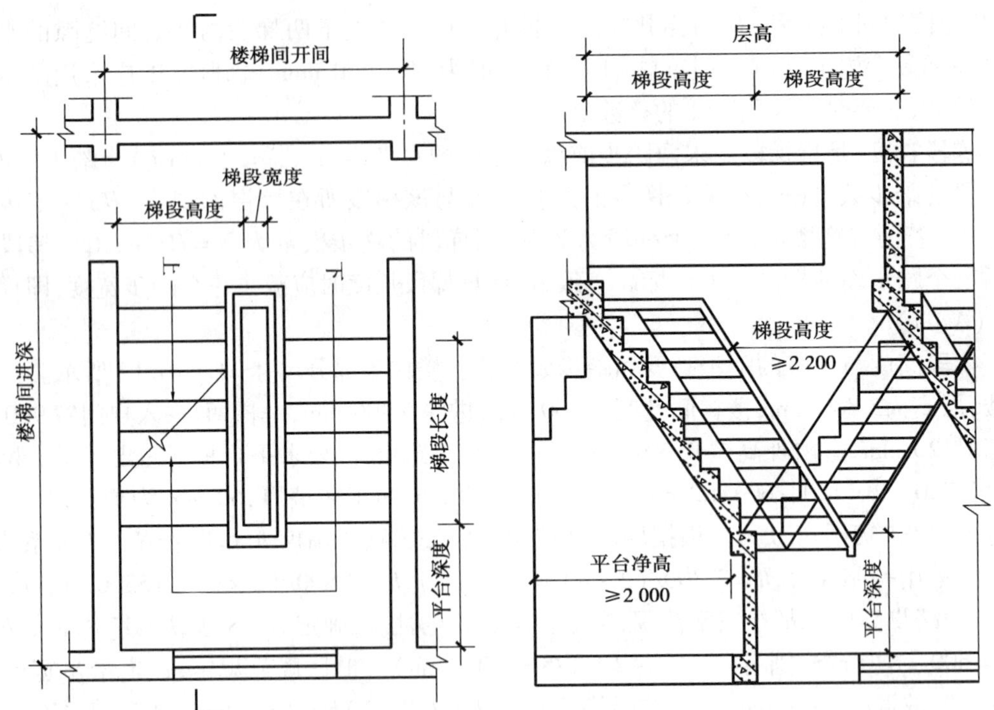

图 6.17　楼梯各部分尺寸

度的水平投影不大于 3.6 m 时使用。

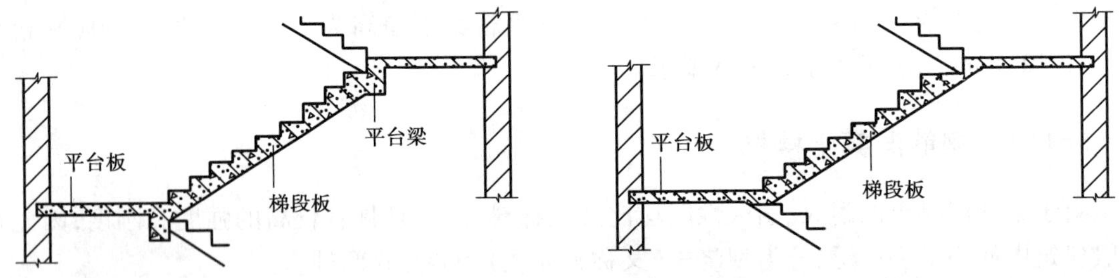

图 6.18　现浇钢筋混凝土板式楼梯

(2)梁板式楼梯

当楼梯段较宽或负荷较大时,采用板式楼梯往往不经济,这时增加梯段斜梁,以承受板的荷载并将荷载传给平台梁,这种楼梯称为梁板式楼梯。这种形式能减小板的跨度,从而减小板的厚度,节省用料,且结构合理。其缺点是模板比较复杂,当楼梯斜梁截面尺寸较大时,造型显得比较笨重。梁板式楼梯在结构布置上有双梁布置和单梁布置两种。

双梁式梯段是将梯段斜梁布置在梯段踏步的两端,这时踏步板的跨度便是梯段的宽度。这样板跨小,对受力有利。梯梁在板下部的称为正梁式楼梯(图 6.20),也称为明步楼梯。有时为了让梯段底表面平整或避免洗刷楼梯时污水沿踏步端头下淌,弄脏楼梯,常将楼梯斜梁上翻,梯段下表面平整,这种形式称为反梁式楼梯(图 6.21),也称为暗步楼梯。

在梁板式结构中,单梁式楼梯的每个梯段由一根梯梁支承踏步。梯梁布置有两种方式(图 6.22):一种是将梯段斜梁布置在踏步的一端,而将踏步的另一端向外挑出成为单梁悬臂

图6.19 现浇钢筋混凝土板式楼梯示例

式楼梯[图6.23(a)];另一种是将梯段斜梁布置在梯段踏步的中间,让踏步从梁的两侧悬挑,称为单梁挑板式楼梯[图6.23(b)]。单梁楼梯受力复杂,梯梁不仅受弯,而且受扭,特别是单梁悬臂式楼梯,更为明显。但这种楼梯外形轻巧、美观,常为建筑空间造型所采用。

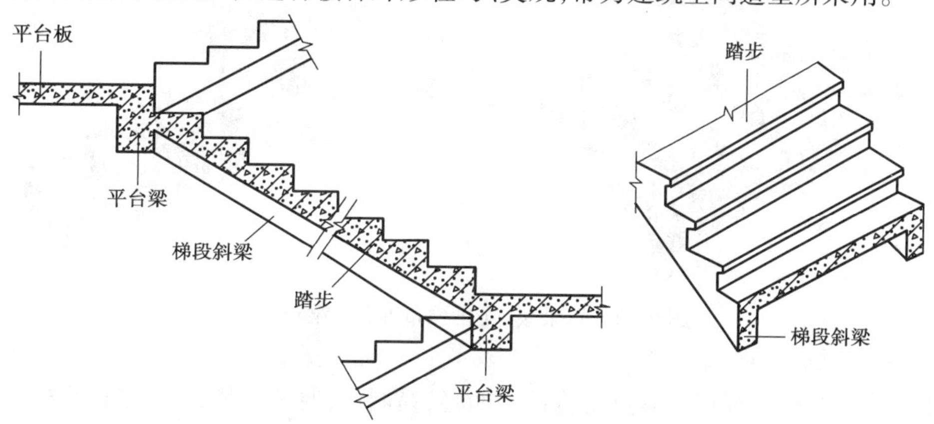

图6.20 正梁式楼梯

单梁挑板楼梯受力较单梁悬臂式楼梯合理,其梯梁的支承方式有两种:一是将双跑梯的两根梯梁组合成一刚架,支承在与楼层同高的平台或立柱上,而中间平台部分与梯梁刚接;另一种则在中间平台处设平台梁,由平台梁支承梯梁,并将荷载传到平台梁下的立柱上。也有靠墙的梯段,在踏步板的一端设斜梁,而踏步板的另一端则搁置在楼梯间的承重墙上;或将踏步板的一侧插入墙体,另一侧悬空形成悬臂式楼梯;有时将暗步楼梯的斜梁减薄加高,结合栏板设计,形成栏板梁式楼梯,将建筑要求与结构形式有机结合。

2)装配式钢筋混凝土楼梯

装配式钢筋混凝土楼梯是将楼梯段、平台等构件单独预制,再进行现场装配的楼梯。这种形式的楼梯,工业化程度高,施工速度快,现场湿作业少,不受季节性施工限制。根据生产、运输、吊装和建筑体系的不同,一般可分为中小型构件装配式楼梯和大型构件装配式楼梯两类。

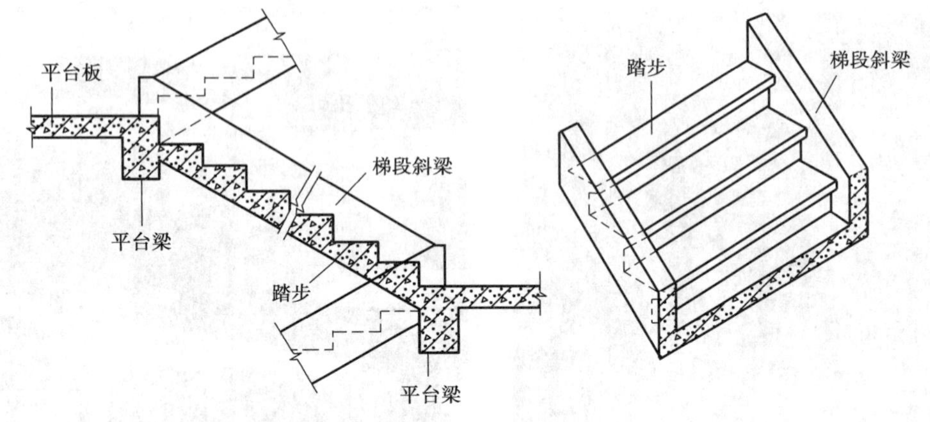

图 6.21　反梁式楼梯

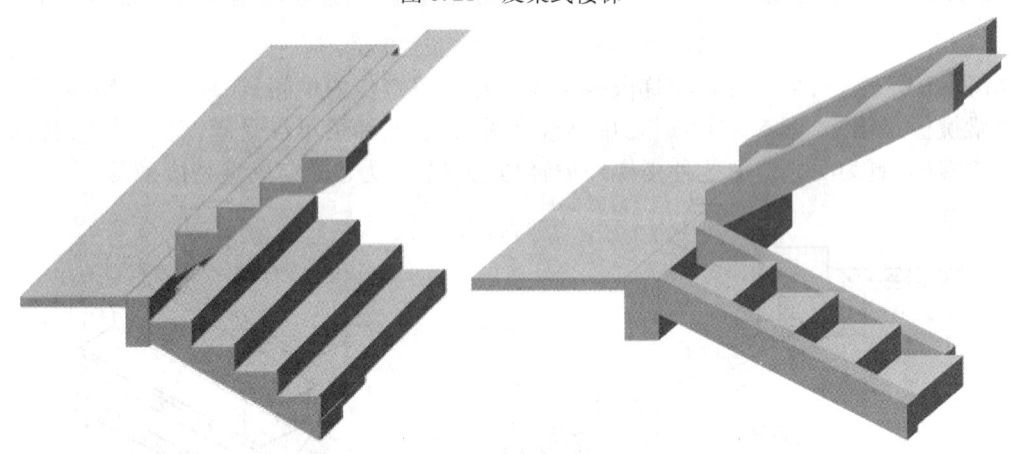

图 6.22　双梁楼梯(正梁布置和反梁布置)

(1)中小型构件装配式楼梯

中小型构件装配式楼梯的特点是构件小而轻,易制作,便于安装,但施工速度较慢,适用于施工条件较差的地区。一般预制踏步和支承结构是分开进行的。

①基本预制构件。

a.预制踏步。预制钢筋混凝土楼梯踏步(图 6.24)的构件截面形式主要有一字形、L 形和三角形 3 种。一字形踏步制作简单,在踏步板间砌斗砖作为踢板。L 形踏步有正、反两种形式,其受力相当于带肋板,结构合理。三角形踏步有实心和空心两种,安装后底面平整。

b.预制平台梁。预制平台梁可制作成矩形,为加大梁下净高也可制成 L 形或预留缺口,斜梁搁置在平台梁挑出的翼缘上或插入缺口内。

c.预制平台板。一般常做成条形简支板,搭在楼梯间承重墙上或平台梁上。

d.预制斜梁。一般在三角形踏步下做等截面预制斜梁,而在一字形、L 形踏步下做锯齿形锯形梁。

②支承结构。中小型构件装配式楼梯按其支承方式可分为墙承式、梁承式和悬臂式 3 种。

a.墙承式。这种楼梯最适宜直行单跑楼梯或中间有电梯的三折楼梯。采用平行双跑楼梯

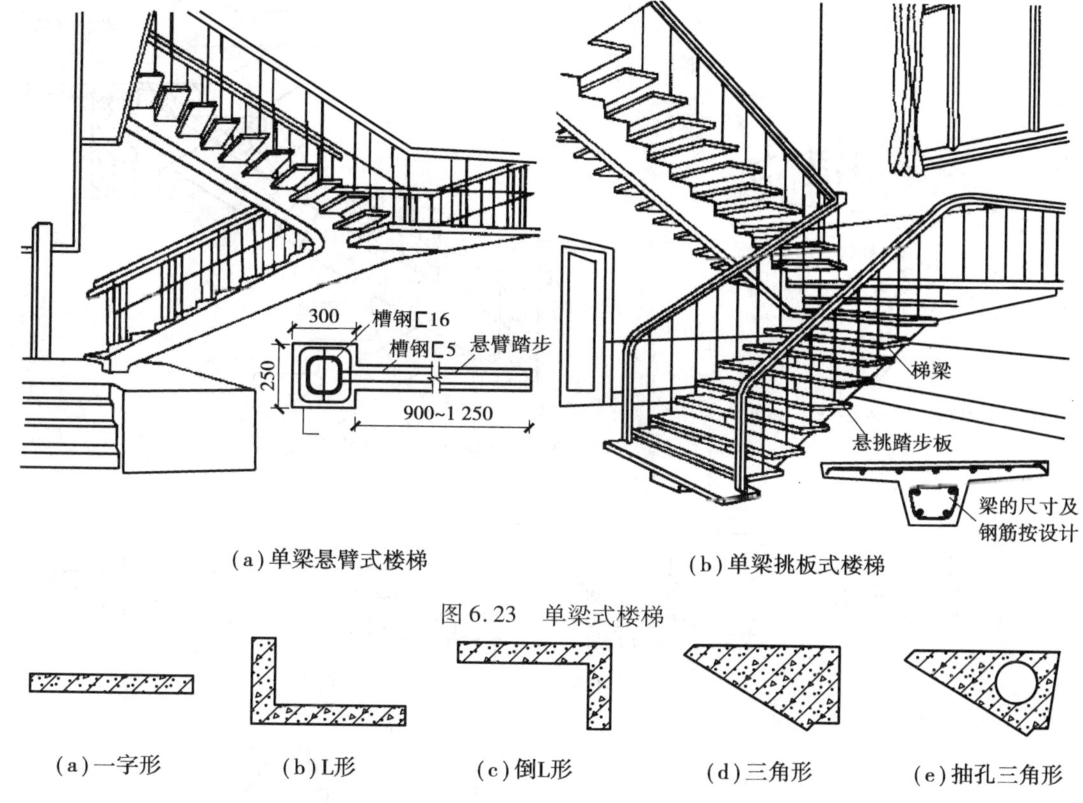

(a) 单梁悬臂式楼梯　　(b) 单梁挑板式楼梯

图 6.23　单梁式楼梯

(a) 一字形　(b) L形　(c) 倒L形　(d) 三角形　(e) 抽孔三角形

图 6.24　预制钢筋混凝土楼梯踏步的形式

时，需在楼梯间中央加一道墙支撑两边的踏步板，这样就造成行人视线被遮挡，搬运大型家具也较困难。通常在中间墙上开设观察孔，以使上下行人流视线相通，避免碰撞。

墙承式楼梯踏步的安装与砌墙同步进行，比较方便，构件制作简单，造价较低；同时，由于省去了平台梁，也增加了平台下的净空高度，如图 6.26(b) 所示。

b. 梁承式。梁承式是由预制斜梁支撑预制踏步板所构成的楼梯，楼梯斜梁的两端搁置在平台梁上，平台梁搁置在两侧墙上，平台板大多搁在横墙上，也有的一端搁在平台梁上，而另一端搁在纵墙上，如图 6.25 所示。

c. 悬臂式。悬臂式也称悬臂式墙承楼梯，是将预制单个踏步板的一端嵌固在楼梯间侧墙上，另一端悬挑。踏步板一般选用 L 形，压入墙内部分可为矩形，嵌入墙内长度不小于一砖。踏步板有正放和倒放两种。正放踏步，受力合理，上下踏步板的接缝位于踢面板的上部，当用水冲洗时不致渗水。踏步板的长度可控制在 1.2 ~ 1.5 m。当遇到楼板搁置处，踏步的矩形端部需做特殊处理，如图 6.26(b) 所示。

(2) 大型预制构件装配式楼梯

大型预制构件装配式楼梯是由楼梯段和楼梯平台各为一个单独构件装配而成。这种楼梯构件数量少、工业化程度高，但施工需要大型运输和吊装设备。

①平台板。将平台板和平台梁分开单独预制，可以减小构件重量，平台板一般采用预制圆孔楼板、L 形平台梁，也有将平台和平台梁预制成一个构件。为了减轻自重，节约材料，平台板

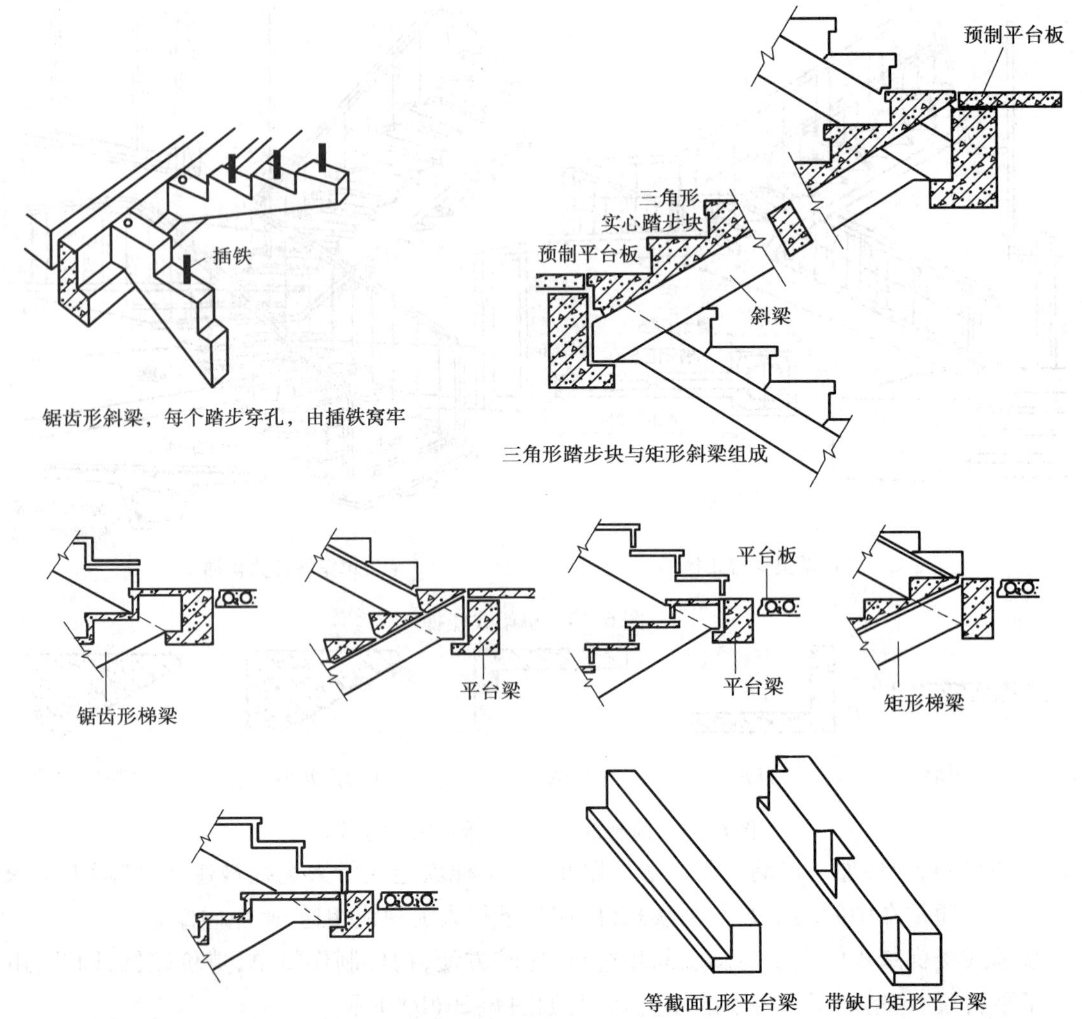

图 6.25　预制梁承式楼梯构造

一般采用槽形板或空心板,如图 6.27 所示。

②楼梯段。在跨度不太大的楼梯段中,使用板式楼梯底面平整,并且预制简单方便。可将梯段做成空心断面以降低构件重量。斜梁与踏步预制成一个构件的梁板式楼梯,可减轻踏步重量,节约材料,一般做成抽孔踏步或折板式踏步。

③连平台预制楼梯。在建筑平面设计和结构布置有一定需要的场所,或工业化程度高、专用体系的大型装配式建筑中,也可将平台板和楼梯段共同预制。

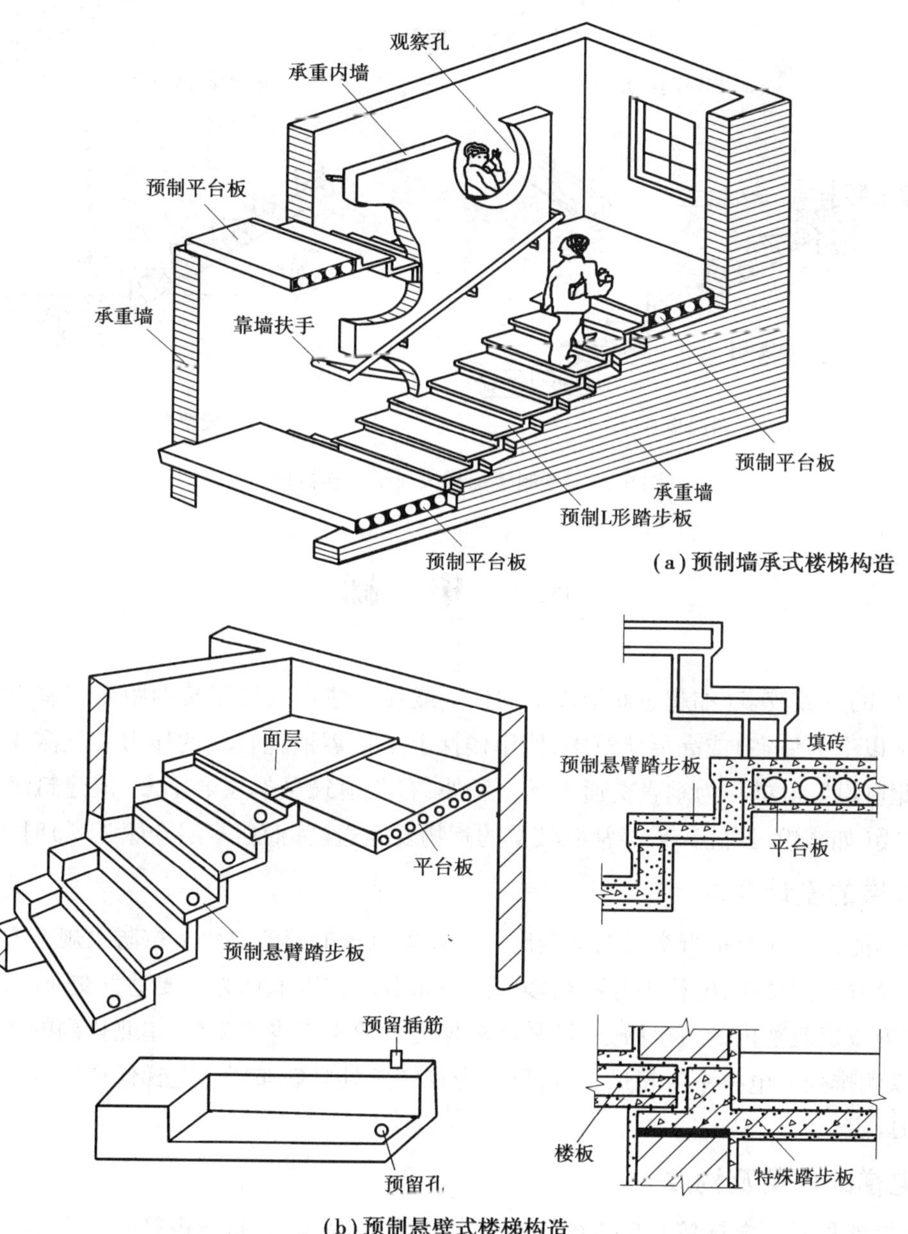

图 6.26 预制墙承式楼梯构造

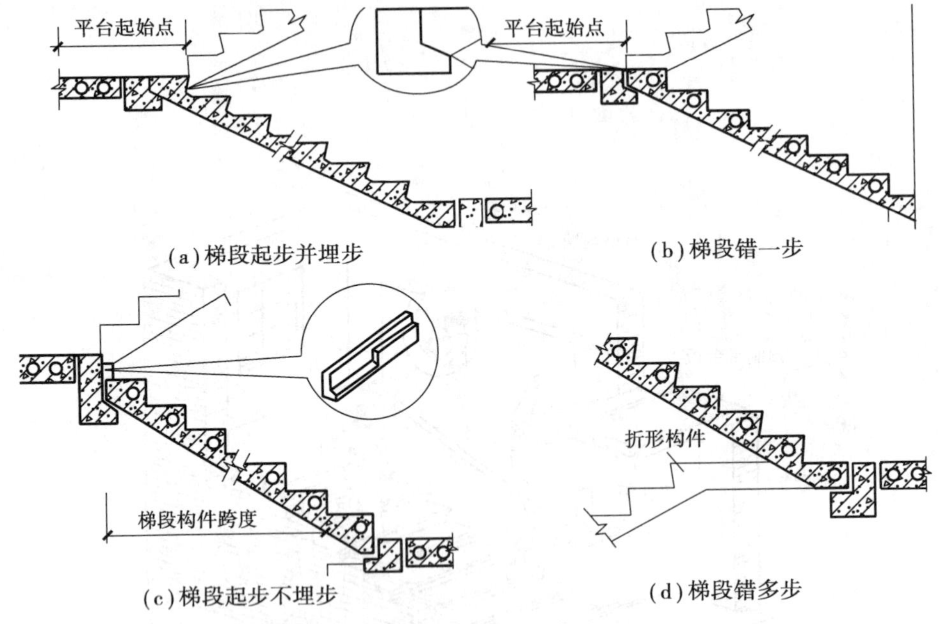

图 6.27　预制楼梯梯段与平台连接构造

6.2　电　梯

当房屋的层数较多(如超过6层以上的住宅或最高住户入口层楼面距底层室内地面的高度在16 m以上的住宅)或高层建筑中,使用楼梯上下楼需消耗较大的体力并且需要花费很多时间,因此可设置电梯作为垂直交通工具。另外,有些建筑虽然层数不多,但建筑级别较高或有特殊需要(如宾馆、医院),或经常有较重的货物要运送(如商店多层仓库工厂)时常设电梯。

1)电梯的设计要求

电梯不能作为建筑垂直交通的安全出口。设置电梯的建筑物仍应按防火规范规定的安全疏散距离设置疏散楼梯,电梯最好不被楼梯围绕布置。在以电梯为主要垂直交通的建筑中,每栋建筑物内或建筑物内的每个服务区,乘客电梯的台数不应少于2台;单侧排列的电梯不应超过4台;双侧排列的电梯不应超过8台,且不应在转角处紧邻布置。电梯候梯厅的深度应满足表6.3的规定。

2)电梯的种类及构成

①电梯的种类。电梯按其功能可分为乘客电梯、载货电梯、病床电梯和小型杂物电梯等。

②电梯的构成。电梯由轿厢、电梯井以及机械设备3部分构成,如图6.28所示。电梯轿厢直接作载人或载货之用,其内部造型用材应美观,经久耐用,并易于清洗。现今轿厢常用金属框架结构,内部用光洁有色钢板壁面或有色有孔钢板壁面、花格钢板地面、荧光灯局部照明以及不锈钢操纵板等。入口处采用钢板铝材制成的电梯门槛。电梯井道是电梯运行的垂直通

道,应按其种类的不同来设计平面形式、尺寸,并具有足够的强度和刚度。

表 6.3　电梯候梯厅深度

电梯类别	布置方式	候梯厅深度
住宅电梯	单台	≥B,且≥1.5 m
	多台单侧排列	≥B_{max},且≥1.8 m
	多台双侧排列	≥相对电梯 B_{max} 之和,且 <3.5 m
公共建筑电梯	单台	≥1.5B,且≥1.8 m
	多台单侧排列	≥1.5B_{max},且≥2.0 m 当电梯群为 4 台时应≥2.4 m
	多台双侧排列	≥相对电梯 B_{max} 之和,且 <4.5 m
病床电梯	单台	≥1.5B
	多台单侧排列	≥1.5B_{max}
	多台双侧排列	≥相对电梯 B_{max} 之和

注:B 为轿厢深度,B_{max} 为电梯群中最大轿厢深度。

3)电梯的构造

为使电梯正常安全地使用,应设置电梯井道、电梯门套和电梯机房等。

(1)电梯井道

电梯井道内设有电梯轿厢、电梯出入口以及导轨、导轨撑架、平衡锤和缓冲器等,如图6.29所示。

(2)井道的尺寸

应根据电梯的型号、机器设备的大小和检修需要来确定井道的平面尺寸。一般井道净尺寸为 1 800 mm×2 100 mm,1 900 mm×2 300 mm,2 200 mm×2 200 mm,2 400 mm×2 300 mm,2 600 mm×2 300 mm,2 600 mm×2 600 mm 等。

(3)井道的防火

井道是在高层建筑中穿通各层的垂直通道,火灾中火焰及烟气容易从中蔓延,因此井道和机房四周的围护结构必须具备足够的防火性能,其耐火极限不低于该建筑物耐火等级的规定,一般采用钢筋混凝土墙或砖墙。当井道内超过两部电梯时,需用防火维护结构隔开。

(4)井道的通风

为有利于通风和一旦发生火警时能迅速将烟和热气排出室外,井道顶层和中部的适当位置(高层时)及坑底处应设置不小于 300 mm×600 mm 或其面积不小于井道面积 3.5% 的通风口,并且通风口总面积的 1/3 应经常开启。通风管道可在井道顶板上或井道壁上直接通往室外。

(5)井道的隔声

为了减轻机器运行对建筑物产生振动噪声,应采取适当的隔声措施。一般在机房机座下设置弹性垫层隔振。当电梯运行速度超过 1.5 m/s 时，除设弹性垫层外，还应在机房与井道间设隔声层，高度为 1 500～1 800 mm。电梯井道外侧应避免作为居室，否则应注意设置隔声措施，最好楼板与井道壁脱离开，另作隔声层；也可只在井道外加砌混凝土块衬墙。

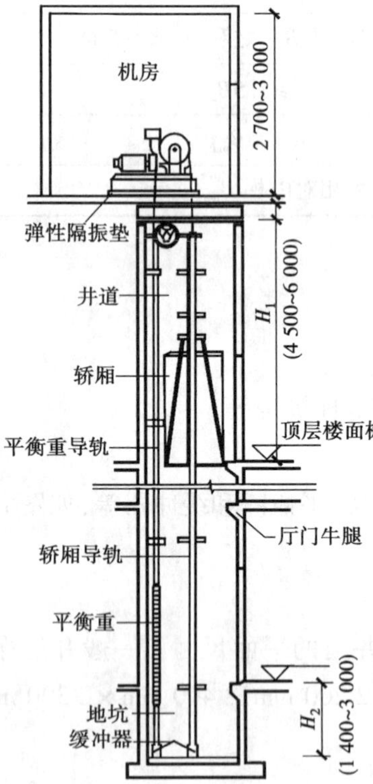

图 6.28　电梯的组成

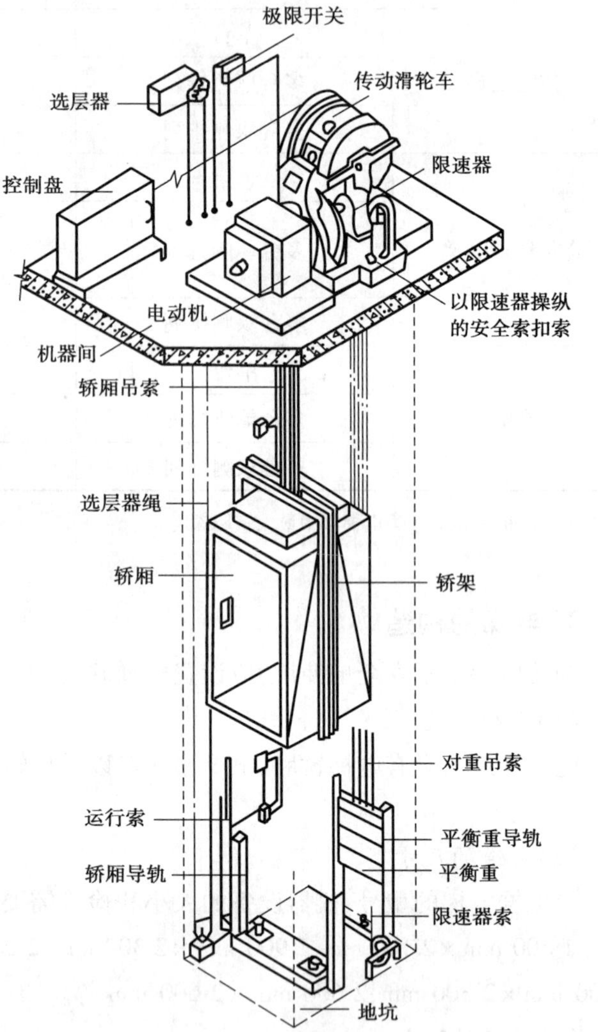

图 6.29　电梯井道内部示意

4）自动扶梯

自动扶梯如图 6.30 和图 6.31 所示，其布置形式有平行排列、交叉排列、连贯排列、集中交叉式。自动扶梯的坡度一般采用 30°，按运输能力分单人和双人两种型号，见表 6.4。宽度为 600 mm（单人），800 mm（单人携物），1 000 mm，1 200 mm（双人）。

图 6.30　自动扶梯实例

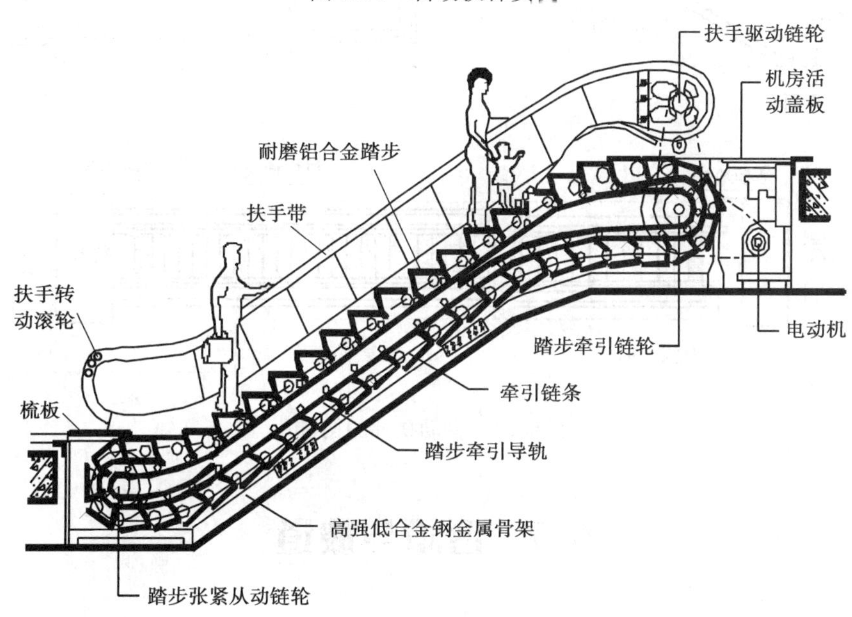

图 6.31　自动扶梯示意图

表 6.4　自动扶梯型号规格(倾斜角为 30°)

梯型	输送能力/(人·h^{-1})	提升高度/m	速度/(m·s^{-1})	扶梯宽度	
				净宽 B/mm	外宽 B/mm
单人	5 000	3 ~ 10	0.5	600	1 350
双人	8 000	3 ~ 8.5	0.5	1 000	1 750

自动扶梯的构造如图 6.32 所示。在大型交通建筑中,也可采用自动人行道,这是一种可连续输送乘客的装置,安全可靠且运输效率高。一般是水平式,特殊需要时最大倾斜角为 12°,通常设置在室内,可单台、双台、多台并联或交叉布置。

由于电梯、自动扶梯的型号不同,生产厂家的区别,规格和数据各不相同,设计时必须依据具体的资料进行。

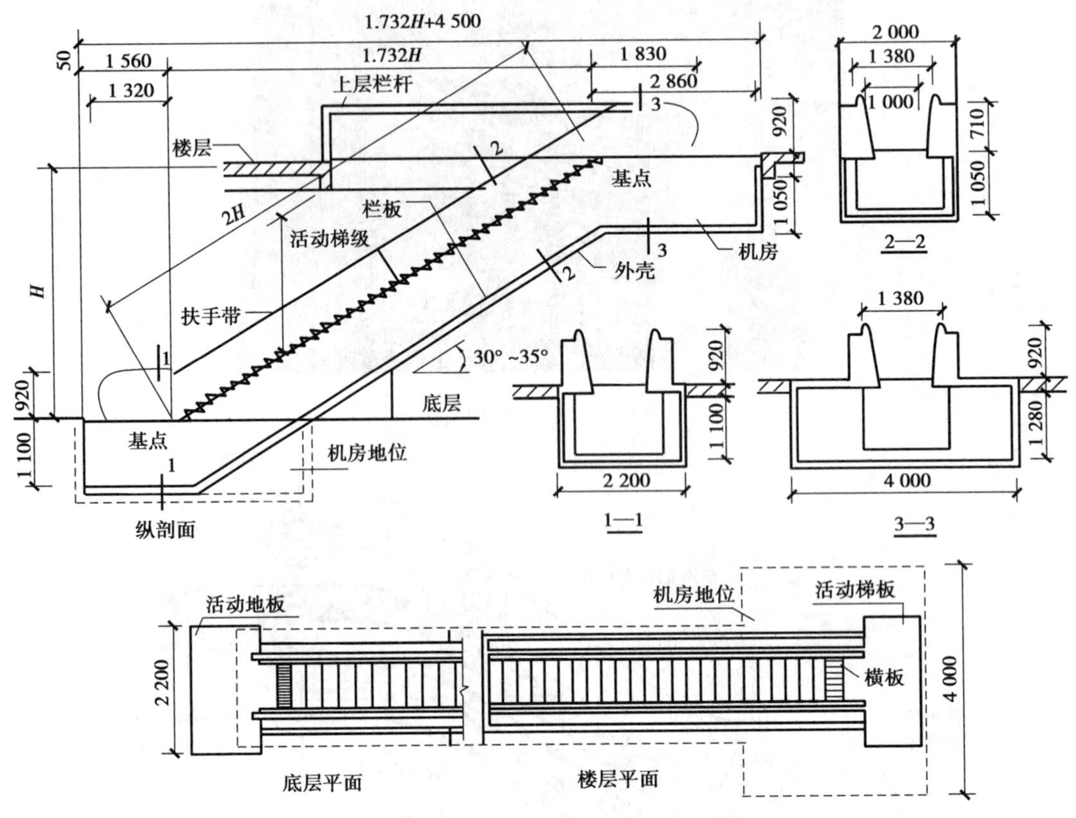

图 6.32　自动扶梯的构造

6.3　台阶与坡道

台阶与坡道是设置在建筑物出入口处的辅助构件,根据使用要求的不同在形式上有所区别。在一般民用建筑中,是在车辆通行及专为残疾人使用的特殊情况下才设置坡道。有时在走廊内为解决小尺寸高差也用坡道。台阶和坡道在入口处对建筑物的立面具有一定的装饰作用,因此设计时既要考虑实用,又要注意美观。

1) 台阶

台阶有室内台阶和室外台阶之分。室内台阶主要用于室内局部之间的高差联系,室外台阶主要用于联系室内外地面。由于室外台阶使用较多,本节仅介绍室外台阶。为防潮、防水,一般要求首层室内地面至少要高于室外地坪 150 mm,这部分高差要用台阶联系。

(1) 台阶的形式

台阶由踏步和平台组成,其形式有单面踏步式、两面踏步式和三面踏步式等。台阶坡度较

楼梯平缓，每级踏步高为100～150 mm，踏面宽为300～400 mm，当台阶高度超过1 m时，宜设有护栏。在出入口和台阶之间设平台，平台应与室内地坪有一定高差，一般为40～50 mm，且表面应向外倾斜1%～3%坡度，避免雨水流向室内。

(2)台阶的构造

台阶由面层、结构层和基层构成。面层应具有耐磨、光洁、易于清扫等功能，一般采用耐磨、抗冻材料，常见有水泥砂浆、水磨石、缸砖以及天然石板等。水磨石在冰冻地区容易造成滑跌，应慎用，如使用则必须采取防滑措施。缸砖、天然石板等多用于大型公共建筑大门出入口处，但也应慎用表面光滑的材料。

基层为结构层提供良好均匀的持力基础，一般较为简单，只要挖去腐殖土做一层垫层即可。在严寒地区，如台阶下为冻胀土(黏土或亚黏土)，可采用换土(砂土)法来保证台阶基层的稳定。

为预防建筑物主体结构下沉时拉裂台阶，应将建筑主体结构与台阶分开，并待主体结构有一定沉降后，再做台阶；或者把台阶基础和建筑主体基础做成一体，使二者一起沉降，这种情况多用于室内台阶或位于门洞内的台阶；也有将台阶与外墙连成整体，做成由外墙挑出式结构。

2)坡道

当室外门前有车辆通行需要及其他特殊的情况时，应设置坡道(图6.33)，如医院、宾馆、幼儿园、行政办公楼以及工业建筑的车间大门等处。坡道多为单面坡形式。有些大型公共建筑，为考虑车辆能在出入口处通行，常采用台阶与坡道相结合的形式。在有残疾人轮椅车通行的建筑门前，应在有台阶的地方增设坡道，以方便出入。坡道的坡度一般为1∶8～1∶12。室内坡道不宜大于1∶8；室外坡道不宜大于1∶10；供轮椅使用的坡道不应大于1∶12。当坡度大于1∶8时须做防滑处理，一般做成锯齿状或做防滑条。

图6.33　坡道

坡道也由面层、结构层和基层组成，要求材料耐久性、抗冻性好，表面耐磨。常见结构层有混凝土或石块等，面层以水泥砂浆居多，基层也应注意防止不均匀沉降和冻胀土的影响。

坡道的构造如图6.34所示。

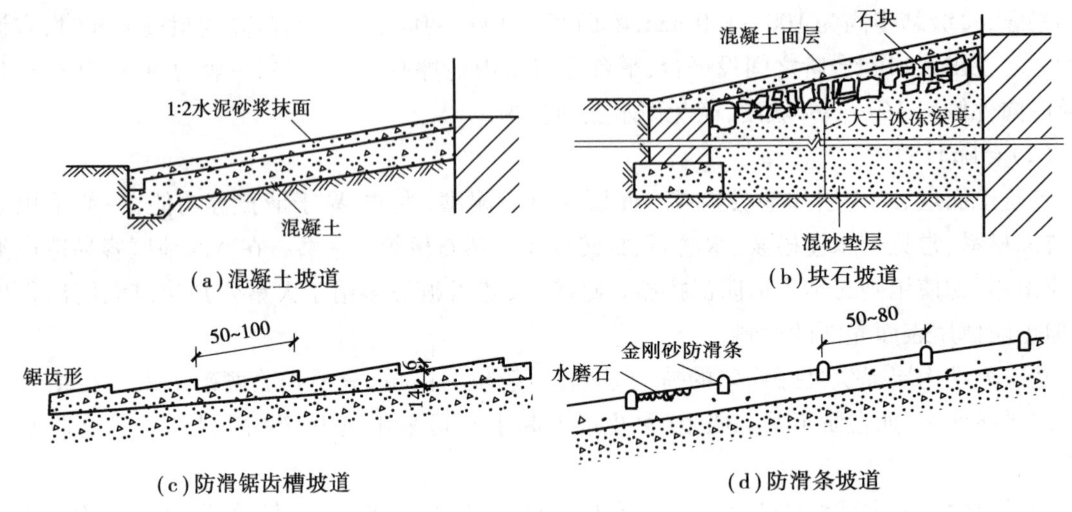

图6.34　坡道的构造

本章小结

楼梯应满足交通和疏散要求，还应符合结构、施工、防火、经济和美观等方面的要求。楼梯由梯段、平台和栏杆及扶手组成，应重点掌握以下几个方面：

①有关楼梯设计方面的知识，包括楼梯组成、功能、形式等。另外，楼梯段的宽度、坡度及与楼梯有关的净空高度等必须掌握，楼梯的坡度既要便于通行，又要节省面积，一般不宜超过38°。踏步尺寸与楼梯坡度、人脚长度、人的步距等有关。楼梯平台深度不应小于梯段宽度，梯段净高不应小于2 200 mm，平台净高不应小于2 000 mm。楼梯底层中间平台下做通道而平台净高不满足要求时，可采取降低梯间地坪、增加第一梯段的踏步数量或两者结合的办法解决。

②有关钢筋混凝土楼梯构造要求，包括现浇钢筋混凝土楼梯的特点及结构形式，预制装配式钢筋混凝土楼梯的构造特点与要求，以及楼梯的细部处理等都必须重点掌握。现浇钢筋混凝土楼梯有板式、单梁式和双梁式几种结构形式。预制钢筋混凝土楼梯的预制构件有小型、中型和大型。小中型构件装配式楼梯的预制踏步有三角形、L形和一字形3种，预制踏步的支承方式有梁承式、墙承式和悬挑式等。平台板可采用预制空心板、槽形板等。中型构件装配式楼梯的预制梯段有板式和梁式两种结构形式。平台梁和平台板可预制成一个构件，预制梯段与平台梁应有可靠的连接。楼梯的细部包括楼梯踏步面层应耐磨、便于行走、易于清洁，踏面通常应做防滑处理。楼梯栏杆与踏步以及与扶手应有可靠连接，并应做好扶手转弯处理。

③电梯和自动扶梯都是用电作为动力的垂直交通设施。电梯由轿厢、电梯井道及运载设备3部分组成。电梯应注意井道的防火、通风、防潮或防水以及机房的隔声、防火防水和保温隔热等。自动扶梯应掌握其排列方式、适用坡度及使用宽度。

④室外台阶和坡道均为建筑物入口处连接室内外不同标高地面的构件，应掌握台阶和坡道的类型和构造，台阶和坡道应坚固耐磨，具有较好的耐久性、抗冻性和抗水性。

第7章 屋 顶

屋顶是房屋的重要组成部分。本章根据屋顶的使用功能,介绍屋顶的设计要求、尺度和类型及屋顶排水方式和排水组织设计,重点介绍了平屋顶、坡屋顶的特点,屋顶的防水、排水、保温、隔热的构造原理和常用构造方法及细部构造。

7.1 概 述

1)屋顶的设计要求

屋顶是建筑最上层的水平围护结构,其主要功能是抵御雨雪、避免日晒等自然因素的影响,以使屋顶下的空间有一个良好的使用环境,其中防水、排水是屋顶首要解决的问题。根据地区的不同,保温、隔热也是屋顶设计必须考虑的主要内容之一。屋顶也是房屋的承重结构,承担自重及风、雨、雪荷载,施工荷载及上人屋面的荷载,并对房屋上部起水平支撑作用,故应具有足够的强度和刚度,并应防止因结构变形引起的屋面防水层开裂漏雨。另外,屋顶的形式对建筑造型有重要影响,连同细部设计都是屋顶设计不可忽视的内容。

2)屋顶的组成与类型

(1)屋顶的组成

屋顶主要由屋面和支承结构组成。屋面应根据防水、保温、隔热、隔声、防火、是否作为上人屋面等功能的需要,而设置不同的构造层次,从而选择合适的建筑材料。另外,在屋顶的下表面应考虑各种形式的吊顶。

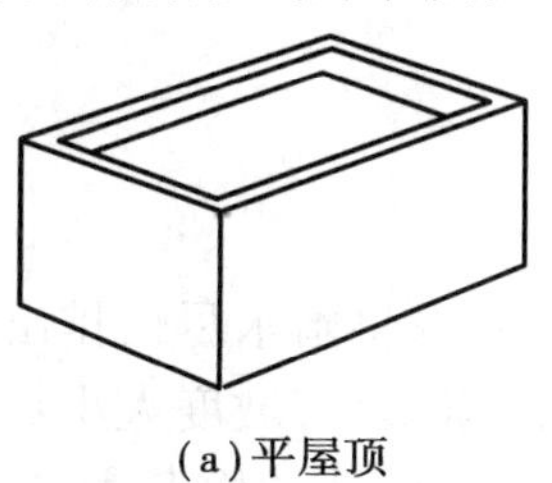

(a)平屋顶

(b)坡屋顶

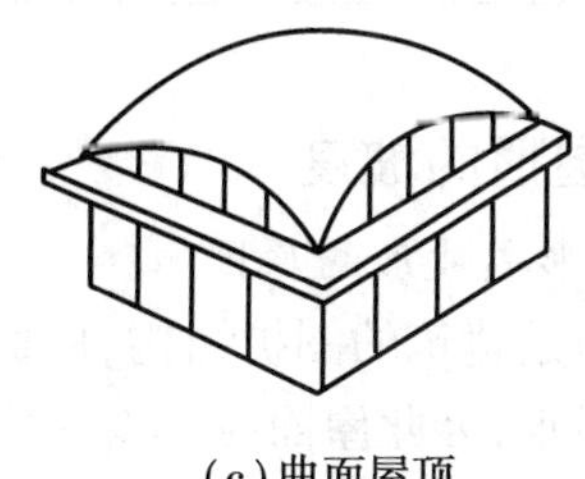

(c)曲面屋顶

图7.1 屋顶的形式

(2)屋顶的类型

屋顶的类型见表7.1。

表7.1　屋顶的类型

分类依据	名　称	描　述
根据屋面防水材料的不同	柔性防水屋面	用防水卷材或制品做防水层,如沥青油毡、橡胶卷材、合成高分子防水卷材等,这种屋面有一定的柔韧性
	刚性防水屋面	用细石混凝土等刚性材料做防水层,构造简单,施工方便,造价低,但这种做法韧性差,屋面易产生裂缝而渗漏水,在寒冷地区应慎用
	瓦屋面	用黏土瓦、小青瓦、筒板瓦等按上下顺序排列做防水层。这种屋面防水材料一般尺寸不大,需要有一定的搭接长度和坡度才能使雨水排除,排水坡度常在50%左右
	波形瓦屋面	有石棉水泥波瓦、镀锌铁皮波瓦、铝合金波瓦、玻璃钢波瓦及压形薄钢板波瓦等。其尺寸稍大,一般宽度为600～1 000 mm。由于每张瓦的覆盖面积较大,排水坡度比瓦屋面小些,一般为25%～40%
	金属薄板屋面	用镀锌铁皮、涂塑薄钢板、铝合金板和不锈钢板等做屋面,常采用折叠接合,使屋面形成一个密闭的覆盖层。该屋面的坡度可小些,为10%～20%,可用于曲面屋顶
	涂料防水屋面	屋面板采用涂料防水,板缝用嵌缝材料防水的一种屋面
	粉剂防水屋面	是用一种憎水、松散粉末状防水材料做防水层的屋面,具有良好的耐久性和应变性
	玻璃屋面	采用有机玻璃、夹层玻璃、钢丝网玻璃、钢化玻璃等做防水
根据屋顶的外形和坡度(图7.1)	平屋顶	指屋面坡度小于10%的屋顶,常用坡度为2%～5%,优点是节约材料,屋面可以利用,如做成露台、活动场地、屋顶花园,甚至游泳池等,应用极为广泛
	坡屋顶	屋面坡度大于10%的屋顶,由于坡度较大,防水、排水性能较好,坡屋顶在我国历史悠久,选材容易,应用很广
	曲面屋顶	随着建筑大空间的需要,出现许多大跨度屋顶的结构形式,如拱结构屋顶、薄壳结构屋顶、悬索结构屋顶、篷布结构屋顶、充气建筑等,这些建筑的屋顶造型各异,各具特色,使建筑屋顶的外形更加丰富

3)屋顶的坡度

(1)形成坡度的原因

屋顶是建筑的围护结构,屋面应具有防水能力,并应在短时间内将雨水尽快排出屋面,以免发生漏水,因此屋面应具有一定的坡度。坡度的确定受多种因素影响,坡度太小易漏水,反之会浪费材料和空间,必须根据采用的屋面防水材料和当地降水量以及结构形式、建筑造型、经济条件等因素综合考虑。

(2)影响坡度的因素

影响坡度的因素如图7.2所示。

①屋面防水材料与坡度的关系。屋面防水材料接缝较多,漏水可能性大,应采用大坡度,使排水速度加快,减少漏水机会,因此瓦屋面常采用较陡的屋面形式。整体的防水层接缝较少,屋面坡度可以小一些,如卷材屋面和混凝土防水屋面常采用平屋顶形式。恰当的坡度既能满足防水排水要求,又能做到经济适用。图7.3表示各种屋面材料与坡度大小的关系。

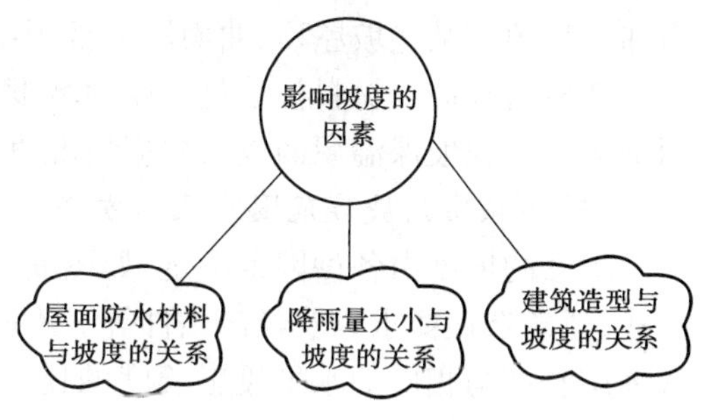

图7.2 影响坡度的因素

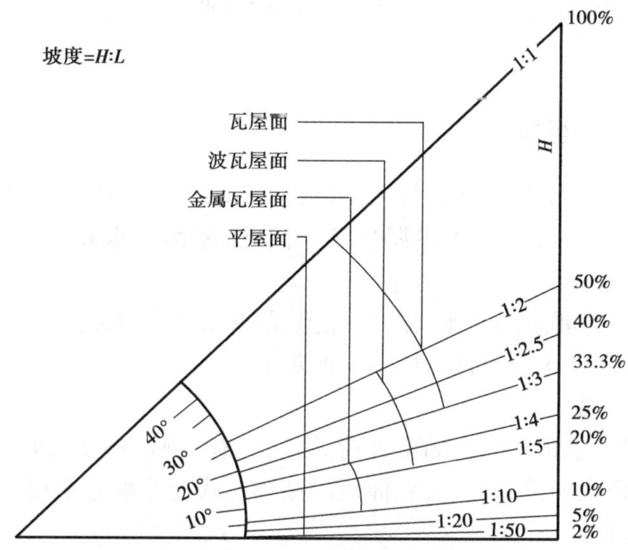

图7.3 屋顶常用坡度范围

②降雨量大小与坡度的关系。降雨量大的地区,为防止屋面积水过深,水压力增大引起渗漏,屋顶坡度应大些,使雨水迅速排除。降雨量小的地区,屋顶坡度可小些。我国南方地区年降雨量较大,一般在1 000 mm以上;北方地区年降雨量较小,一般在700 mm以下。每小时降雨量各地也不一样,有的地区达到100 mm以上,有的仅5 mm,一般为20~90 mm。

③建筑造型与坡度的关系。使用功能决定建筑的外形。结构形式的不同也体现在建筑的造型上,最终主要体现在建筑屋顶形式上。如上人屋面,坡度就不能太大,否则使用不便。结构选型的不同,可决定建筑屋顶形成较大坡度甚至反坡等。如拱结构建筑的屋顶坡度通常较大,悬索结构建筑甚至可以形成反坡。

(3)坡度形成的方法

屋顶的坡度形成有结构找坡和材料找坡两种方法。

①结构找坡。结构找坡指屋顶结构自身有排水坡度。一般采用上表面呈倾斜的屋面梁或屋架上安装屋面板,也可采用在顶面倾斜的山墙上搁置屋面板,使结构倾斜而形成坡面,这种做法不需另加找坡材料,构造简单、不增加荷载,其缺点是室内天棚倾斜,空间不够规整,有时

需加设吊顶。某些坡屋顶、曲面屋顶常用结构找坡。

②材料找坡。材料找坡是指屋顶坡度由垫坡材料形成，一般用于坡度较小的屋面，通常选用炉渣等。找坡保温屋面也可根据情况直接采用保温材料找坡。

(4)屋顶常用坡度范围及表示方法

屋面的坡度由各种因素决定，如屋面材料、地理气候、屋顶结构形式、施工方法、构造组合方式、建筑造型要求以及经济条件等。不同的防水材料具有各自的排水坡度范围。屋面坡度常采用脊高与相应的水平投影长度的比值来标示，如1∶2，1∶2.5等；较大坡度也用角度法如30°，45°等表示；较平坦的坡度常用百分比法，如2%，5%等来表示。

7.2 平屋顶

7.2.1 平屋顶的组成

平屋顶的支承结构常采用钢筋混凝土梁板，构造简单，建筑外观简洁；但平屋顶坡度较小、排水缓慢，屋面积水机会多，易产生渗漏现象。因此，屋面排水和防水是平屋顶的主要设计内容。

在平屋顶设计中，主要解决防水、排水、保温、隔热和结构承载等问题，一般做法是结构层在下，防水层在上，其他层次位置视具体情况而定。

(1)平屋顶的结构层

平屋顶的结构层要承担屋面上的全部荷载，应具有足够的强度和刚度。现在主要采用钢筋混凝土结构，分为现浇和预制两种，屋面板的结构形式与楼板通常相同。

(2)平屋顶的防水层

现在常用的防水层主要有刚性防水和柔性防水两大类，在寒冷地区以柔性防水居多。现在研制出的新型防水材料，在其形式与施工方法上都有所改善，使屋面防水效果更好。

(3)平屋顶的保温层

在寒冷地区，屋顶需设保温层。保温层有铺于结构层上或吊于结构层下等不同构造方法，其厚度根据热工计算而定。保温材料应选用轻质材料。屋面的找坡可利用保温层进行找坡，也可以另设其他轻质材料。

7.2.2 平屋顶的屋面排水

1)排水方式的选择

平屋顶的屋面排水方式分为无组织排水和有组织排水两大类。

(1)无组织排水

无组织排水(图7.4)是指雨水经檐口直接落至地面，屋面不设雨水口、天沟等排水设

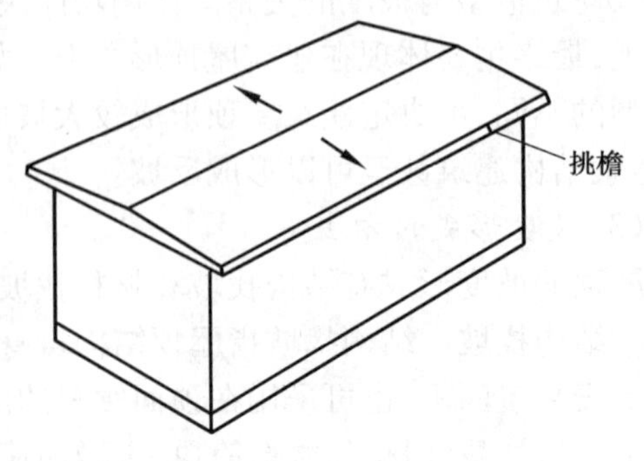

图7.4 平屋顶四周挑檐自由落水(无组织排水)

施,也称自由落水。该排水形式节约材料,施工方便,构造简单,造价低,但建筑物较高或降雨多的地区不宜采用。

(2)有组织排水

有组织排水(图7.5、图7.6)是指屋面设置排水设施,将屋面雨水进行有组织地疏导引至地面或地下排水管内的一种排水方式。这种排水方式构造复杂、造价高,但雨水不侵蚀墙面。有组织排水分为内排水、外排水、女儿墙内檐沟排水和挑檐沟外排水。

①内排水。大面积、多跨、高层以及有特殊要求的平屋顶常做成内排水方式,雨水经雨水口流入室内落水管,再排到室外排水系统。

②外排水。雨水经雨水口流入室外排水管的排水方式。

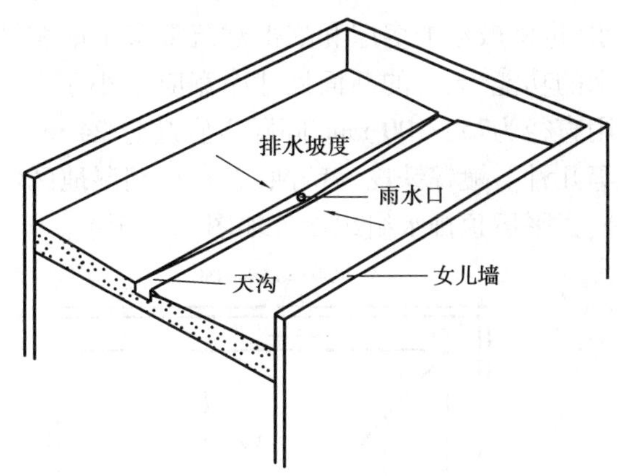

图7.5 平屋顶有组织内排水

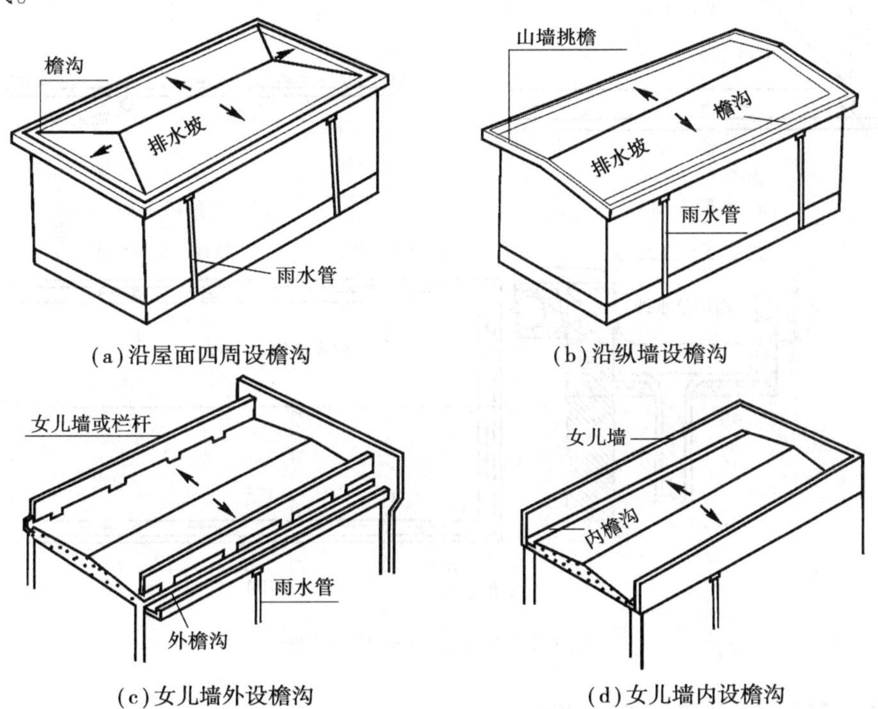

(a)沿屋面四周设檐沟

(b)沿纵墙设檐沟

(c)女儿墙外设檐沟

(d)女儿墙内设檐沟

图7.6 有组织排水

③女儿墙内檐沟排水:设有女儿墙的平屋顶,在女儿墙里面设内檐沟或垫坡,落水管可设在外墙外面,将雨水口穿过女儿墙。

④挑檐沟外排水:设有檐沟的平屋面,檐沟内垫出的纵向坡度将雨水引向雨水口,进入落水管。

2)排水的设计

平屋顶的排水组织设计目的是使屋面排水路线简洁顺畅,快速地将雨水排出屋面。设计方法是将屋面划分为若干个排水区,使雨水管负荷均匀,一般按一个雨水口负担 150 ~ 120 m^2(屋面水平投影面积)。排水坡面取决于建筑的进深,进深较大时宜采用双坡排水或四坡排水,进深较小的房屋和临街建筑常采用单坡排水。合理设置天沟,使其具有汇集雨水和排除雨水的功能,天沟的断面尺寸净宽应不小于 200 mm,砂浆或块材面层坡度大于 5%。雨水管常用直径为75 ~ 100 mm,间距不宜超过 24 m。雨水管有铸铁、镀锌铁皮、石棉水泥、塑料和陶土等几种。镀锌铁皮易锈蚀,不宜在潮湿地区使用;石棉水泥性脆,不宜在严寒地区使用。

平屋顶排水组织设计如图 7.7 所示。

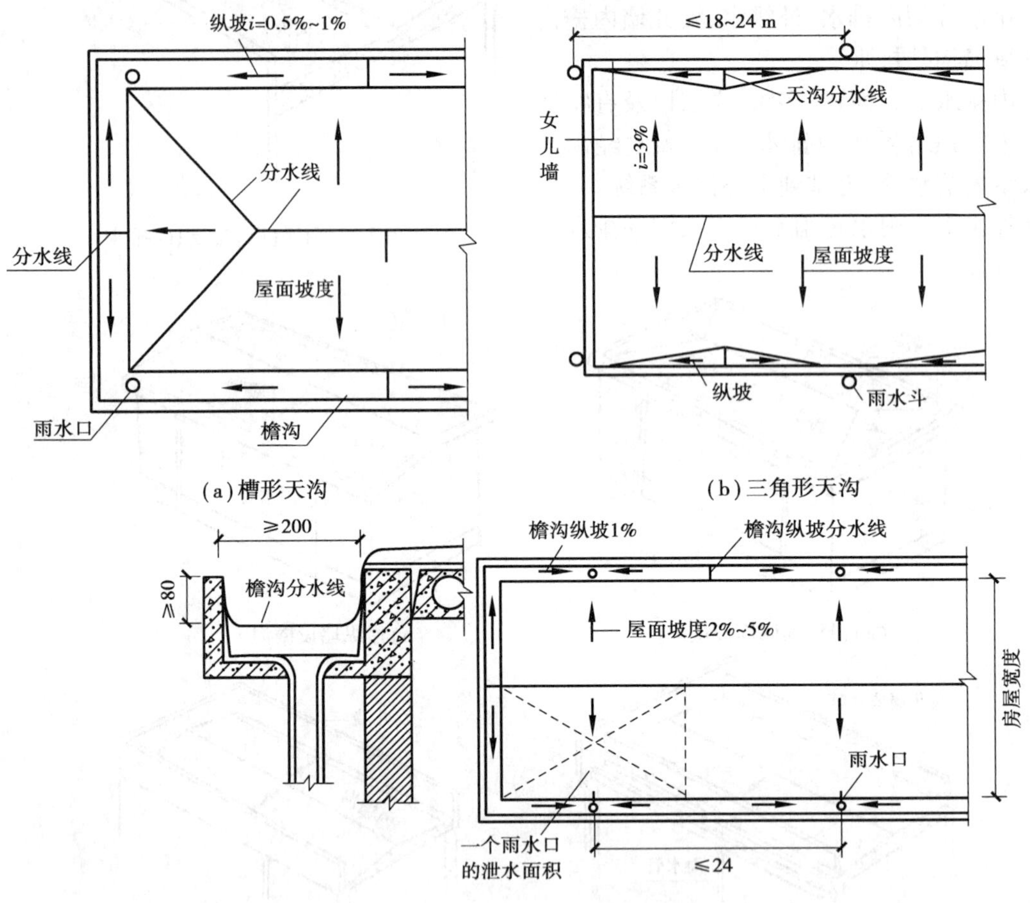

图 7.7 平屋顶排水组织设计

7.2.3 柔性防水平屋顶构造

柔性防水平屋顶构造是用柔性防水卷材以胶结材料粘贴在屋面上,形成一个大面积封闭的防水覆盖层。它具有一定的延伸性,能较好地适应结构温度变形,因此称为柔性防水屋面,也称为卷材防水屋面。

1)柔性防水屋面的材料

多年来,我国一直用石油沥青油毡作为屋面的主要防水材料,这种防水屋面造价低,但需进行热施工,低温脆裂、高温流淌,常需重复维修,在寒冷地区已很少使用。近年来广泛使用的一种合成高分子防水卷材，是以合成橡胶、合成树脂或两者共混体为基料，加入适量化学助剂和填充材料经塑炼混炼、压延或挤出成型，具有拉伸强度高、断裂伸长率大、耐老化及冷施工等优越性能，如三元乙丙橡胶、氯化聚乙烯、聚氯乙烯、铝箔塑胶、橡塑共混等高分子防水卷材。这些材料能冷施工，弹性好，寿命长。另外还有一种新型的高聚物改性沥青防水卷材，即用改性的沥青做基料，用高密度聚氯乙烯膜、无纺聚酯毡或玻纤毡做胎体，聚乙烯薄膜覆盖面，经滚压水冷成型的卷材，如以橡胶、塑料、改性石油沥青为浸渍材料的S型和XS型热融油毡防水卷材。这些新型防水材料与沥青卷材相比，具有高温不流淌、低温不脆裂、拉伸强度高、延伸率大、抗老化、黏结力强、施工方便的优点，特别适合寒冷地区的防水屋面。

目前三元乙丙橡胶防水卷材得到了广泛的推广应用，这里主要论述其屋面的防水构造方法。

2）柔性防水屋面的防水构造

（1）柔性防水屋面防水基本构造

柔性防水屋面防水基本构造如图7.8所示。

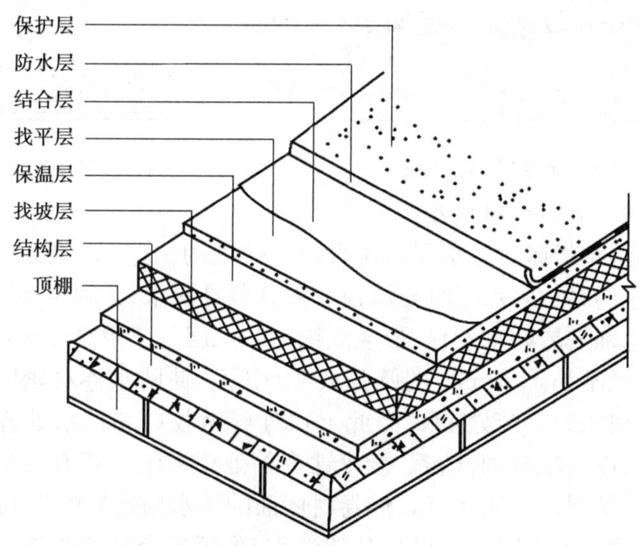

图7.8 柔性防水屋面

①找平层、结合层。找平层的作用是保证防水层的基层表面平整。一般用1∶3或1∶2.5水泥砂浆做找平层，厚20 mm，抹平收水后应二次压光。在找平层上面均匀地涂刷一层与三元乙丙橡胶卷材配套的胶粘剂作为结合层。

②防水层。采用氯化聚乙烯、三元乙丙橡胶防水卷材作为防水层，一般选用一层设防，在屋面易漏水的部位如天沟、泛水、雨水口与屋面阴阳角等处的凸凹部位均需附加一层同类卷材。采用油毡卷材作为防水层，一般选用二毡三油，寒冷地区和屋面易漏水的部位选用三毡四油。做防水层时应注意，防水卷材应干燥，铺防水卷材之前必须保证找平层干透，如果找平层含有一定水分，做上防水层后，在太阳的照射下，水就会变成水蒸气，其上又受到防水层的阻挡，水蒸气无法排出，就聚集形成一定的体积，使屋面防水层鼓泡，易造成防水层破裂，使屋面漏水。因此，在防水层和找平层之间应有一个能让水蒸气扩散流动的场所和渠道，常将防水层采取点铺、条铺（俗称花铺法）。当屋面坡度小于3%时，卷材宜平行于屋脊铺贴；当屋面坡度

大于3%时，卷材可平行或垂直于屋脊铺贴，上下搭接宽度不少于70 mm，左右搭接宽度不少于100 mm。空铺、点铺、条铺时，搭接宽度为100 mm，防水层鼓泡形成如图7.9所示。

③保护层。对于非上人屋面，为防水层采用氯化聚乙烯、三元乙丙共混防水卷材时，由于均是非硫化型材料，强度较好，屋面可以不铺设保护层。采用油毡做防水层时，上面的沥青在阳光和大气的长期作用下会因失去弹性而变脆开裂，其表面呈黑色，夏季表面温度可达60～70 ℃，沥青可能流淌，使油毡滑移脱落。为防止沥青老化和流淌，必须做保护层，一般采用趁防水沥青热时撒绿豆砂的方法。

上人屋面(图7.10)可在防水层上浇筑30～40 mm厚细石混凝土面层，为防止屋面变形、保护层开裂，每2 m左右留分格缝，并用配套油膏嵌缝。也可预制30 mm厚490 mm×490 mm混凝土板或缸砖做面层，铺在20 mm厚的水泥砂浆或砂浆结合层上，并用水泥砂浆嵌缝。

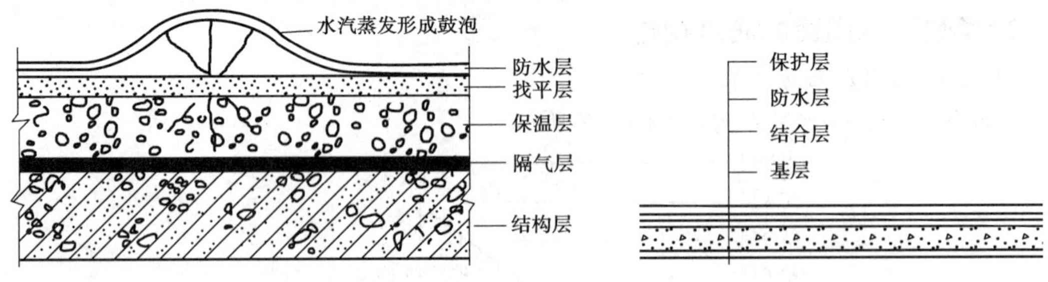

图7.9　防水层鼓泡形成　　　　图7.10　柔性卷材上人屋面

(2)柔性防水平屋面的细部构造

①泛水构造。泛水指屋面防水层与垂直墙交接处的构造，如伸出屋面的女儿墙、烟囱、变形缝等凸出物，当它们穿过防水层时与屋面交界处容易漏水，必须将屋面防水层延伸到这些凸出物的立墙上，并加铺一层防水卷材，形成立铺的防水层。泛水高度不应小于250 mm，转角处应将找平层做成半径不小于20 mm的圆弧或45°斜面，使防水卷材紧贴其上。贴在墙上的卷材上口易脱离墙面或张口，导致漏水，因此上口处要做收口和挡水处理。收口一般采用钉木条、压铁皮、嵌砂浆，以及配套油膏和盖镀锌铁皮等处理方法。还有在泛水上口挑出1/4砖用于挡水，需抹水泥砂浆斜口和滴水。柔性卷材屋面的泛水构造如图7.11所示。

②檐口。落水檐口的卷材收头极易开裂渗水，采用配套油膏嵌缝。挑檐沟的檐口在檐沟处要多加一层卷材，可以采用空铺的方法，沟口处的卷材收头一般采用嵌配套油膏或插铁卡住等方法，其中嵌配套油膏较为合理，且施工方便。天沟、檐沟内用轻质材料做出不小于1%的纵向坡度。女儿墙外排水一般直接利用屋顶倾斜坡面在靠近女儿墙屋面低处做成排水沟，也可采用专用的槽板做成矩形天沟。天沟内防水层应铺设到女儿墙上形成泛水，天沟内做纵向排水坡度。新型檐口的油毡收头要嵌油膏，坡面要用1:3水泥砂浆抹20 mm厚，檐口有关做法如图7.12所示。

③雨水口。雨水口是屋面雨水排至落水管的连接构件，通常为定型产品，多用铸铁、钢板制作。雨水口分直管式和弯管式两大类。直管式适用内排水中间天沟、外排水挑檐等，弯管式只适用女儿墙外排水天沟。

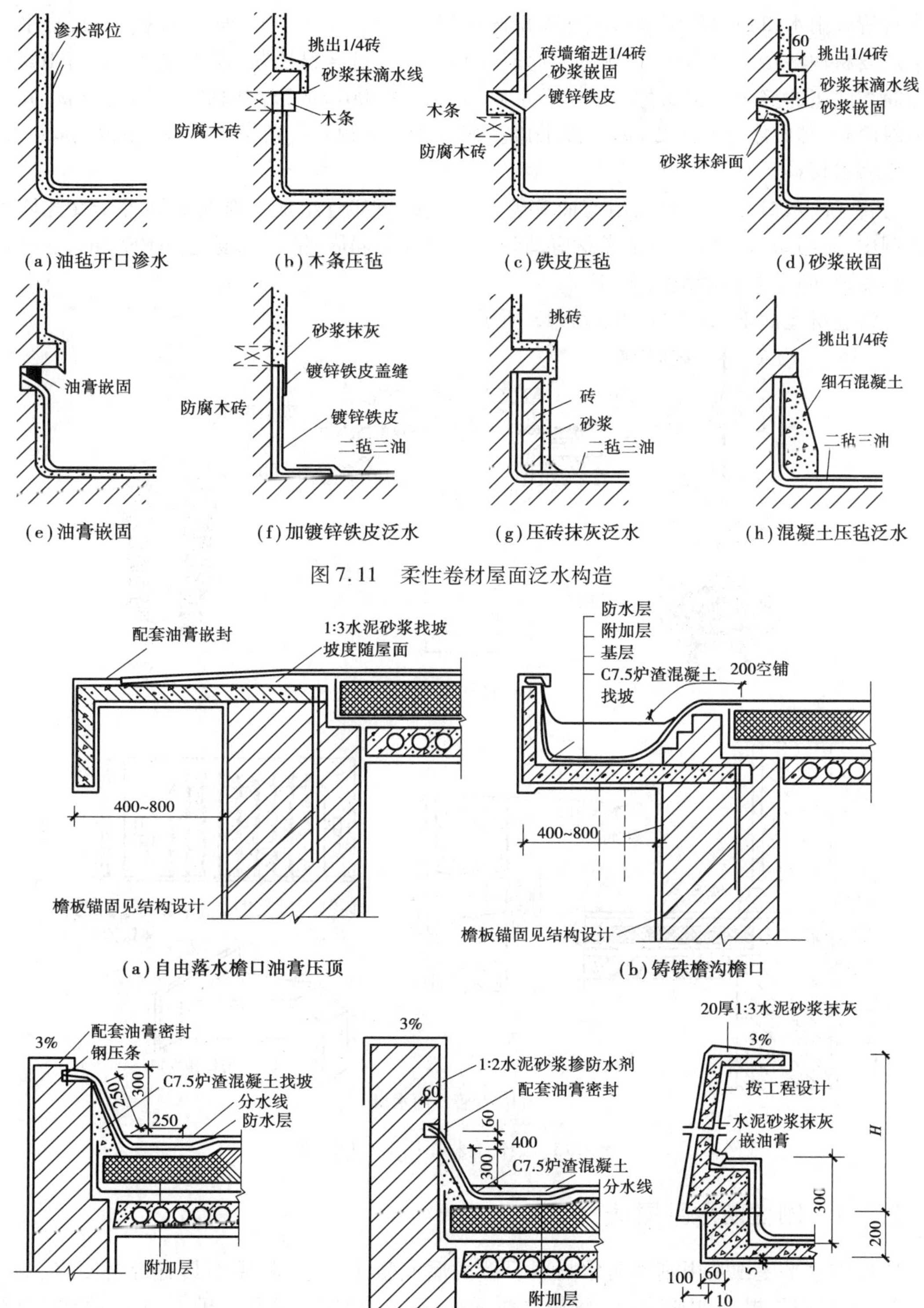

图7.11 柔性卷材屋面泛水构造

(c)收口处油膏嵌封并用钢压条压顶 (d)女儿墙檐口 (e)新型檐口

图7.12 柔性卷材防水屋面檐口构造

直管式雨水口根据降雨量和汇水面积选择型号，套管呈漏斗形，安装在挑檐板，防水卷材和附加卷材均粘在套管内壁，再用环形筒嵌入套管内。将卷材压紧，嵌入深度不小于100 mm，环形筒与底座的接缝须用油膏嵌缝。雨水口周围直径500 mm范围内坡度不小于5%，并用密封材料涂封，其厚度不小于2 mm。雨水口套管与基层接触处应留宽20 mm、深20 mm的凹槽，并嵌填密封材料。

弯管式雨水口呈90°弯状，由弯曲套管和铸铁箅两部分组成。弯曲套管置于女儿墙预留的孔洞中，屋面防水卷材和泛水卷材应铺到套管的内壁四周，铺入深度至少100 mm，套管口用铸铁箅遮挡，防止杂物堵塞雨水口。

柔性卷材屋面雨水口构造如图7.13所示。

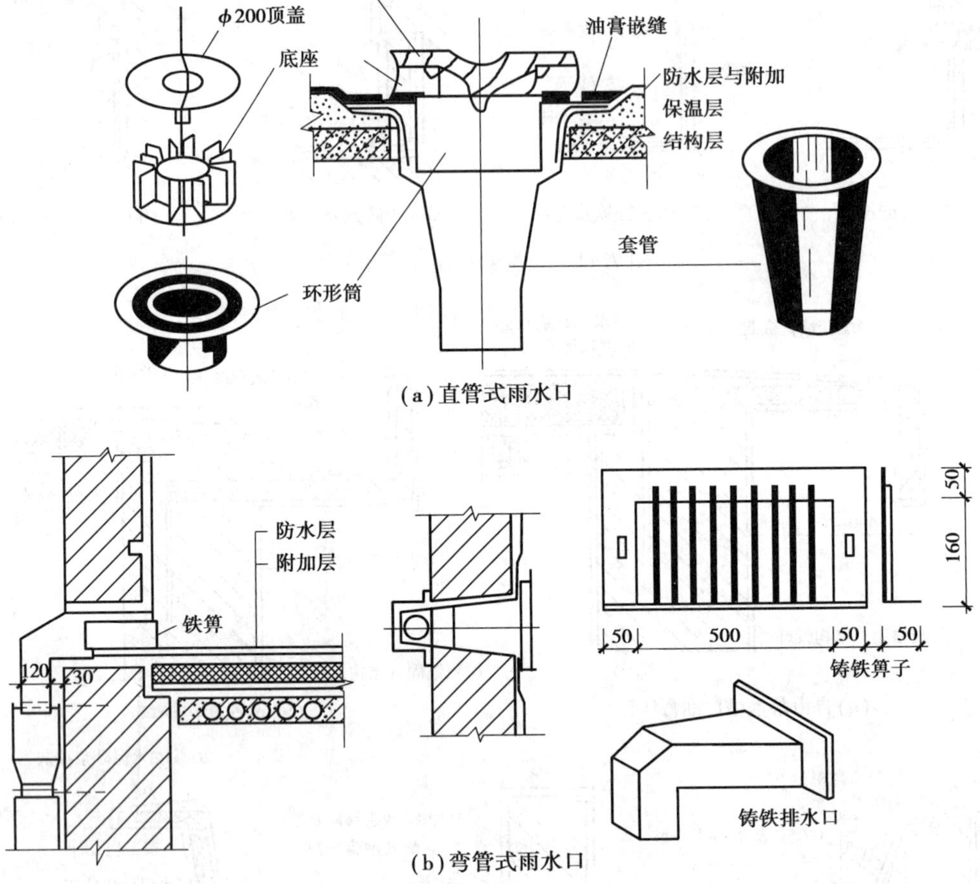

图7.13　柔性卷材屋面雨水口构造

7.2.4　刚性防水平屋顶

刚性防水平屋顶是用刚性防水材料设置的屋面防水层，这种屋面具有价格便宜、耐久性好、屋面材料容易提供、构造简单、维修方便、便于施工等优点，但容易开裂，尤其对温度变化和结构变形较为敏感，因此刚性防水屋面多用于南方地区。

1)刚性防水平屋顶的材料

刚性防水屋面主要采用防水砂浆抹面或密实混凝土浇捣而成的刚性材料做屋面防水层，坡度宜为2%～3%，并应采用结构找坡。这种防水材料受温差变化影响大，容易开裂。南方地区虽然比北方地区气温高，但日温差相对比北方地区小，混凝土开裂的程度也比较小一些，因此这种方法很少用于北方。另外，混凝土刚性防水屋面也不宜用在有高温、振动和基础有较大不均匀沉降的建筑中。

2)刚性防水平屋面的防水构造

刚性防水平屋面的防水构造如图7.14所示。

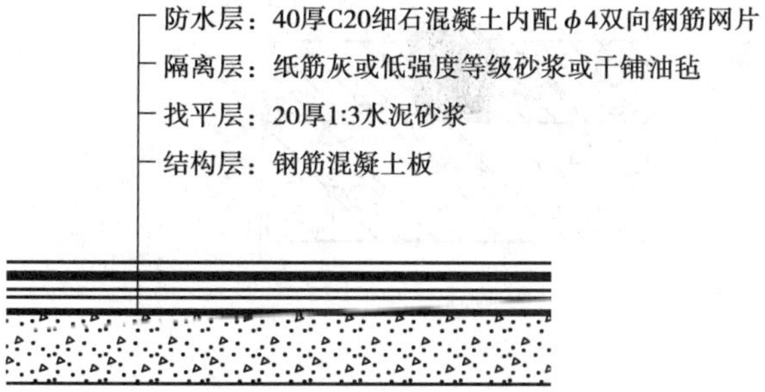

图7.14 刚性防水屋面构造

(1)结构层

结构层一般采用钢筋混凝土现浇或预制屋面板。

(2)找平层

结构层采用预制钢筋混凝土板时，应做20 mm厚1∶3水泥砂浆找平层；采用现浇钢筋混凝土整体结构时，可以不做找平层。

(3)隔离层

结构层在荷载作用下产生挠曲变形，在温度变化时产生胀缩变形，结构层较防水层厚，其刚度相应比防水层大，当结构产生变形时必然会将防水层拉裂，因此在结构层和防水层之间应设置隔离层，以使防水层和结构层之间有相对的变形，防止防水层开裂。隔离层常采用纸筋灰、低强度等级砂浆、平铺一层油毡或沥青玛蹄脂等做法。若防水层中加膨胀剂，其抗裂性能有所改善，也可不做隔离层。

(4)防水层

防水层是指用防水砂浆抹面形成的防水层，普通细石混凝土防水层、补偿收缩混凝土防水层、块体刚性防水层等。细石混凝土强度等级不应低于C20，厚度不小于40 mm，在其中双向配置ϕ4～6钢筋，间距100～200 mm，以控制混凝土收缩后产生裂缝，保护层厚度不小于10 mm。应在水泥砂浆和细石混凝土防水层中掺入外加剂，这是因为防水层在施工时用水量超过水泥在水凝过程中所需的用水量，多余的水在硬化过程中逐渐蒸发形成许多空隙和互相连通的毛细管网；另外，过多的水分在砂石骨料的表面形成一层游离水，相互之间也会形成毛细通道，这些毛细通道都是造成砂浆或混凝土收水干缩时表面开裂和屋面渗水的主要原因。加入外加剂可改善这些情况，如掺入膨胀剂使防水层在硬结时产生微胀效应，抵抗混凝土原有的收缩性以提高抗裂性；加入防水剂使砂浆或混凝土与之生成不溶性物质，堵塞毛细孔道，形成憎水性壁膜，以提高密实性。

3)刚性防水平屋面的细部构造

(1)分格缝

分格缝是刚性防水层的变形缝，也称为分仓缝。在大面积整体现浇混凝土防水层中，为防止外界温度变化影响或屋面板产生挠曲变形而引起刚性防水层开裂而设置。分格缝应设在装配式屋面板的支承端、屋面的转折处、泛水上端与立墙交接处，与板缝对齐，其纵横间距不宜大于6 m，服务面积为15～25 m^2。当建筑进深在10 m以内时，在屋脊处应设一道纵向分格缝；进深超过10 m的，应在屋顶坡面中的某一板缝上再设一道纵向分格缝；为防止分格缝处漏水，分格缝应由浸过沥青的木丝板填塞。防水层内的钢筋网片在分格缝处应断开，缝口应嵌填密封材料，外表用防水卷材盖缝条盖住。刚性防水屋面的分格缝构造如图7.15所示。

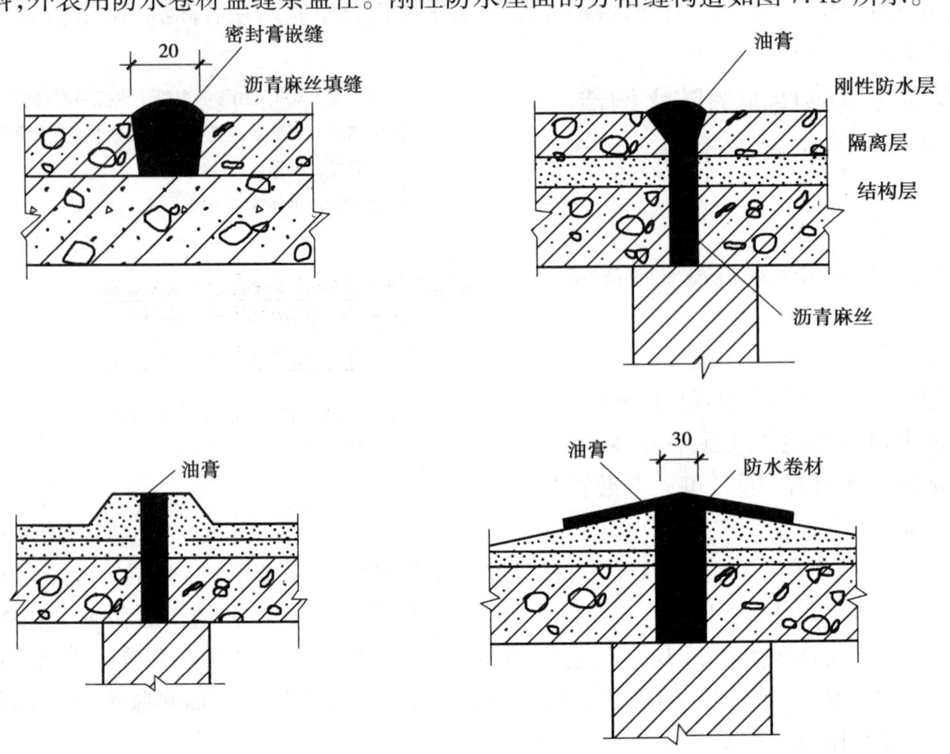

图7.15　刚性防水屋面分格缝构造

(2)泛水构造

刚性防水屋面泛水构造与柔性防水屋面的原理基本相同，一般做法是将细石混凝土防水层直接引伸到墙面上，细石混凝土内的钢筋网片也同时上弯。泛水应有足够的高度，转角外做成圆弧或45°斜面，与屋面防水层应一次浇成，不留施工缝，上端应有挡雨措施(一般做法是将砖墙挑出1/4砖，抹水泥砂浆滴水线)。刚性屋面泛水与墙之间必须设分格缝，以免变形不一致，使泛水开裂漏水，缝内用弹性材料填充，缝口应用油膏嵌封或铁皮盖缝。刚性防水屋面泛水构造如图7.16所示。

(3)檐口构造

常用的檐口形式有自由落水挑檐、有组织外排水挑檐沟及女儿墙外排水檐口。自由落水挑檐可用挑梁铺屋面板，将防水层做到檐口，注意在收口处做滴水线。挑檐沟有现浇和预制两种，可将屋面防水层直接做到檐沟，并挑出屋面，做出滴水线。女儿墙外排水檐口处常做成矩形断面天沟，做法与前面女儿墙泛水相同，天沟内需铺设纵向排水坡。刚性防水屋面檐口构造如图7.17所示。

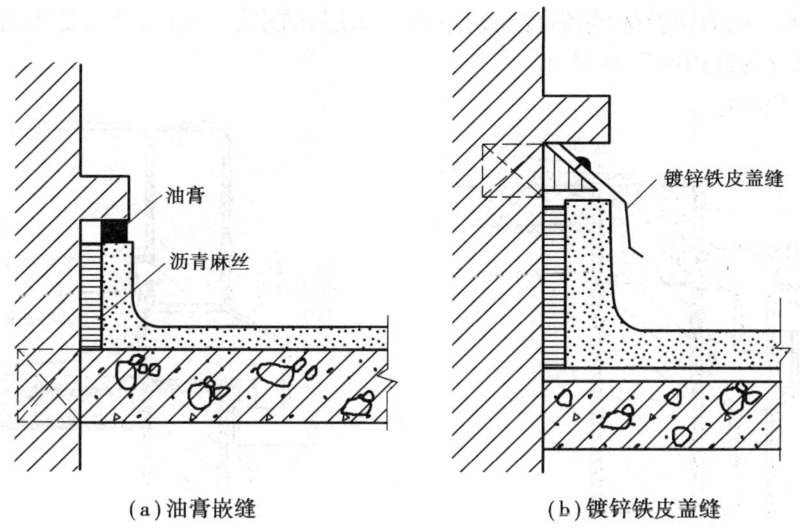

(a)油膏嵌缝　　(b)镀锌铁皮盖缝

图7.16　刚性防水屋面泛水构造

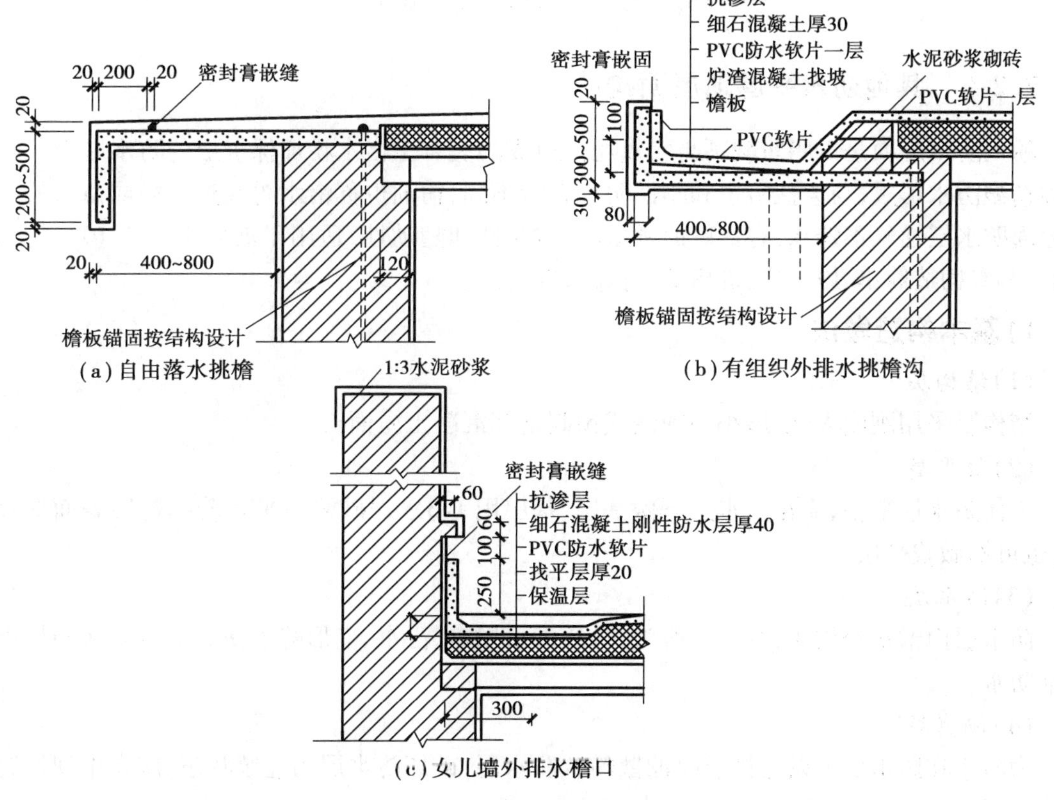

(a)自由落水挑檐　　(b)有组织外排水挑檐沟

(c)女儿墙外排水檐口

图7.17　钢性防水雨水口构造

(4)雨水口

刚性防水屋面雨水口的规格和类型与前述柔性防水屋面相同。安装直管式雨水口,为防止雨水从套管与沟底接缝处渗漏,应在雨水口四周加铺柔性卷材,卷材应铺入套管的内壁。檐口内浇筑的混凝土防水层应盖在附加的卷材上,防水层与雨水口相接处用油膏嵌封。安装弯管式雨水口前,下面应铺一层柔性卷材,然后再浇筑屋面防水层,防水层与弯头交接处用油膏嵌封。刚性防水屋面雨水口构造如图 7.18 所示。

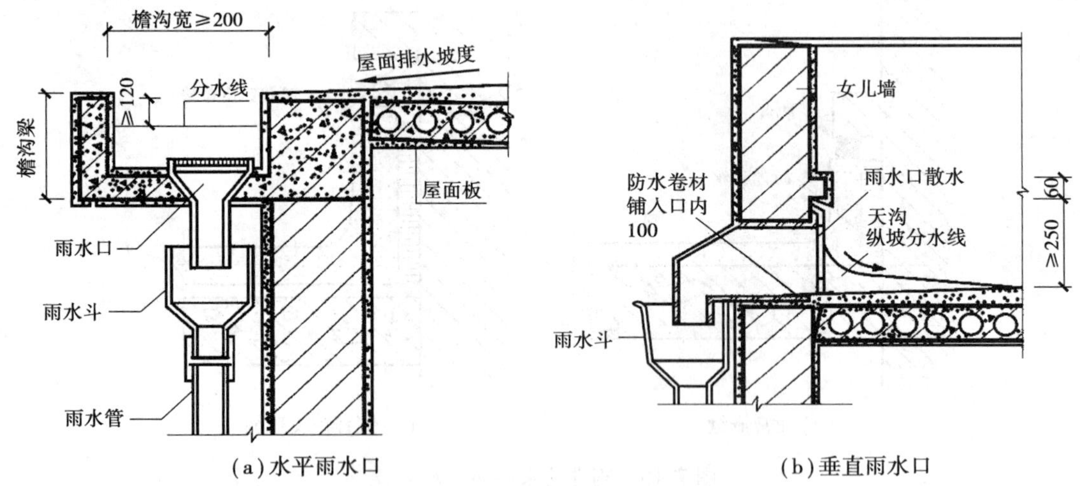

(a)水平雨水口　　(b)垂直雨水口

图 7.18　柔性防水雨水口构造

7.2.5　其他防水平屋顶屋面构造

粉剂防水屋面是以脂肪酸钙与氢氧化钙组成的复合型憎水粉加保护层的防水屋面。它是一种新型防水形式,与柔性防水和刚性防水有所不同,粉剂也称憎水粉或拒水粉或镇水粉。这种屋面防水层透气不透水,有良好的憎水性、耐久性和随动性,适用于坡度不大于 10% 的屋顶屋面,具有构造简单、施工快、价格低、寿命长等特点。

1)基本构造做法

(1)结构层

结构层采用刚度大、变形小的现浇或预制钢筋混凝土屋面板。

(2)找平层

为使防水层平整,需在防水层下做基层,基层用 1∶3 水泥砂浆找平。若结构层表面比较平整,也可不做找平层。

(3)防水层

防水层由憎水粉构成,厚度一般为 5 ~ 7 mm,檐口、泛水、变形缝等薄弱部位应适当加厚以保证防水。

(4)隔离层

为防止在防水层上做保护层时冲散粉状防水层,破坏防水层的连续状态,应在中间设置一道隔离层,采用成卷的普通纸或无纺布铺盖在防水层上面。

(5)保护层

保护层具有防止粉剂防水层在使用过程中受外界影响(如风吹、上人活动、物体碰撞等)而破坏防水的功能,同时也可延缓防水层老化。保护层有两种做法,如下所述:

①铺贴类:常用水泥砖、缸砖、黏土砖或预制混凝土板,当选用尺寸小、薄的材料时,铺前先

抹1:3水泥砂浆,然后再用水泥砂浆铺贴;选用尺寸大、厚的材料时,可直接用1:3水泥砂浆铺贴,以平整为准。

②整浇类:常用C20细石混凝土或水泥砂浆,混凝土厚度为30~40 mm,水泥砂浆厚度为20~30 mm。整浇类为防止开裂,还要设置分格缝。

2)细部构造

粉剂防水平屋面的细部构造与刚性防水屋面构造基本相同,如图7.19所示。

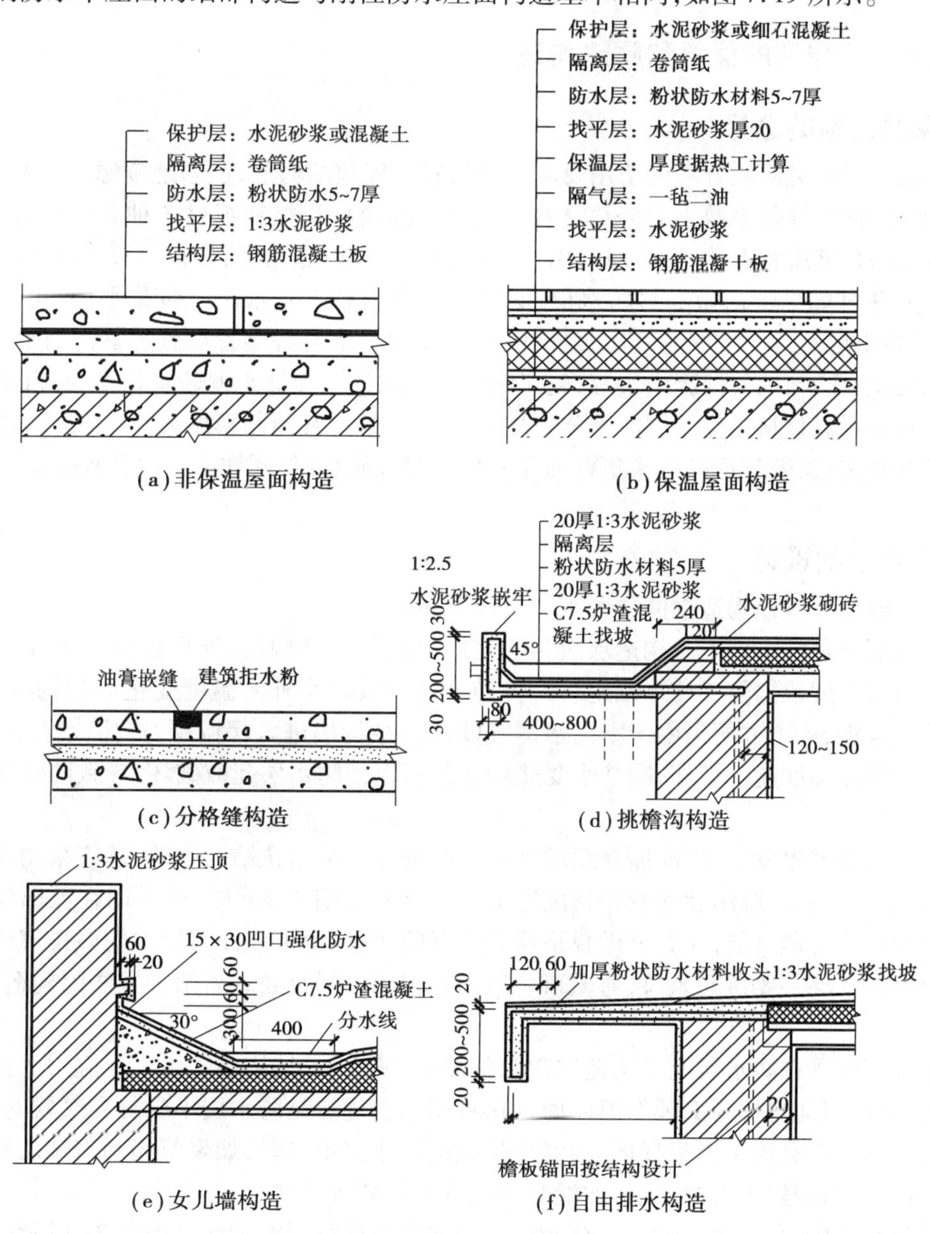

图7.19 粉剂防水屋面细部构造

(1)整浇保护层屋面构造(分格缝)

在整浇保护层时应将保护层作出分格缝,并用油膏嵌缝。

(2)檐口构造

檐口构造有自由落水挑檐、挑檐沟和女儿墙外排水方式。自由落水挑檐的防水层收口应采用加厚粉状防水材料。挑檐沟和女儿墙檐口的收口要用水泥砂浆嵌牢或做成15 mm×30 mm的凹口以强化防水。

7.2.6 平屋顶的保温和隔热构造

1)保温材料的选择

选择保温材料时应综合考虑使用要求、气候条件、屋顶结构形式、当地资源、工程造价等因素,必须是容重轻、导热系数小的多孔材料,一般分为散料、块材和板材3种。散料有炉渣、矿渣、膨胀珍珠岩、膨胀蛭石等,这种材料由于在使用过程中问题较多,如在风较大时不宜施工炉渣、矿渣等,并且如果上面做卷材防水层,必须在散状材料上抹水泥砂浆找平层,再铺防水卷材,以保证防水层有一个较好的基层,目前已较少使用。块材有沥青膨胀珍珠岩、沥青膨胀蛭石、水泥膨胀珍珠岩、加气混凝土块等,施工时先在保温层上面抹水泥砂浆找平层,再铺橡胶防水层。这几种保温材料做保温层时可与找坡层结合。板材有预制膨胀珍珠岩板、膨胀蛭石板以及加气混凝土板、聚苯乙烯泡沫塑料板和岩棉板等轻质材料,同样在上面做找平层后再铺防水层。

2)保温层的设计

根据保温层在屋顶构造中的位置可分为以下两种:

①保温层设在防水层下。构造层次为防水层、保温层、结构层,即保温层包覆在结构层的上面。保温层厚度根据热工计算确定。这种做法能有效减小外界温度变化对结构的影响,而且结构受力合理、施工方便。由于室内水蒸气能透过结构层进入保温层,产生凝结水,从而降低保温材料的保温性能。另外,凝结水受热膨胀还可以使防水层起鼓破坏,导致防水层的作用失效。

为防止这种现象发生,除前面介绍的在防水层铺设时采用花铺法之外,还应采用在保温层下做隔气层的方法,一般用和橡胶卷材配套的防水涂料涂刷2 mm厚,或采用在保温层上加一层砾石或陶粒作为透气层,在其上做找平层和卷材防水层,也可在保温层中间做排气通道。保温层中应设透气层并要留通风口,通风口一般留在檐门和屋脊处。后两种方法因构造复杂,很少采用。

②保温层设置在防水层上。构造层次为保温层、防水层、结构层。由于保温层的位置和通常的设置相反,因此也称为倒铺保温屋面。这种做法的优点是防水层不受外界气候的影响,不受外界的破坏。但必须采用吸湿低、耐气候性强的憎水保温材料,如聚氨酯和聚苯乙烯泡沫材料等,而且上面需用较重的覆盖层,如混凝土块、卵石、砖等压住。

柔性防水平屋顶保温层如图7.20所示。保温层设透气层的做法如图7.21所示。

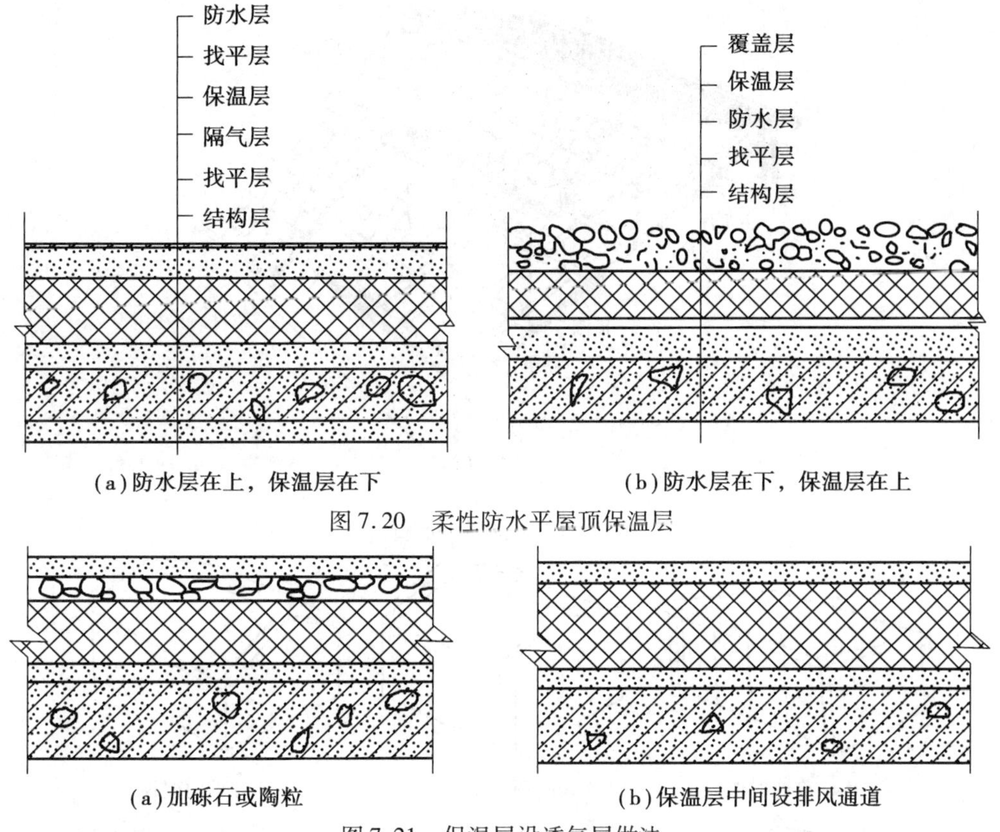

(a)防水层在上，保温层在下　(b)防水层在下，保温层在上

图7.20　柔性防水平屋顶保温层

(a)加砾石或陶粒　(b)保温层中间设排风通道

图7.21　保温层设透气层做法

7.3　坡屋顶

坡屋顶是排水坡度较大的屋顶形式，由承重结构和屋面两个基本部分组成，根据其使用功能的不同，有些还需设保温层、隔热层和顶棚等，如图7.22所示。坡面组织由房屋平面和屋顶形式决定，屋顶坡面交接处形成屋脊、斜沟、檐口等，对屋顶的结构布置和排水方式及造型均有一定影响。

7.3.1　坡屋顶的形式、排水、屋面材料及其坡度

1)坡屋顶的形式

坡屋顶的形式如图7.23所示。

①单坡屋顶：房屋宽度很小或临街时采用。

②双坡屋顶：房屋宽度较大时采用，可分为悬山屋顶、硬山屋顶。硬山是指两端山墙高出屋面的屋顶形式；悬山是指屋顶两端挑出山墙外的屋顶形式。

③四坡屋顶，也称四坡落水屋顶。古代宫殿庙宇常用的庑殿顶和歇山顶都属于四坡屋顶。四坡屋顶的组成名称如图7.24所示。

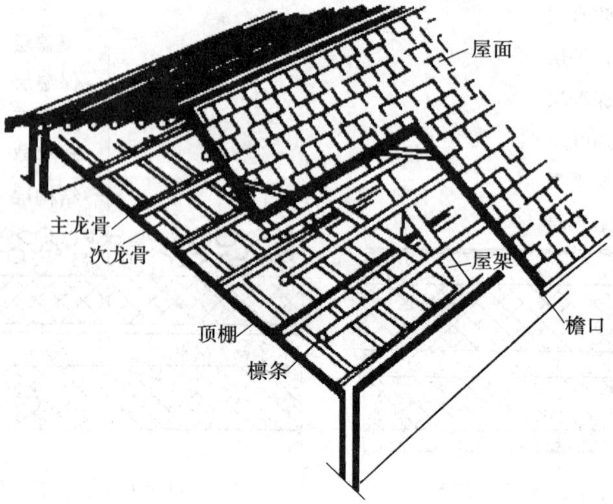

屋面
主龙骨
次龙骨
屋架
檐口
顶棚
檩条

图 7.22　坡屋顶的组成

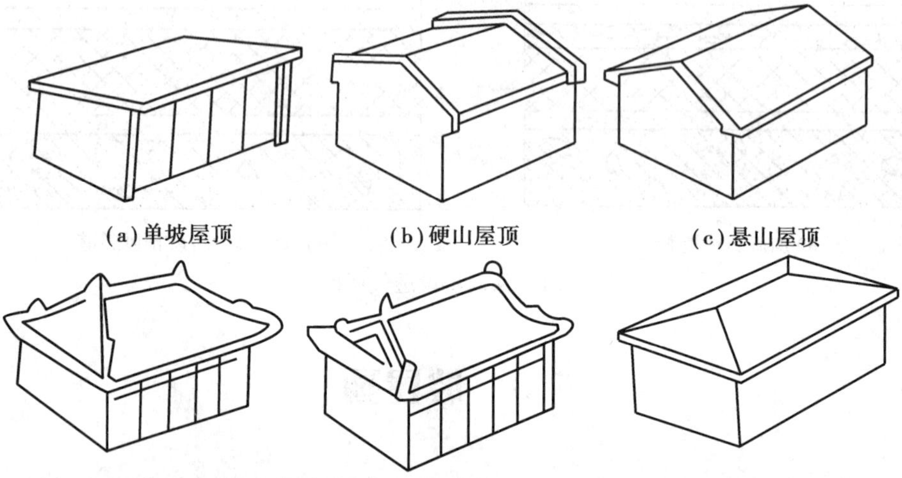

(a)单坡屋顶
(b)硬山屋顶
(c)悬山屋顶
(d)庑殿顶
(e)歇山顶
(f)四坡屋顶

图 7.23　坡屋顶的形式

斜天沟
正脊
斜脊
檐口

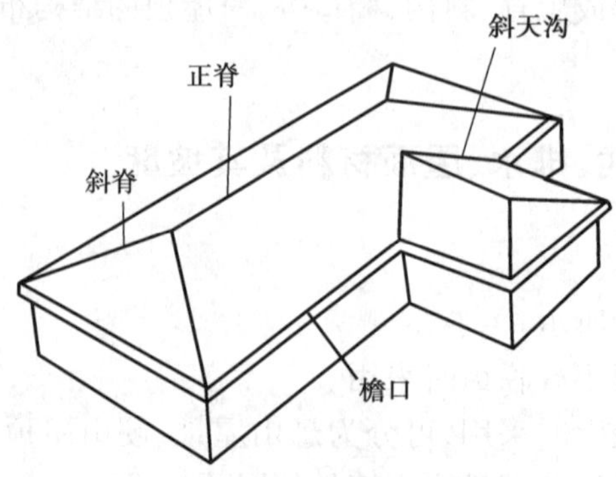

图 7.24　四坡屋顶的组成名称

2)坡屋顶的排水方式

坡屋顶的排水方式也分为无组织排水和有组织排水两种,如图7.25所示。

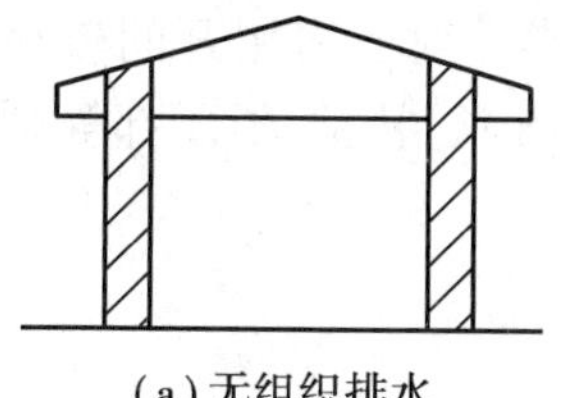

(a)无组织排水

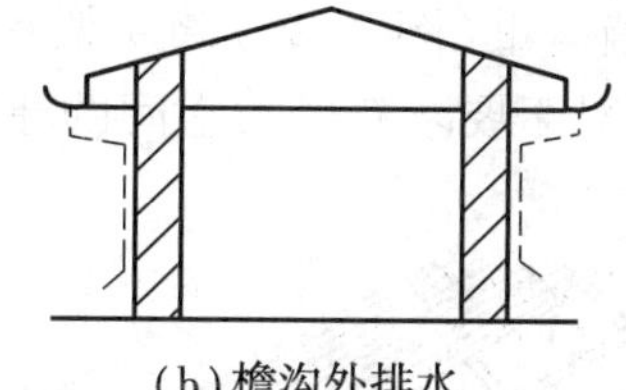

(b)檐沟外排水

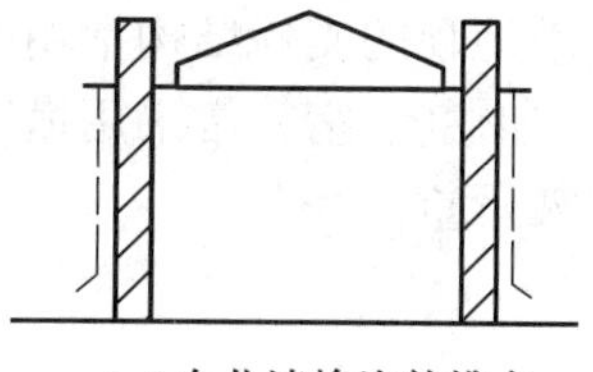

(c)女儿墙檐沟外排水

图7.25 坡屋顶排水示意

(1)无组织排水

雨水少的地区或房屋较低时宜采用无组织排水,这种排水方式构造简单、造价低、施工方便。

(2)有组织排水

有组织排水分为檐沟外排水和女儿墙檐沟外排水两种。

①檐沟外排水。在坡屋顶挑檐处挂檐沟,雨水经檐沟雨水管排至地面,雨水管和檐沟通常采用镀锌铁皮或石棉水泥轻质耐锈材料制作而成。

②女儿墙檐沟外排水。屋顶四周设檐沟,檐沟外设女儿墙,雨水经过檐沟、雨水口、雨水管排至地面。檐沟一般由镀锌铁皮或钢筋混凝土制成;雨水口、雨水管采用镀锌铁皮、铸铁管、石棉水泥、缸瓦管和玻璃钢管制成。镀锌铁皮雨水管、檐沟规格见表7.2。

表7.2 镀锌铁皮落水管、檐沟规格

落水管				檐沟		
断面形式	断面尺寸/mm	展开宽度/mm	净面积/cm²	断面形式	展开宽度/mm	适用跨度
(矩形)	80×60 93×67 99×73 128×90	300 333 360 450	48.0 62.3 72.2 115.1	φ120	225	跨度<6 m
				110 100 100 70	400	6~15 cm
(圆形)	φ65 φ90	225 300	33.2 70.8	140 120 120 10	450	跨度>15 m

注:①表列规格是按900×1 800,1 000×2 000的24号镀锌铁皮裁剪。

②白铁皮容易锈蚀,需经常油漆,一般10~15年就要更换。

③本表摘自《建筑设计资料集》第八册。

3)屋面材料及其坡度

坡屋顶的屋面材料有弧瓦(俗称小青瓦)、干瓦、波形瓦、金属瓦、琉璃瓦、屋面材料、构件自防水及草顶、黄土顶等。坡屋顶的屋面坡度一般大于10%。

7.3.2　坡屋顶的支承结构

坡屋顶的支承结构常用的有横墙承重（图 7.26）和屋架承重两类。对于房屋开间较小的建筑，如住宅、宿舍常采用横墙承重；对于要求有较大空间的建筑，如食堂、礼堂、俱乐部等则采用屋架承重。

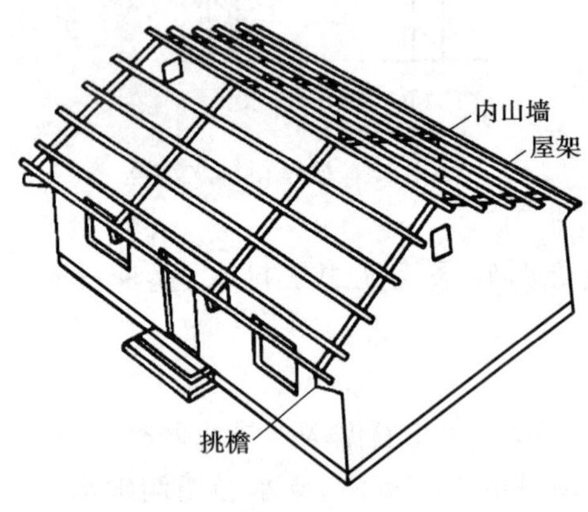

图 7.26　横墙承重

1）横墙承重

横墙的间距，即檩条的跨度尽可能保持一致。檩条常用木材和钢筋混凝土制作。木檩条跨度在 4 m 以内，截面为矩形或圆形；钢筋混凝土檩条跨度最大可达 6 m，截面为矩形、L 形、T 形。檩条截面尺寸需经结构计算确定。檩条的间距屋面板的厚度或椽子的截面尺寸有关。设置檩条应预先在横墙上搁置木块或混凝土垫块，使荷载分布均匀，木檩条端头需涂沥青以防腐。

2）屋架承重

屋架搁置在建筑物外纵墙或柱上，屋架上设置檩条，传递屋面荷载，使建筑物内有较大的使用空间。屋架间距通常为 3 ~ 4 m，一般不超过 6 m。屋架是用木、钢木、钢筋混凝土和钢等材料制作，其高度和跨度的比值应与屋面的坡度一致。常采用三角形屋架，构造简单、施工方便，适用于各种瓦屋面。

当坡屋顶垂直相交时，屋架结构布置有两种方法：在插入屋顶的跨度不大时，把插入屋顶的檩条搁在原来房屋的檩条上；另一种做法是将斜梁或半屋架的一端搁在转角墙上，另一端搁在屋架上。其他转角和四坡屋顶的端部屋架布置基本上按此原则。

屋架承重如图 7.27 所示。

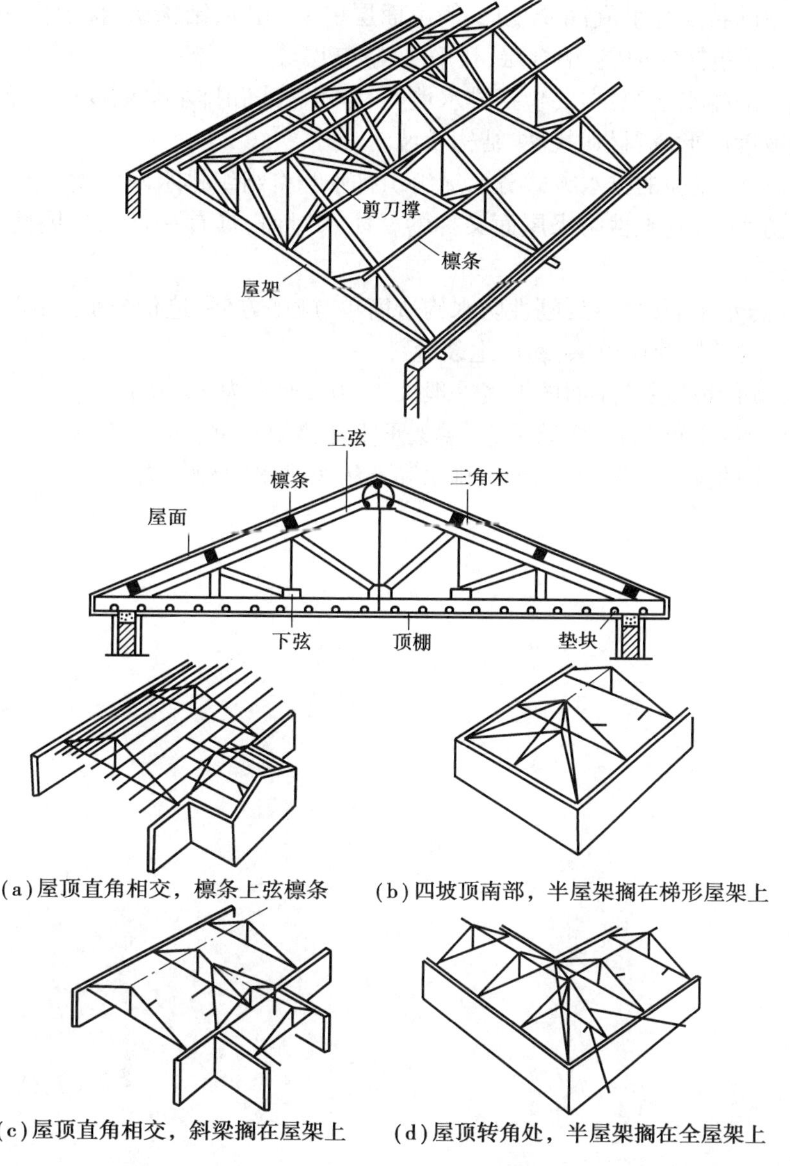

(a)屋顶直角相交，檩条上弦檩条　(b)四坡顶南部，半屋架搁在梯形屋架上

(c)屋顶直角相交，斜梁搁在屋架上　(d)屋顶转角处，半屋架搁在全屋架上

图 7.27　屋架承重

本章小结

(1)屋顶的作用:一是抵御自然界的风、雨、雪、气温变化和太阳辐射等外界不利因素,使屋顶覆盖的空间具有良好的使用环境;二是屋顶承受作用于屋顶上的风荷载、雪荷载和屋顶自重等。

(2)屋顶的设计应满足的要求:功能要求、结构要求、建筑艺术要求、自重轻、构造简单、施工方便和造价经济。

(3)屋顶坡度的表示方法:斜率法、角度法和百分比法。

(4)影响屋顶坡度大小的因素:防水材料及尺寸大小、地区降雨量大小。

(5)平屋顶的特点与组成:平屋顶一般由面层(防水层)、结构层、保温隔热层和顶棚层等主要部分组成,还包括保护层、结合层、找平层、隔气层等。

(6)平屋顶的排水组织:主要包括排水坡度、排水方式和排水组织设计3个方面的内容。

(7)屋顶坡度的形成:材料找坡、结构找坡。

(8)排水方式:屋面的排水方式分为无组织排水和有组织排水两大类。

(9)柔性防水屋面:柔性防水屋面又称卷材防水屋面,具有一定的延展性,能适应屋面和结构的温度变形。

(10)刚性防水屋面的特点:刚性防水构造简单、施工方便、造价较低、维修方便,但对施工技术要求较高,对结构变形敏感,易产生裂缝。

(11)坡屋顶的坡度:坡屋面的坡度一般大于10°,通常为30°左右。

(12)坡屋顶的承重体系:横墙承重、屋架承重和梁架承重。

(13)坡屋顶的排水组织:有无组织排水和有组织排水两种形式。

第 8 章　门与窗

8.1　概　述

8.1.1　门窗的设计要求

①防风雨、保温、隔声。

②开启灵活、关闭紧密。

③便于擦洗和维修方便。

④坚固耐用,耐腐蚀。

⑤符合《建筑模数协调标准》(GB/T 50002—2013)的要求。

8.1.2　门窗的类型

1)门的开启形式

门的开启方式如图 8.1 所示。门的开启方式主要是由使用要求决定的,通常有以下几种方式:

①平开门(图 8.2):水平开启的门,有单扇、双扇,内开和外开之分。平开门的特点是构造简单,开启灵活,制作安装和维修方便。

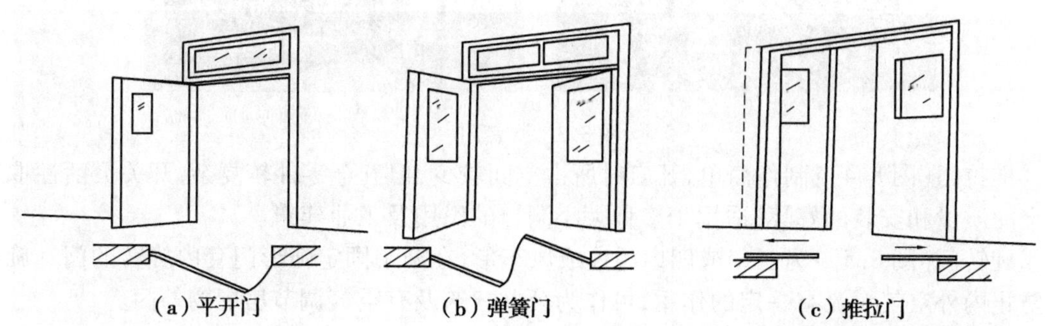
(a) 平开门　(b) 弹簧门　(c) 推拉门

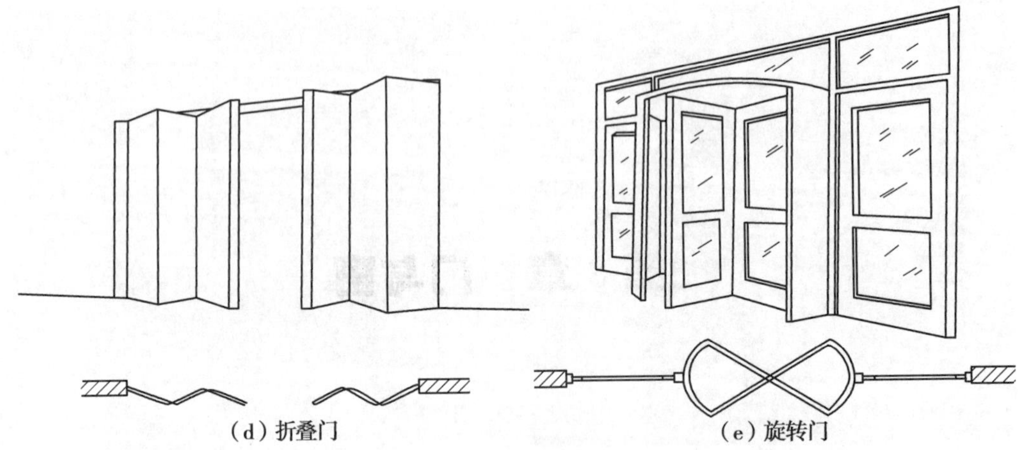

图 8.1　门的开启形式

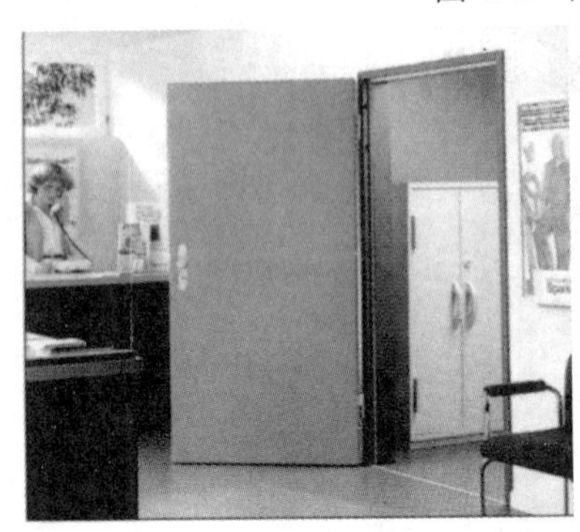

图 8.2　平开门

②弹簧门(图 8.3):制作简单,开启灵活,采用弹簧铰链或地弹簧构造,开启后能自动关闭,适用于人流出入较频繁或有自动关闭要求的场所。

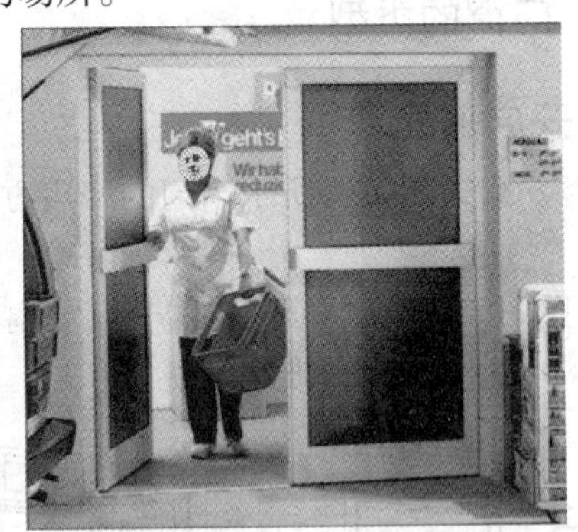

图 8.3　弹簧门

③推拉门(图 8.4):制作简单,开启时所占空间较少,但五金零件较复杂,开关灵活性取决于五金的质量和安装的好坏,适用于多种大小洞口的民用及工业建筑。

④旋转门(图 8.5):为三扇或四扇门连成风车形,在两个固定弧形门套内旋转的门。旋转门对防止内外空气对流有一定的作用,可作为公共建筑及有空气调节房屋的外门。

图 8.4　推拉门

图 8.5　旋转门

其他还有上翻门、升降门、卷帘门等，一般适用于需要较大活动空间，如车间、车库及某些公共建筑的外门。

2)窗的开启形式

窗的开启形式如图 8.6 所示。

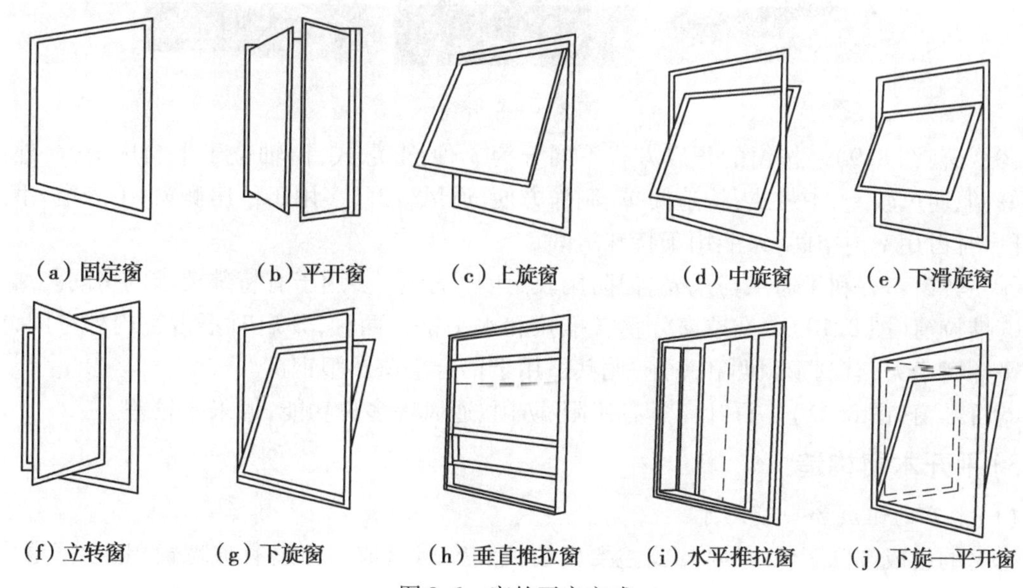

图 8.6　窗的开启方式

①固定窗(图 8.7)。固定窗即窗扇不能开启,一般将玻璃直接安装在窗框上,其作用主要是采光、照明。

图 8.7 固定窗

②平开窗(图 8.8)。将窗扇用铰链固定在窗框侧边,有外开、内开之分。平开窗构造简单、制作方便,开启灵活,广泛应用于各类建筑中。

图 8.8 平开窗

③悬窗(图 8.9)。按窗的开启方式不同分为 3 种:上悬式,窗轴位于平窗扇上方,外开时防雨好,但通风较差;中悬式,构造简单、制作方便、通风较好,多用于厂房侧窗;下悬窗,不能防雨,开启时占用室内空间,只能用于特殊房间。

④立转窗。有利于通风与采光,但防雨及封闭性较差,多用于有特殊要求的房间。

⑤推拉窗(图 8.10)。推拉窗分垂直推拉和水平推拉两种,开启时不占室内外空间,窗扇可较平开窗扇大,有利于照明和采光,尤其适用于铝合金窗及塑钢窗。

⑥百叶窗(图 8.11)。百叶窗具有遮阳、防雨、通风等多种功能,但采光较差。

3) 平开木窗构造

(1) 木窗的组成和一般尺寸

木窗的组成如图 8.12 所示。窗主要由窗框和窗扇组成。窗扇有玻璃窗扇、纱窗扇、百叶窗等。在窗框和窗扇之间,为了开启和固定,常没有铰链、风钩、插销、拉手以及导轨、滑轮等五

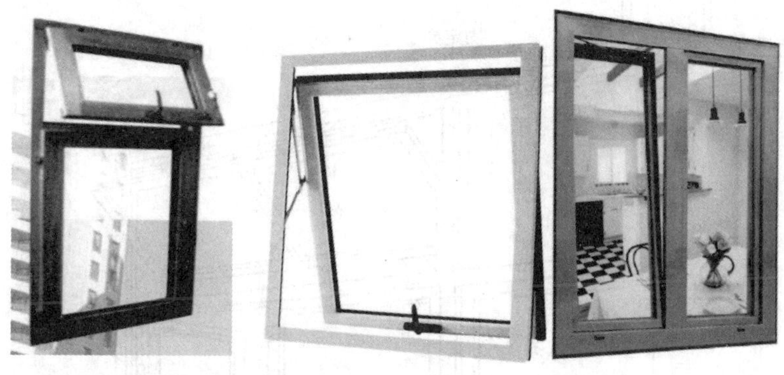

图 8.9　悬窗

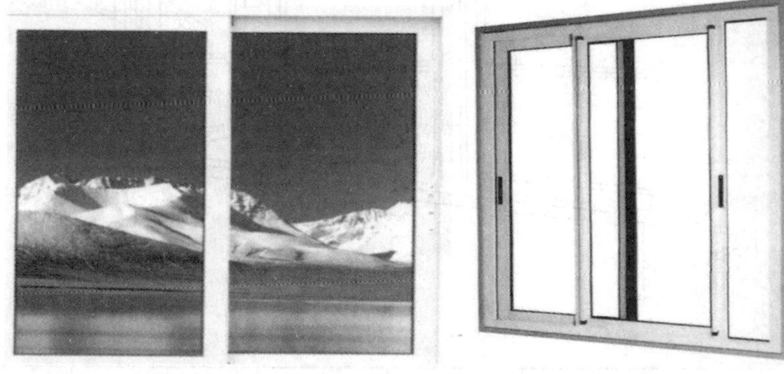

图 8.10　推拉窗

图 8.11　百叶窗

金件。窗框由上框、下框、中横框、边框、中竖框组成。窗扇由上冒头、下冒头、窗芯、玻璃组成。

窗的尺寸一般根据采光和通风要求、结构构造要求和建筑造型要求等因素决定,同时应符合 300 mm 扩大模数的要求,如图 8.13 所示,窗洞口常用尺寸:宽度 1 200 mm、1 500 mm,1 800 mm、2 100 mm、2 400 mm ,高度 1 500 mm ,1 800 mm、2 100 mm、2 400 mm。窗扇宽度为 400 ~ 600 mm,高为 800 ~ 1 500 mm,如图 8.13 所示。平开木窗一般为单层玻璃窗。为防止蚊蝇,还可以加纱窗;满足为保温和隔热要求,可设置双层窗。

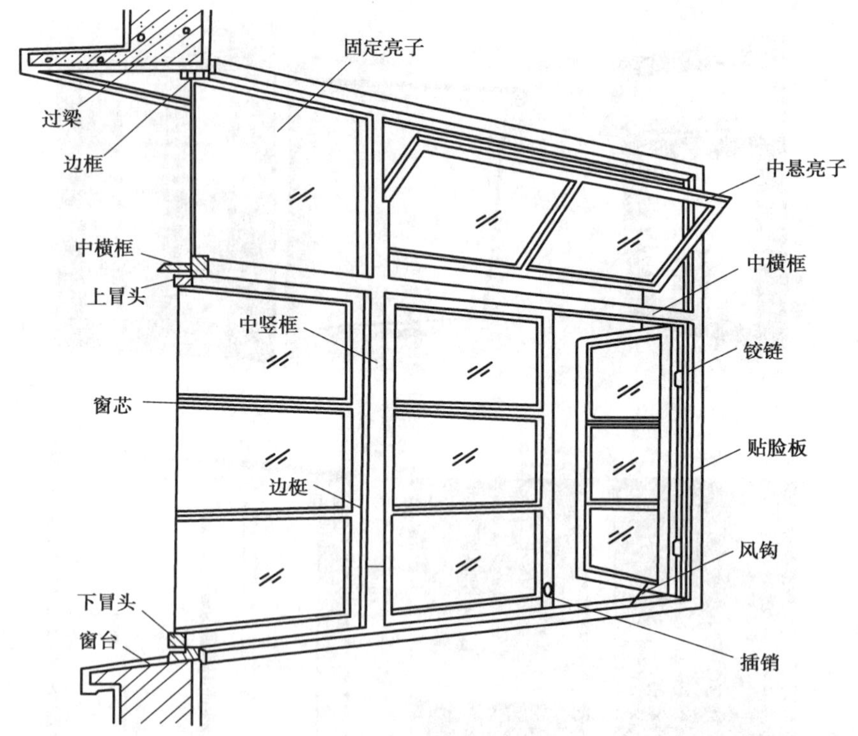

固定亮子
过梁
边框
中悬亮子
中横框
上冒头
中横框
中竖框
铰链
窗芯
贴脸板
边梃
风钩
下冒头
窗台
插销

图 8.12　木窗的组成

宽
高
600
900
1 200
1 500
1 800
2 100
2 400
900
1 200
1 500
1 800
2 100

图 8.13　平开木窗尺寸

(2)窗框

①窗框的安装。窗框是墙与窗扇之间的联系构件,其安装方式一般有立框法和塞框法两种。

a. 立框法。立框法又称立口法,施工时先将窗框立好后再砌窗间墙,为加强窗框与墙的拉结,在窗框上下槛各伸出半砖长的木段,同时在边框外侧 400 ~ 600 mm 处设置一木拉砖或铁

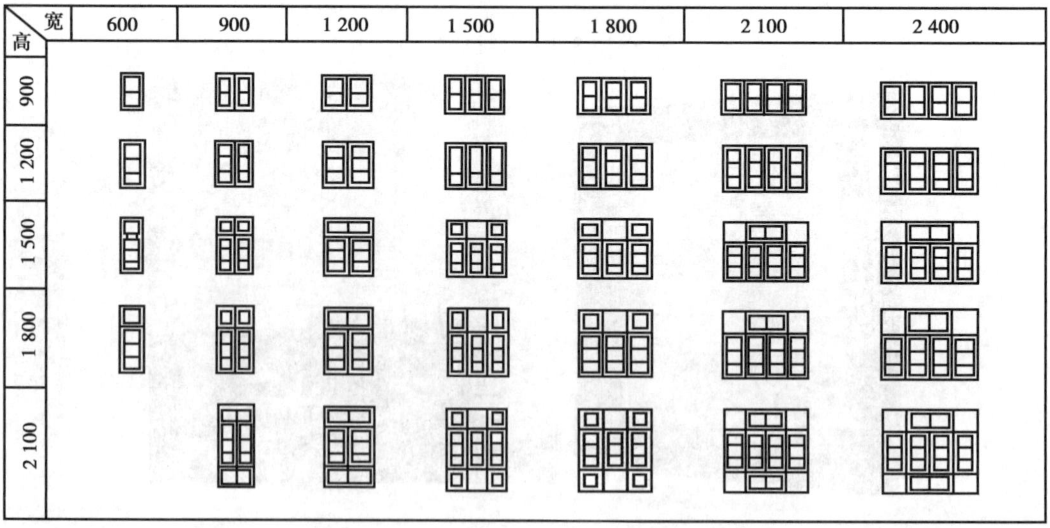

角砌入墙身。这种做法的优点是窗框与墙的连接紧密;缺点是施工不便,窗框及临时支撑易被碰撞,有时会产生移位、破损,现采用较少。

b. 塞框法。塞框法又称塞口法,是在砌墙时预先留出窗洞口,在抹灰前将窗框安装好。为了加强窗框与墙的连接,砌墙时应在窗框两侧每隔 400 ~ 600 mm 砌入一块半砖的防腐木砖。窗洞每侧不少于 2 块木块,安装窗框时用木螺丝将窗框钉在木砖上。这种安装方法的优点是:墙体施工与窗框安装分开进行,避免相互干扰,墙体施工时窗框未到现场,也不会影响施工进度;缺点是:为了安装方便,一般窗洞口净尺寸应大于窗框外包尺寸 20 ~ 30 mm,故窗框与墙体之间的缝较大,若窗洞口较小,则会使窗框安装不上,因此施工时洞口尺寸要预留准确。立框法、塞框法做法如图 8.14 所示。

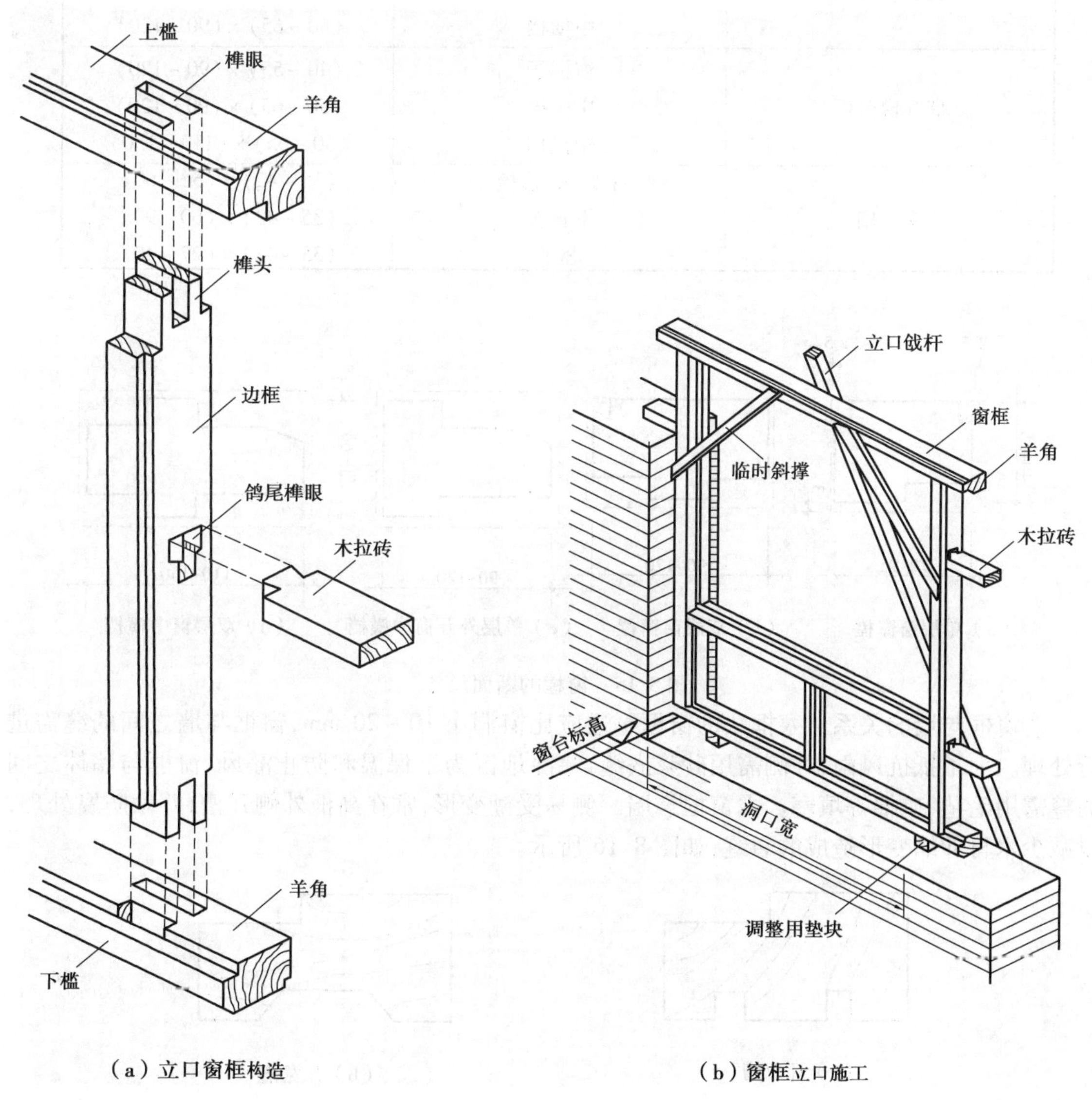

图 8.14 窗框立口

②窗框的断面尺寸。窗框的断面尺寸(指净尺寸)为经验尺寸,除考虑刚度和强度外,还

要考虑窗框接榫牢固。一般尺度的单层窗,四周窗框的厚度为 40 ~ 50 mm,宽度为 70 ~ 95 mm,中竖梃双面窗扇需加厚一个铲口的深度 10 mm。中横档除加厚 10 mm 外,若要加做坡水,一般还要加宽 20 mm,以上二者可加钉 10 mm 厚的铲口条子而不用加厚窗框木料的方法。当一面刨光时,应将毛料的厚度减去 3 mm;当两面刨光时,将毛料厚度减去 5 mm。常见窗框木料尺寸见表 8.1。窗框的断面尺寸如图 8.15 所示。

表 8.1　木窗框及窗扇用料尺寸

种　类	名　称	常用尺寸/ mm
玻璃窗窗框	窗框子	(40 ~ 55) × (70 ~ 95)
	中竖梃	(50 ~ 65) × (70 ~ 95)
	中横档	(50 ~ 65) × (90 ~ 120)
带纱窗窗框	窗框子	(40 ~ 55) × (90 ~ 120)
	中竖梃	(50 ~ 65) × (90 ~ 120)
	中横档	(50 ~ 65) × (110 ~ 150)
窗　扇	上冒头、边梃	(35 ~ 42) × (50 ~ 60)
	下冒头	(35 ~ 42) × (60 ~ 90)
	芯子	(35 ~ 42) × (27 ~ 40)

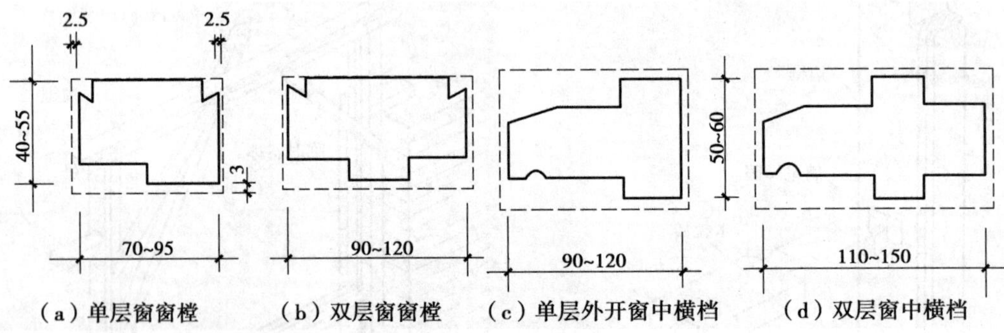

(a) 单层窗窗樘　(b) 双层窗窗樘　(c) 单层外开窗中横档　(d) 双层窗中横档

图 8.15　窗樘的断面尺寸

③窗框与墙的关系。塞框法的窗框每边应比窗洞小 10 ~ 20 mm,窗框与墙之间的缝需进行处理。为了抵抗风雨,外侧需用砂浆嵌缝,寒冷地区为了保温和防止灌风,窗框与墙体之间的缝需用毛毡、矿棉等填塞。木窗框靠墙一侧易受潮变形,常在高框外侧开槽,并做防腐处理,以减少木材伸缩变形造成的裂缝,如图 8.16 所示。

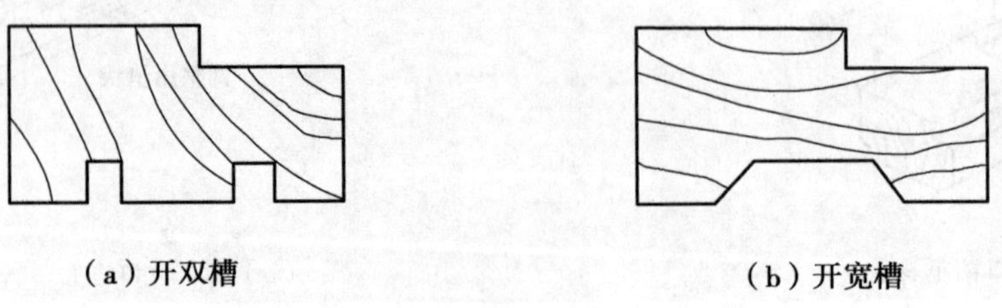

(a) 开双槽　(b) 开宽槽

图 8.16　窗框处理

(3)窗扇

玻璃窗的窗扇一般由上梃、下梃及边梃榫接而成,中间有窗芯。边料尺寸一般为(30 ~ 40)mm × (50 ~ 60)mm,窗芯为 30 mm × 40 mm,多适用红松,与窗框选材一致。为了镶嵌玻璃,在窗的上下梃、边梃及窗芯上均做铲口,铲口宽 10 ~ 12 mm,其深度视玻璃厚度而定,一般为 12 ~ 15 mm,不超过窗扇厚的 1/3。铲口的位置一般在窗的外侧,镶好玻璃后用油灰嵌固,这样有利于窗的密封。两扇窗的接缝处为防止透风雨,加强保温性,可做成高低缝,并加盖缝条,如图 8.17 所示。

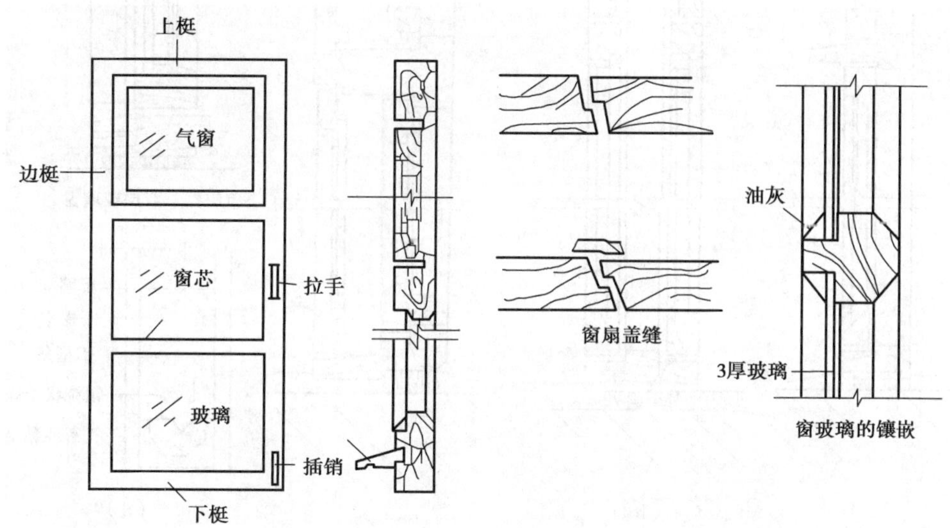

图 8.17　窗扇构造

玻璃窗在一般情况下选用 3 mm 厚的平板玻璃,当窗格尺寸较大时,可考虑选用 5 mm 平板玻璃,如果需要遮挡视线,可选用磨砂玻璃和压花玻璃。

4)平开窗的几种形式

(1)单层窗

单层窗主要适用于南方建筑,在北方寒冷地区,只用在内窗或不采暖的建筑中,如仓库、部分厂房等。单层窗构造简单、经济,窗的开启可以外开,也可以内开,如图 8.18 所示。

(2)双层窗

寒冷地区的建筑外窗普遍采用双层窗。双层窗的开启可以分为内外开和双内开两种方式。在温暖地区和南方地区则有一玻一纱的双层窗。

①内外开木窗。双层窗内外开木窗的窗框在内侧与外侧均做铲口,内层向内开启,外层向外开启,构造安装合理。这种窗的内外窗基本相同,开启方便,如果需要,可将内层窗取下,换成纱窗。

②双内开木窗。双层双内开窗的两层窗扇同时向内开启,外层窗扇较小,以便通过内层窗框。双层内开窗的窗框可以是一个,也可分开为两个。单窗框的双内开窗窗框用料大,以便铲成高、低双口,或采用拼合木框以减少木材的损耗;双窗框的窗,外框各边可比内框小一点,窗框之间的间距一般在 60 mm 以上。为防止雨水渗入,外层窗的窗下冒头要加设坡水板。

双层双内开窗的特点是开启方便、安全、有利于保护窗扇免受风雨袭击、便于擦窗,但构造

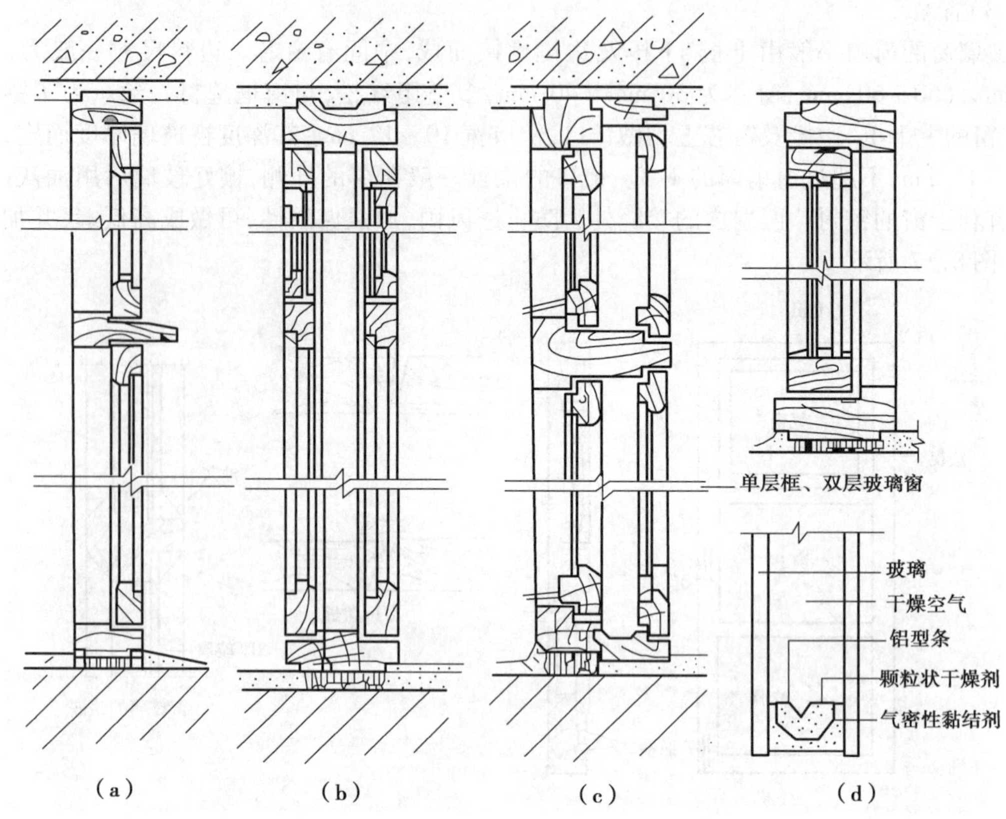

图 8.18　木窗的形式

复杂、结构所占面积较大、采光净面积有所减少。这种窗在我国严寒地区仍广泛应用。

③单框双玻璃。在一层窗扇上，镶装两层或多层玻璃，各层玻璃之间的间距为 6～15 mm，有一定的保温能力。两层玻璃间通过设置夹条以保持间距，这种窗的密闭程度对窗的保温效果夹层内部积尘的多少有很大影响。如采用成品密封中空玻璃，效果更好，但造价较高。中空玻璃目前一般采用的形式是在双层玻璃中间的边缘处夹以铝型条，内装专用干燥剂，并采用专用的气密性黏结剂密封，玻璃间充以干燥空气或惰性气体。玻璃的厚度一般采用 3 mm，面积较大的可采用 5 mm，其间距视气候条件的不同，多采用 6 mm、9 mm。

(3)悬窗

悬窗的类型有上下悬窗、中悬窗和立转窗。悬窗构造如图 8.19 所示。

①上下悬窗。上悬窗与下悬窗在构造上基本相同，因其五金配件的位置而分为不同开启方式。上悬窗大多向外开，防雨效果好，可依重力自动关闭；下悬窗适用于内开窗，通风好、挡雨性较差。

②中悬窗。中悬窗通过窗边梃上的中轴装在边框的中央，窗框上半部分在外侧设铲口，下半部分在内侧设铲口。中悬木窗开启对通风、挡雨都有利，但常用于内窗，外窗多用金属材料制成。

③立转窗。立转窗是将窗轴安装在上下窗梃的中央，开启时一侧向内，另一侧向外，窗框的铲口也是一半在内，另一半在外。立转窗对防水较为不利，但适合于一些特殊形状，如圆形、棱形等。

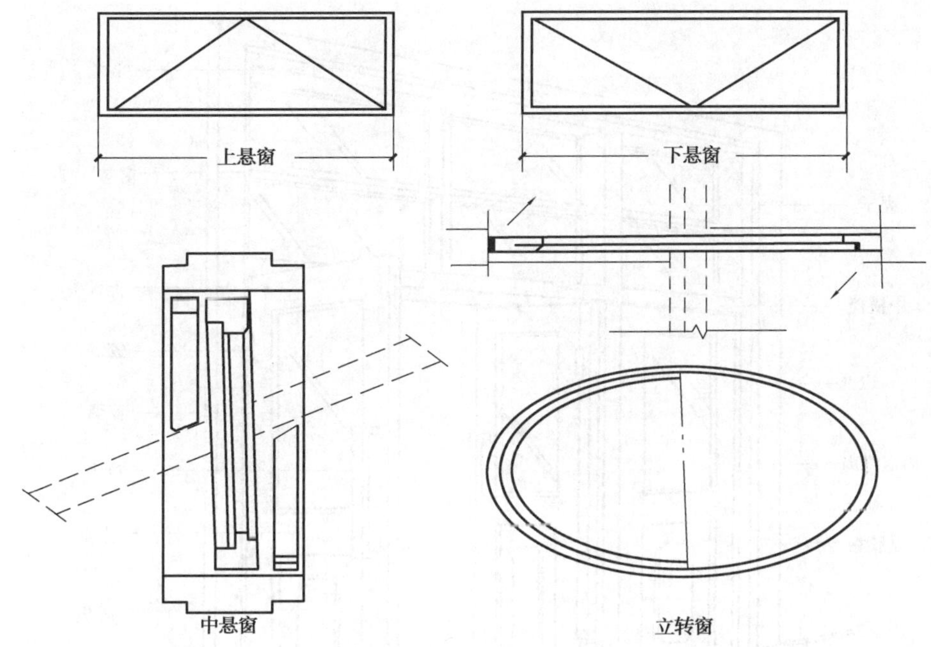

图8.19 悬窗构造

5)平开木门构造

(1)木门的组成与尺寸

木门(图8.20)主要由门框、门扇、亮窗和五金配件等组成,如图8.21所示。门通常有玻璃门、镶板门、夹板门、拼板门等。亮窗又称亮子,在门的上方,形式上可固定,可开启,可供通风、采光用。五金配件常用的有合页、门锁、插销、拉手等。

图8.20 木门实例

门的尺寸主要根据通行、疏散以及立面造型的需要设计,并应符合国家颁布的建筑门窗洞口尺寸系列的标准。在一般的民用建筑中,门的宽度为:单扇门800~1 000 mm,双扇门1 200~1 800 mm。次要的房间门,如厨房、卫生间等的门可以为650~850 mm。门扇的高度一般为1 900~2 100 mm。个别的门,如贮藏、管井维修的门可根据实际情况减小。亮窗的高

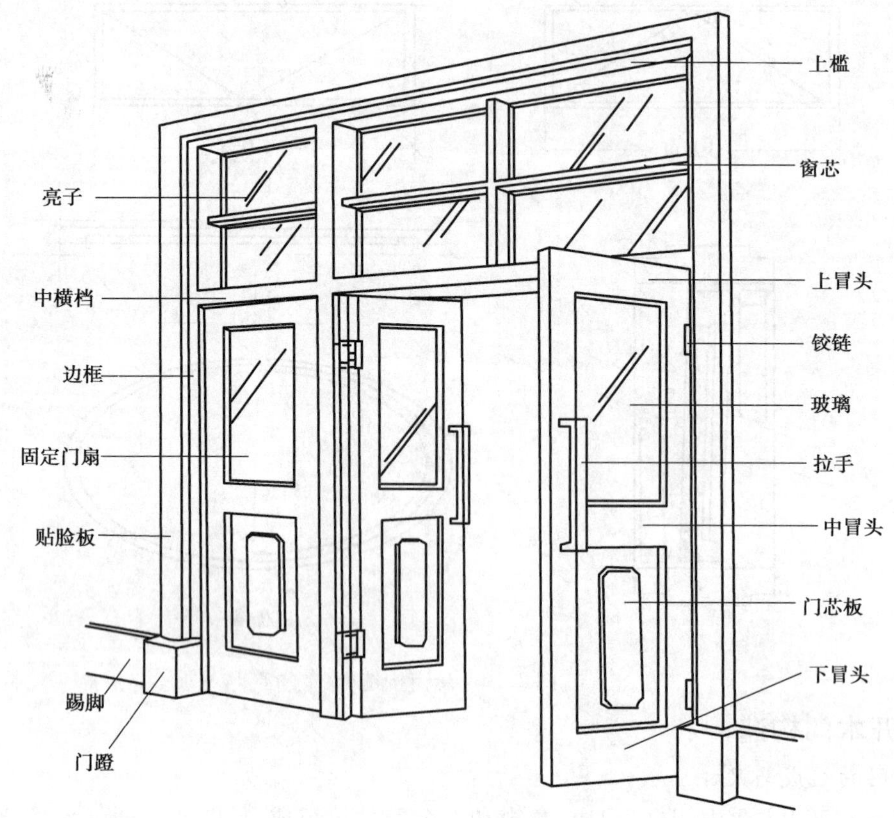

图 8.21　门的组成

度一般为300～600 mm。对于有特殊需要的门,则应根据实际需要扩大尺寸设计。

(2)平开门构造

①门框。门框一般由上框和边框组成。如果门上设有亮窗,则应设中横框;当门扇较多时,需设中竖框;外门及特种需要的门还设有下槛,可作防风、防尘、防水以及保温、隔声之用。

门框的断面形状与窗框基本相同,断面尺寸为(50～70)mm×(100～500)mm(毛料尺寸),门框与墙或混凝土接触的部分应满涂防腐油;为使抹灰与门框嵌牢,门框需做铲灰口,抹灰必须嵌入灰口中,为了防止弯曲开裂,常于背年轮方向开浅槽 1～2 道。

门框构造如图 8.22 所示。

②门扇。

a. 镶板门。镶板门也称框樘门,主要骨架由上下横梃和两边边梃组成框子,中间镶嵌门芯板。由于门芯板的尺寸限制以及造型的需要,还需设几根中横框或中竖梃,如图 8.23 所示。

门芯板厚一般为 15～25 mm,过去用木板拼接,常见的断面形式为中凸出,四边较薄,且用铲线角进行装饰。古典式门样中,对门板及压缝条线脚做了多种装饰性处理,比较常用。现在使用人造板,但人造板容易变形,油漆也易开裂,因此很少用来制作外门。镶板门中的门芯板换成其他材料,即成为纱门、玻璃门、百叶门等。玻璃门可以整块独扇,也可以半块镶玻璃、半

上框
亮窗
上梃
中横框
玻璃
边梃
边框
中梃
拉砖
门芯板
下梃
榫眼
上框
榫
边框
拉砖
门槛
门框
开脚铁
亮子
玻璃
上框
中横框
边框
上冒头
门扇
门梃
中冒头
门芯板
下冒头
中竖框

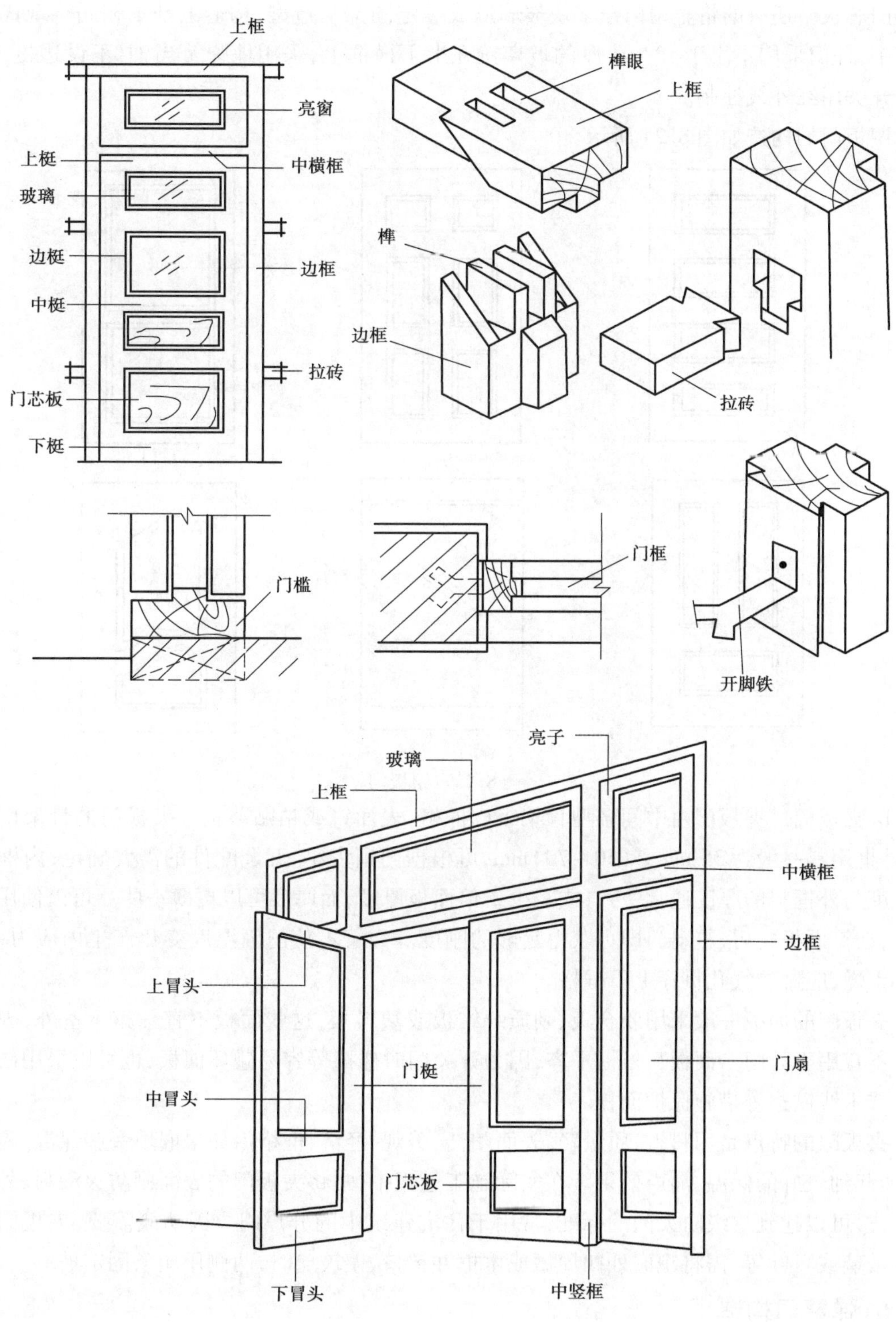

图 8.22　门框构造

块镶门芯板。还有的将整扇门镶多块玻璃形成一定图案与造型,构造上基本相同。现代公共建筑中,外门采用不小于 12 mm 厚的玻璃镶在上下横框上,采用地弹簧当轴,不设边梃,自动推拉开关用红外线控制。

镶板门的构造如图 8.24 所示。

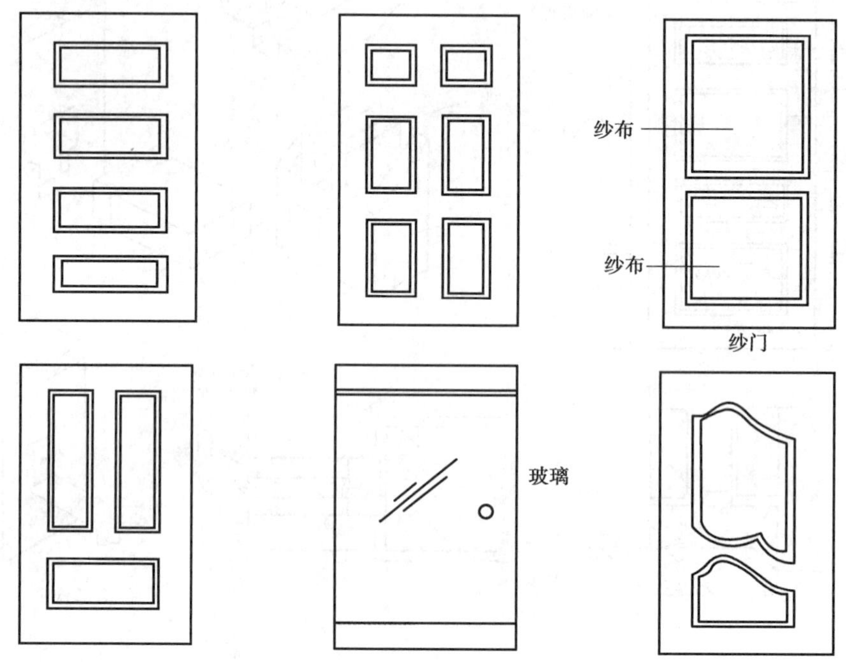

图 8.23　镶板门

b. 夹板门。夹板门由中间轻型骨架组成框格,表面钉或粘贴薄板。夹板门的骨架用料较小,外框用料一般为 35 mm×(50~70)mm,可根据门扇大小、五金配件的需要确定;内框用料的宽度与外框料的厚度通常一致,或减少 2 倍面板厚度,而厚度可以更薄一些。可以使用短料拼接,在钉面板之后,整扇门即可获得足够的刚度。为了不使门因温度变化产生内应力,保持内部干燥,应做透气孔贯穿上下框格。

夹板门的面板一般采用胶合板、硬质纤维板或塑料板,这些面板不宜暴露于室外,因而夹板门不宜用于外门。面板与外框平齐,因为开关门时碰撞等容易碰坏面板,也可以采用硬木条嵌边或木线镶边等措施保护面板。

夹板门的特点是用料省、质量轻、表面整洁、美观、经济,框格内如果嵌填一些保温、隔声材料,能起到较好的保温、隔声效果。在实际施工过程中,常将夹板门的表面刷防火漆料、外包镀锌铁皮,可以达到二级防火门的标准,常用于住宅建筑中的分户门。因功能需要,夹板门上可镶嵌玻璃或百叶等,需将镶嵌处四周做成木框并铲口,镶玻璃时,两侧用压条固定玻璃。

6)弹簧门构造

弹簧门是用普通镶板门或夹板门改用弹簧合页,开启后能自动关闭。弹簧门使用的合页有单面弹簧、双面弹簧和地弹簧之分。单面弹簧门常用于需有温度调节及气味要遮挡的房间,

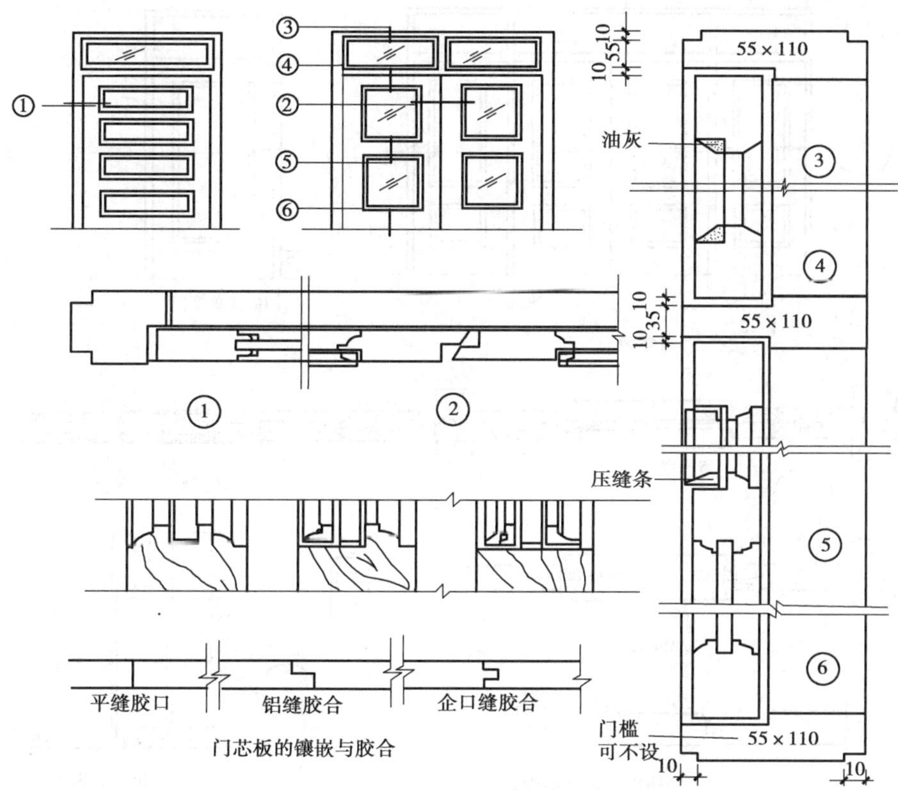

图 8.24　镶板门构造

如厨房、卫生间等。双面弹簧合页或弹簧的门常用于公共建筑的门厅、过厅以及人流出入较多、使用较频繁的房间门。弹簧门不适于幼儿园和中小学的出入口处。为避免人流出入时碰撞，弹簧门上需安装玻璃门。

弹簧门的合页安装在门侧边，地弹簧的轴安装在地下，顶面与地面平齐，只剩下铰轴与铰辊部分，开启时也较隐蔽。地弹簧适合于高标准建筑中入口处的大面积玻璃门等。

弹簧的开关较频繁，受力也较大，因此门梃断面尺寸也比一般镶板门的大。通常上梃及边梃的宽度为 100 ~ 120 mm，下梃宽 200 ~ 300 mm，门扇厚 40 ~ 60 mm，门芯板厚 150 mm。弹簧门的门边框与门的边梃应做成弧形断面，其圆弧半径为门厚的 1 ~ 1.2 倍，门扇边也应将边梃做成弧形，半径可适当放大。为防止开关时碰撞，弹簧门边梃之间应留有一定缝隙，但缝隙太大又会出现漏风、保温不好等情况，寒冷地区在门边梃上钉橡胶等弹性材料以满足保温要求。弹簧门的构造如图 8.25 所示。

7) 门口装饰构造

门的组成部件中还有一部分属于装饰性附件，如贴脸板、筒子板等，这些装饰性附件在许多建筑中都是与门一同设计、一同施工的。

(1) 贴脸板

贴脸板是在门洞四周所钉的木板，其作用是掩盖门框与墙的接缝，也是由墙到门的过渡。

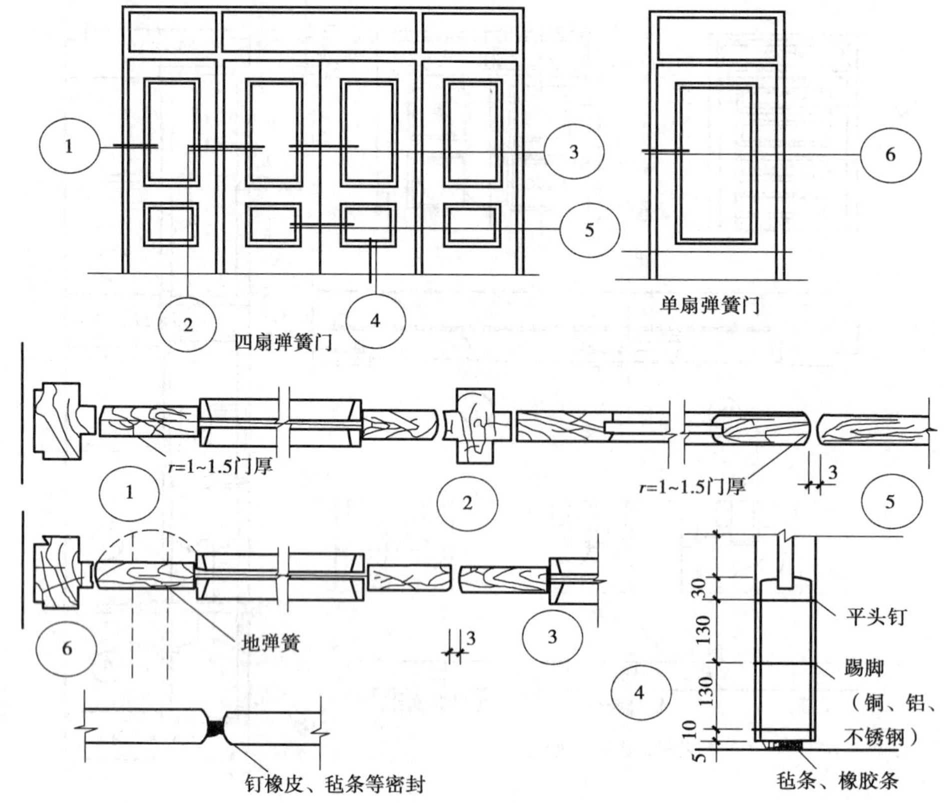

图 8.25　弹簧门构造

贴脸板常用 20 mm 厚,宽 30 ~ 100 mm 的木板。为节省木材,现在也采用胶合板、刨花板等,或多层板、硬木饰面板代替木板。

(2) 筒子板

当门框的一侧或两侧均不靠墙面时,除将抹灰嵌入门框边的铲口内或者用压缝条盖住与墙的接缝外,也往往包钉木板(称为筒子板)。

贴脸板、筒子板与门框之间应连接可靠,高标准建筑中贴脸板与筒子板均依照设计铲线角或用木线嵌压,其构造方式如图 8.26 所示。

8) 其他材料门窗

随着现代技术的不断发展,建筑对门窗的要求也越来越高,木门窗已经远远不能适应大面积、高质量的隔声、防火、防尘、保温、隔热等要求,因此其他材料的门窗,如铝合金门窗和塑料门窗以其各自的优点在不同类型的建筑中得到了广泛应用。下面仅以这两种门窗的构造特点及优缺点作一般性介绍。

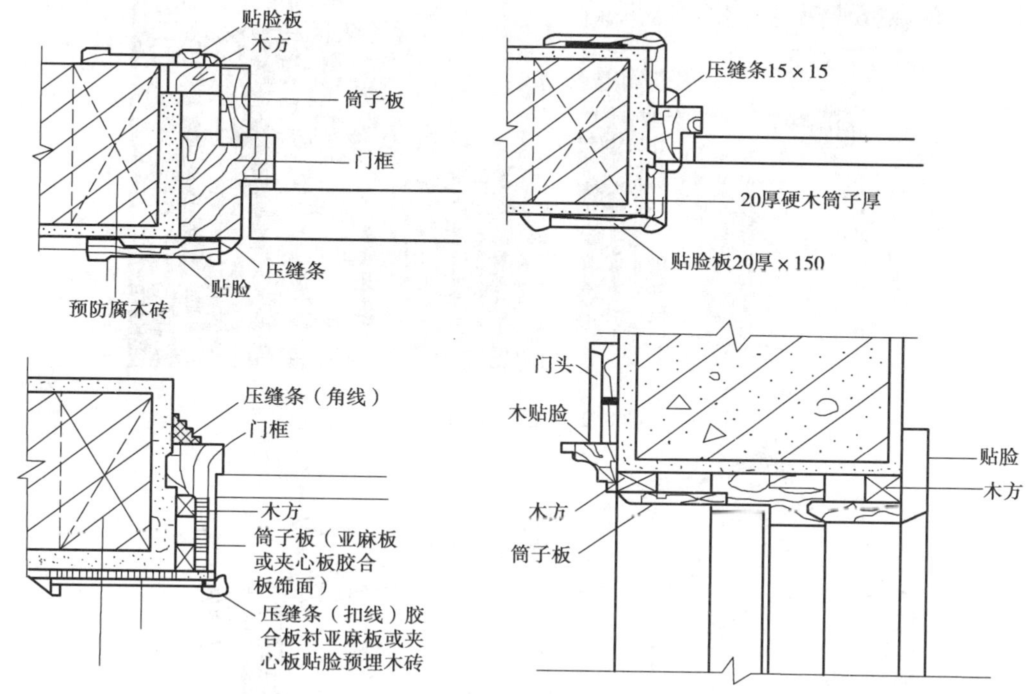

图 8.26 门口装饰构造

8.2 铝合金门窗

铝合金门窗(图 8.27)轻质高强,具有良好的气密性,对有隔声、保温、隔热、防尘等特殊要求的建筑以及风沙、暴雨、腐蚀性气体环境地区的建筑尤为适用。由于强度高,可以有较大的分格,使门窗显得更加通透、明亮。铝合金门窗的耐久性和抗腐蚀性能优于钢木门窗,用成品铝合金型材组装门窗工艺简单、方便,可以现场装配。铝合金门窗的施工方式是塞口式,通过特制的钢质锚固件将门窗框与墙、柱、梁等结构连接。具体做法是采用自攻螺钉或拉锚钉将框与钢锚件连接,安装时将锚件与墙内或钢筋混凝土内预埋的铁件焊接,施工简单、方便。

制作大面积铝合金门窗时,需加中竖框和中横框,常采用铝合金方管。当铝合金门窗玻璃尺寸较时大,常采用 5 mm 厚玻璃,使用玻璃胶或铝合金弹性压条加橡胶或橡胶密封条固定。铝合金门窗多采用推拉式开启,而推拉式门窗的密闭性较差。平开式铝合金玻璃门多采用地弹簧与门的上下梃连接,但框料需加强。铝合金推拉窗的构造如图 8.28 所示。

铝合金型材导热系数大,因此普通铝合金门窗的热桥问题十分突出,新型的热隔断铝型材可以切断热桥。此外,铝合金门窗价格昂贵,而且铝材用途较广,不能大量用于建筑门窗和大量性民用建筑中。

图 8.27　铝合金门窗

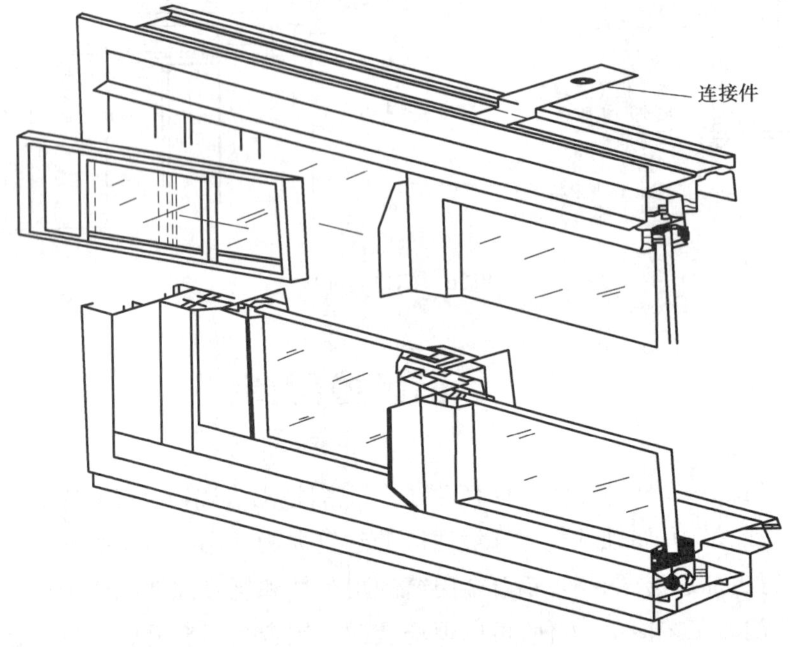

图 8.28　铝合金推拉窗构造

8.3　塑料门窗

塑料门窗具有轻质、耐腐蚀、密闭性好的特性，并且美观新颖，有足够的耐久性，现已大量应用于各种建筑中。其缺点是刚度较差，造价较高。塑料门窗的料型断面为空腹，多空腔式。其开启方式有平开、推拉等，门可以做成折叠门，五金配件多采用配套的专用配件。

当门窗面积较大时，常做成推拉开启的方式。为了改善刚度、强度，在塑料型材空腹内加设薄壁型钢（称为塑钢门窗），如图 8.29 所示。塑钢门窗的所有缝隙都嵌有橡胶或橡胶密封条及毛条，具有良好的气密性和水密性。

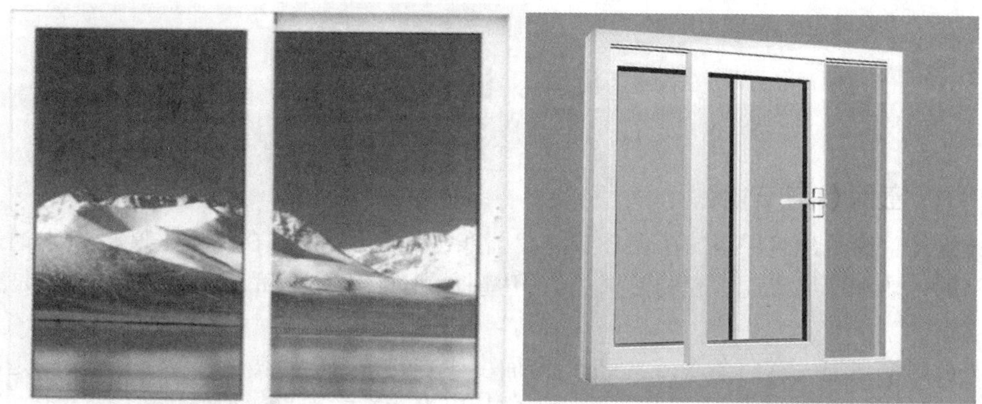

图 8.29　塑钢门窗

塑钢门窗同铝合金门窗相比，保温效果好、造价经济，单框双玻璃窗的传热系数小于双层铝合金窗的传热系数，而造价为其 1/2 左右。但是运输、储存、加工要求严格。塑钢门窗在设计时应满足下列要求：应根据使用和安全要求确定塑钢门窗的抗风压强度性能、传热系数、空气渗透性能及雨水渗透性能。

塑钢门窗的构造如图 8.30 所示。

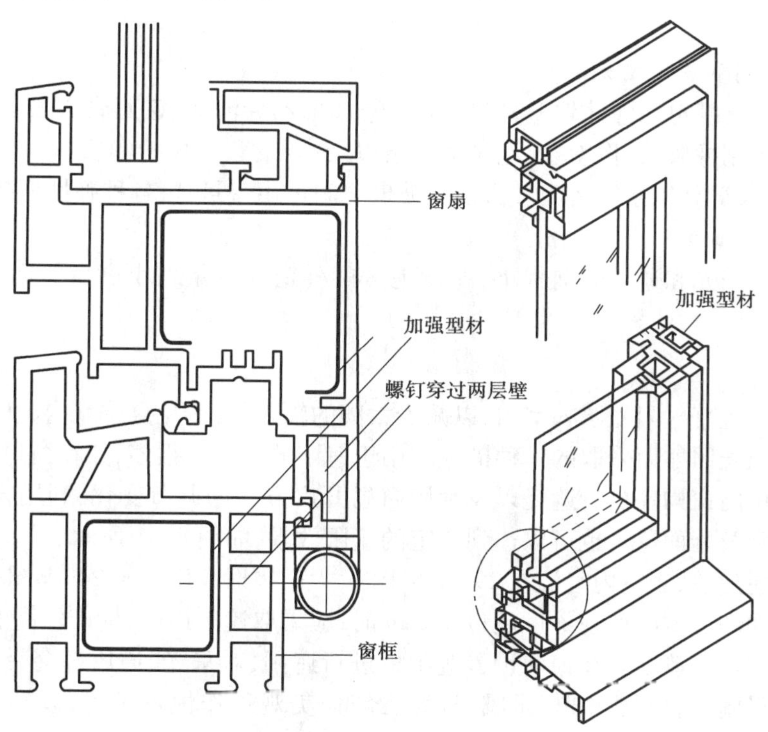

图 8.30　塑钢窗构造

8.4 遮 阳

1）门窗保温与节能

建筑外门窗是建筑保温的薄弱环节。我国寒冷地区的住宅，在一个采暖周期内通过窗与阳台门的传热和冷风渗透引起的热损失，占房屋能耗的45% ~48%，因此门窗节能是建筑节能的重点。

造成门窗热损失有两个途径：一是门窗面由于热传导、辐射以及对流等造成；二是冷风通过门窗各种缝隙渗透造成。因此，门窗节能应从以上两个方面采取构造措施。

(1)增强门窗的保温性能

寒冷地区外窗可以通过增加窗扇层数和增加玻璃层数来提高保温性能，以及采用特种玻璃，如中空玻璃、吸热玻璃、反射玻璃等来达到节能要求。

(2)减少缝的长度

门窗缝隙是冷风渗透的根源，因此为减少冷风渗透，可采用大窗扇，扩大单块玻璃面积，以减少门窗的缝隙；合理减少可开窗扇的面积，在满足夏季通风的条件下，应扩大固定窗扇的面积。

(3)采用密封和密闭措施

框和墙间的缝隙可用弹性软型材料(如毛毡)、聚乙烯泡沫、密封膏以及边框抹灰口等密封。框与扇间可用橡胶条、橡塑条、泡沫密闭条以及高低缝、回风槽等密封。扇与扇之间可用密闭条、高低缝及缝外压条等密闭。窗扇与玻璃之间可用密封膏、各种弹性压条等密封。

(4)缩小窗口面积

在满足室内采光和通风的前提下，寒冷地区的外窗应尽量缩小窗口的面积，以达到节能要求。

2)遮阳

遮阳是了防止直射阳光照入室内，以减少太阳的辐射热，避免夏季室内温度过高以及保护室内物品不受阳光照射而采取的一种措施。用于遮阳的方法有很多，如在窗口悬挂窗帘，设置百叶窗或者利用门窗构件自身遮光以及利用窗扇开启方式的调节变化，利用窗前绿化，雨篷、挑檐、阳台、外廊及墙面花格也可以达到一定的遮阳效果，如图8.31所示。

一般的房屋建筑，当室内气温在29 ℃以上时，太阳辐射强度大于240 kcal/(m^2 · h)，当阳光照射室内时间超过1 h、照射深度超过0.5 m时，应采取遮阳措施，标准较高的建筑只要具备前两条即可考虑设置遮阳。在窗前设置遮阳板进行遮阳，对采光、通风都会带来不利影响，因此在设置遮阳设施时，应对采光、通风、日照、经济、美观等作慎重考虑，以达到功能、艺术的统一。

窗户遮阳板按其形状可分为水平遮阳、垂直遮阳、混合遮阳及挡板遮阳4种形式，如图8.32所示。

(1)水平遮阳板

在窗口上方设置一定宽度的水平方向的遮阳板，能够遮挡从窗口上方照射下来的阳光，适

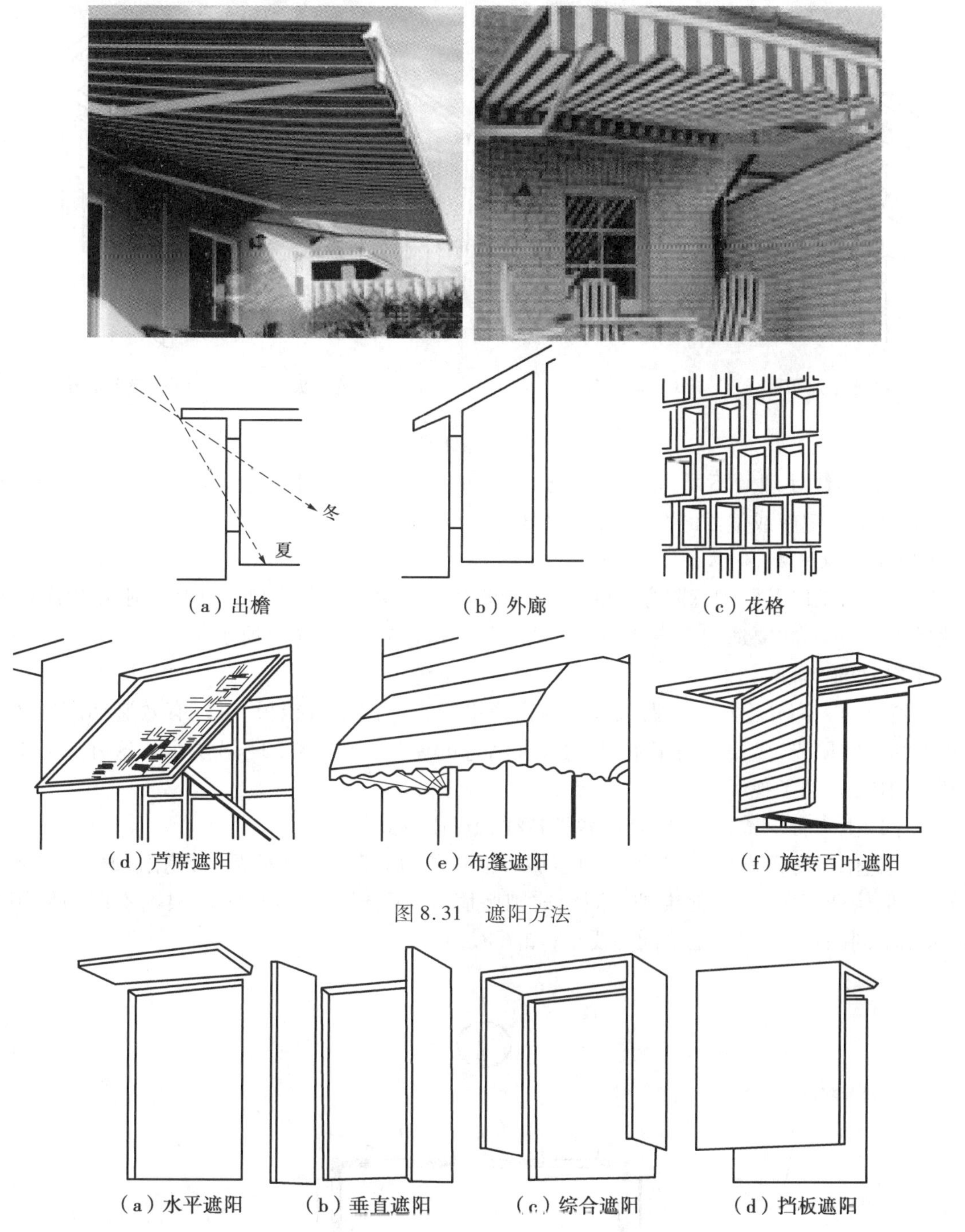

（a）出檐　（b）外廊　（c）花格

（d）芦席遮阳　（e）布篷遮阳　（f）旋转百叶遮阳

图 8.31　遮阳方法

（a）水平遮阳　（b）垂直遮阳　（c）综合遮阳　（d）挡板遮阳

图 8.32　遮阳形式

用于南向及其附近朝向的窗口。水平遮阳板可做成实心板式百叶板，较高大的窗口可在不同高度上设置双层或多层水平遮阳板，以减少板的出挑宽度，如图 8.33(a)所示。

(2)垂直遮阳板

在窗口上方设置垂直方向的遮阳板，能够有效遮挡从窗口两侧斜射过来的阳光。根据光

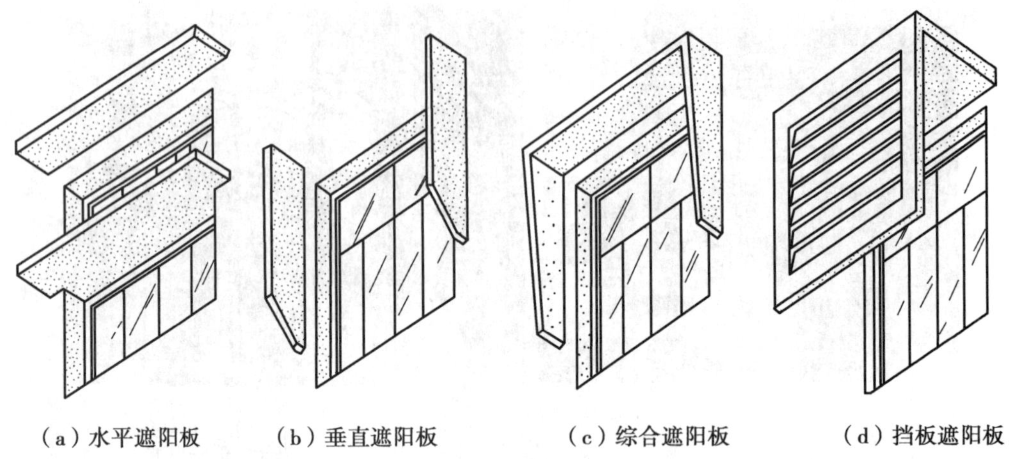

图 8.33　遮阳板形式

线的来向和具体处理的不同,垂直遮阳板可以垂直于墙面,也可以与墙面形成一定的垂直夹角,主要适用于偏南或偏西的窗口,如图 8.33(b)所示。

(3)综合遮阳板

综合遮阳是以上两种遮阳方式的综合,能够遮挡从窗口左右两侧及前上方射来的阳光,遮阳效果比较均匀,主要适用于南向、东南、西向的窗口,如图 8.33(c)所示。

(4)挡板遮阳板

在窗口前方离开窗口一定距离设置与窗户平行方向的垂直挡板,可以有效遮挡高度较小的正射窗口的阳光,主要适用于东、西向及其附近的窗口,如图 8.33(d)所示。这种遮阳形式不利于通风,遮挡了视线。

基于以上 4 种形式,可以组合成各种各样的遮阳形式。

这些遮阳板可以做成固定的,也可以做成活动的,后者可以灵活调节,遮阳、通风、采光效果较好,但构造复杂,需经常维护。固定式则坚固、耐用、经济。设计时应根据不同的使用要求,采用不同的形式,以满足不同的要求,如图 8.34 所示。

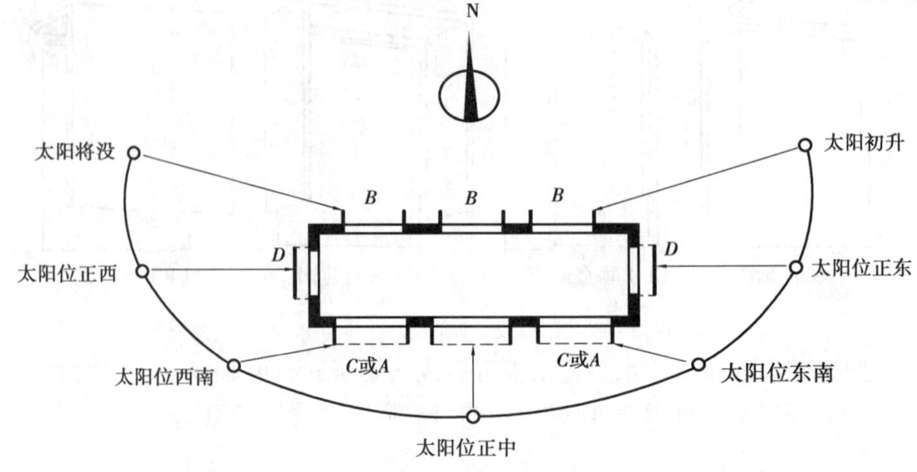

图 8.34　选择遮阳板的依据

本章小结

(1)门窗应满足的要求:交通安全方面的要求,采光、通风方面的要求,围护作用方面的要求,美观方面的要求,门窗设计中应注意的问题。

(2)窗按开启方式一般分平开窗、旋转窗、推拉窗等。窗洞尺寸一般采用 3M 数列作为标准尺寸。

(3)门按开启方式一般分平开门、推拉门、弹簧门、折叠门等。门洞的高度应符合建筑的使用要求,并符合《建筑模数协调统一标准》的规定。

(4)门由门框、门扇、五金等组成。窗由窗框、窗扇、五金及附件组成。

(5)塑钢门窗的特点:质量轻,防火性、耐久性及维护性能好,装饰性强。

(6)铝合金门窗的特点:质量轻,强度高,具有良好的使用性能,美观大方,坚固耐用。

(7)遮阳形式:窗户遮阳板按其形状可分为水平遮阳、垂直遮阳、综合遮阳及挡板遮阳 4 种形式。

第9章 变形缝

9.1 变形缝的种类、作用及要求

建筑物由于受到温度变化、地基不均匀沉降以及地震作用的影响,结构内部将产生附加的应力和应变,如不采取措施或处理不当,会使建筑物开裂甚至倒塌。为防止出现这种情况,可采取"阻"或"让"这两种措施。"阻"是通过加强建筑物的整体性,使其具有足够的强度与刚度,以阻止这种破坏;"让"是在这些变形敏感部位将结构断开,使建筑物各部分能自由变形,以减小附加应力,以退让的方式避免破坏。建筑物中这种预留缝隙的做法称为变形缝。

9.1.1 变形缝的种类及设置原则

变形缝(图9.1)按其所起作用不同分为伸缩缝、沉降缝和防震缝3种。

图9.1 变形缝

1)伸缩缝

建筑物处于昼夜、冬夏的温度变化环境中，由于热胀冷缩使结构内部产生温度的应力和应变，并随着建筑物长度的增加而增加，当应力和应变达到一定数值时，建筑物将会出现开裂甚至破坏。为避免这种情况的发生，常沿建筑物长度方向每隔一定距离，或结构变化较大处预留缝隙，将建筑物断开。这种由于温度变化而设置的缝隙称为伸缩缝，又称温度缝。

伸缩缝应设在因温度和收缩变形引起应力集中，产生裂缝可能性最大处。

对下列情况，表9.1中的伸缩缝最大间距宜适当减小：

①柱高(从基础顶面算起)低于8 m的排架结构。

②屋面无保温、隔热措施的排架结构。

③位于气候干燥地区、夏季炎热且暴雨频繁地区的结构或经常处于高温作用下的结构。

④采用滑模类工艺施工的各类墙体结构。

⑤混凝土材料收缩较大，施工期外露时间较长的结构。

表9.1　钢筋混凝土结构伸缩缝最大间距　　单位：m

结构类型		室内或土中	露　天
排架结构	装配式	100	70
框架结构	装配式	75	50
	现浇式	55	35
剪力墙结构	装配式	65	40
	现浇式	45	30
挡土墙、地下室墙壁等类结构	装配式	40	30
	现浇式	30	20

注：①装配整体式结构的伸缩缝间距，可根据结构的具体情况取表中装配式结构与现浇式结构之间的数值。

②框架-剪力墙结构或框架-核心筒结构房屋的伸缩缝间距，可根据结构的具体情况取表中框架结构与剪力墙结构之间的数值。

③当屋面无保温或隔热措施时，框架结构、剪力墙结构的伸缩缝间距宜按表中露天栏的数值取用。

④现浇挑檐、雨罩等外露结构的局部伸缩缝间距不宜大于12 m。

另外，也有采用附加应力钢筋来加强建筑物的整体性，以抵抗可能产生的温度应力，使之少设缝或不设缝，但具体应经过计算再确定。

2)沉降缝

沉降缝是指为防止建筑物各部分由于地基不均匀沉降引起房屋破坏所设置的垂直缝。为了使沉降缝两侧的结构体能自由沉降，要求建筑物从基础到屋顶的结构部分全部断开。凡符合下列情况之一者应设置沉降缝：

①当建筑物建造在不同的地基上，且难以保证不出现不均匀沉降时。

②同一建筑物相邻部分的层数相差两层以上或层高相差超过10 m、荷载相差悬殊或结构形式变化较大时。

③新建建筑物与原有建筑相毗邻时。

④当建筑平面形式复杂、连接部位又较薄弱时。

⑤相邻的基础宽度和埋置深度相差较大时，沉降缝可兼有伸缩缝的作用，其构造与伸缩缝基本相同，但盖缝条和调节片构造必须保证在水平方向和垂直方向能自由变形。

沉降缝的设置位置如图9.2所示。

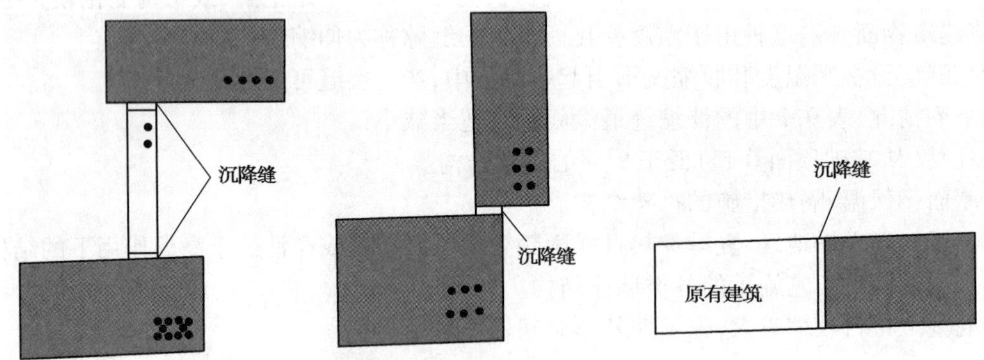

图9.2 沉降缝的设置位置示意图

3）防震缝

防震缝是为防止建筑物各部分在地震时相互撞击引起破坏而设置的缝隙。通过防震缝将建筑物划分成若干个体型简单、结构刚度均匀的独立单元。对有下述情况的建筑物，需考虑设置防震缝，如图9.3所示。

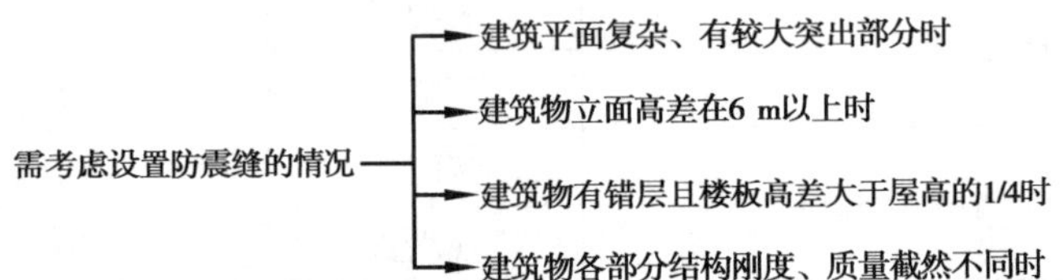

图9.3 需考虑设置防震缝的情况

防震缝应沿建筑物全高设置，并用双墙使各部分结构封闭。通常基础可不分开，但对于平面复杂的建筑物或与沉降缝合并考虑时，基础也应分开。

9.1.2 变形缝的宽度尺寸

1）伸缩缝

伸缩缝要求把建筑物的墙体、楼板层、屋顶等地面以上部分全部断开，基础部分因受温度变化影响较小而不必断开。伸缩缝的缝宽一般为20～30 mm。伸缩缝的最大间距，即建筑物的允许连续长度与结构的形式、材料、构造方式及所处环境有关。结构设计规范对钢筋混凝土结构及砌体结构建筑物中伸缩缝的最大间距所作规定见表9.1和表9.2。

2）沉降缝

沉降缝的设缝目的是解决不均匀沉降变形，故应从基础开始断开。沉降缝的宽度按表9.3所列尺寸选取。

表 9.2　砌体房屋伸缩缝最大间距

单位：m

屋盖或楼盖类别		间　距
整体式或装配整体式钢筋混凝土结构	有保温层或隔热层的屋盖、楼盖	50
	无保温层或隔热层的屋盖	40
装配式无檩体系钢筋混凝土结构	有保温层或隔热层的屋盖、楼盖	60
	无保温层或隔热层的屋盖	50
装配式有檩体系钢筋混凝土结构	有保温层或隔热层的屋盖	75
	无保温层或隔热层的屋盖	60
瓦材屋盖/木屋盖或楼盖/轻钢屋盖		100

注：①对烧结普通砖、烧结多孔砖、配筋砌块砌体房屋，取表中数值；对石砌体、蒸压灰砂普通砖、蒸压粉煤灰普通砖、混凝土砌块、混凝土普通砖和混凝土多孔砖房屋，取表中数值乘以 0.8 的系数，当墙体有可靠外保温措施时，其间距可取表中数值。

②在钢筋混凝土屋面上挂瓦的屋盖应按钢筋混凝土屋盖采用。

③层高大于 5 m 的烧结普通砖、烧结多孔砖、配筋砌块砌体结构单层房屋，其伸缩缝间距可按表中数值乘以 1.3。

④温差较大且变化频繁地区和严寒地区不采暖的房屋及构筑物墙体的伸缩缝的最大间距，应按表中数值予以适当减小。

⑤墙体的伸缩缝应与结构的其他变形缝相重合，缝宽度应满足各种变形缝的变形要求；在进行立面处理时，必须保证缝隙的变形作用。

表 9.3　沉降缝宽度

地基性质	建筑物高度(H)或层数	缝宽/mm
一般地基	$H<5$ m $H=5\sim10$ m $H=10\sim15$ m	30 50 70
软弱地基	2~3 层 4~5 层 6 层以上	50~80 80~110 ≥110
湿陷性黄土地基		≥30~70

注：沉降缝两侧结构单元层数不同时，由于高层部分影响，底层结构的倾斜往往很大。因此，沉降缝的宽度应按高层部分确定。

当建筑采用以下构造措施和施工措施减小温度和混凝土收缩对结构的影响时，可适当放宽伸缩缝的间距：

a. 在顶层、底层、山墙和纵墙端开间等受温度变化影响较大的部位提高配筋率。

b. 顶层加强保温隔热措施，外墙设置外保温层。

c. 30~40 m 间距留出施工后浇带，带宽 800~1 000 mm，钢筋可采用搭接接头。后浇带混凝土宜在 45 d 后浇筑，后浇带混凝土浇筑时温度宜低于主体混凝土浇筑时的温度。

还有，当采取以下措施时，高层部分与裙房之间可连接为整体而不设沉降缝：

a. 采用桩基，桩支撑在基岩上或采取减少沉降的有效措施，并经计算沉降差在允许范围内。

b. 主楼与裙房采用不同的基础形式，并宜先施工主楼，后施工裙房，调整土压力，使后期基本接近。

c. 地基承载力较高、沉降计算较为可靠时，主楼与裙房的标高预留沉降差，先施工主楼，后施工裙房，使施工后两者标高基本一致。

在 a、b 的两种情况下，施工时应在主楼与裙房之间留后浇带，待沉降基本稳定后再连为整体。设计中应考虑后期沉降差的不利影响。

3）防震缝

防震缝的宽度应根据建筑物的高度和抗震设计烈度来确定。

①在多层砌体房屋和底部框架砌体房屋中一般取 70～100 mm。

②钢筋混凝土房屋需要设置防震缝时，防震缝宽度应分别符合下列要求：

a. 框架结构（包括设置少量抗震墙的框架结构）房屋的防震缝宽度，当高度不超过 15 m 时不应小于 100 mm；高度超过 15 m 时，6 度、7 度、8 度和 9 度分别每增加高度 5 m、4 m、3 m 和 2 m，宜加宽 20 mm；

b. 框架-抗震墙结构房屋的防震缝宽度不应小于 a 项规定数值的 70%，抗震墙结构房屋的防震缝宽度不应小于 a. 项规定数值的 50%，且均不宜小于 100 mm；

c. 防震缝两侧结构类型不同时，宜按需要较宽防震缝的结构类型和较低房屋高度确定缝宽。

9.2 变形缝的构造做法

变形缝的构造应在不影响结构单元之间位移的前提下，满足其围护性能、耐久性能和装饰性能的需求，因此应采取一定的构造方法对其进行覆盖处理。

9.2.1 墙体变形缝

根据墙的厚度，变形缝可做成平缝、错口缝或企口缝，如图 9.4 所示。墙体较厚时，应采用错口缝或企口缝，有利于保温和防水。但防震缝应做成平缝，以便适应地震时建筑物的摇摆。

外墙变形缝应保温、防水，并注意立面美观。根据缝宽的大小，缝内一般应填塞具有防水、保温和防腐性的弹性材料，如沥青麻丝、橡胶条、聚苯板、油膏等。变形缝外侧常用耐气候性好的镀锌铁皮、铝板等覆盖，但应注意金属盖板的构造处理，要分别适应伸缩、沉降或震动摇摆的

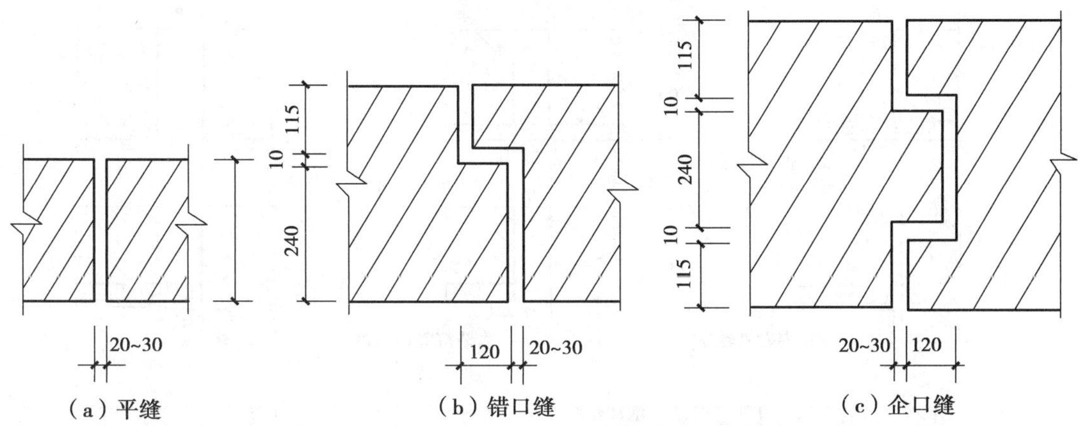

图 9.4　墙身变形缝的接缝形式

变形需要。外墙变形缝的构造做法如图 9.5 所示。内墙变形缝的构造主要应考虑室内环境的装饰协调,有的还要考虑隔声、防火。一般采用具有一定装饰效果的木条遮盖,也可采用金属板盖缝,但都要注意能适应不同的变形要求。内墙变形缝的构造做法如图 9.6 所示。

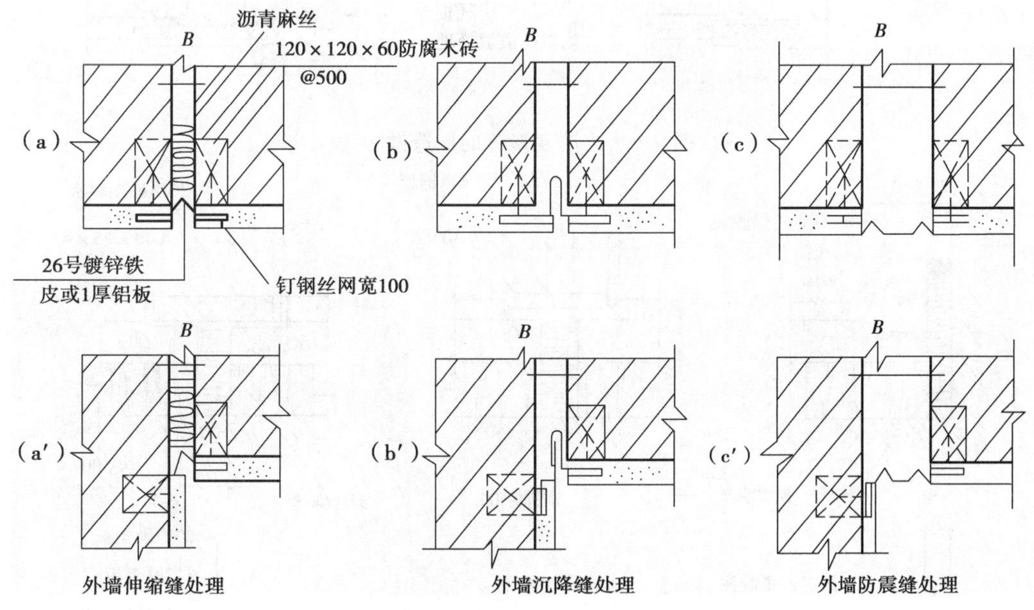

图 9.5　外墙变形的构造做法

9.2.2　楼地层变形缝

楼地层变形缝的位置和宽度应与墙体变形缝一致。其构造特点为方便行走,防火和防止灰尘下落,卫生间等有水环境还应考虑防水处理。

楼地层的变形缝内常填塞具有弹性的油膏、沥青麻丝、金属或橡塑类调节片等,上铺与地面材料相同的活动盖板、金属板或橡胶片等。

楼地面变形缝的构造做法如图 9.7 所示。

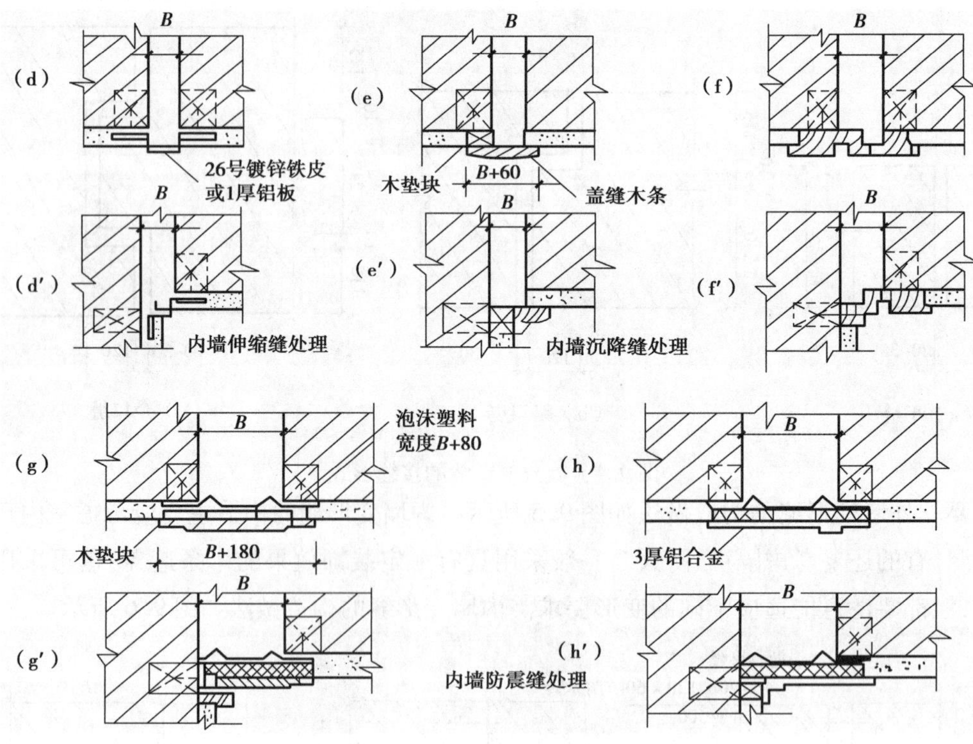

图 9.6 内墙变形缝的构造做法

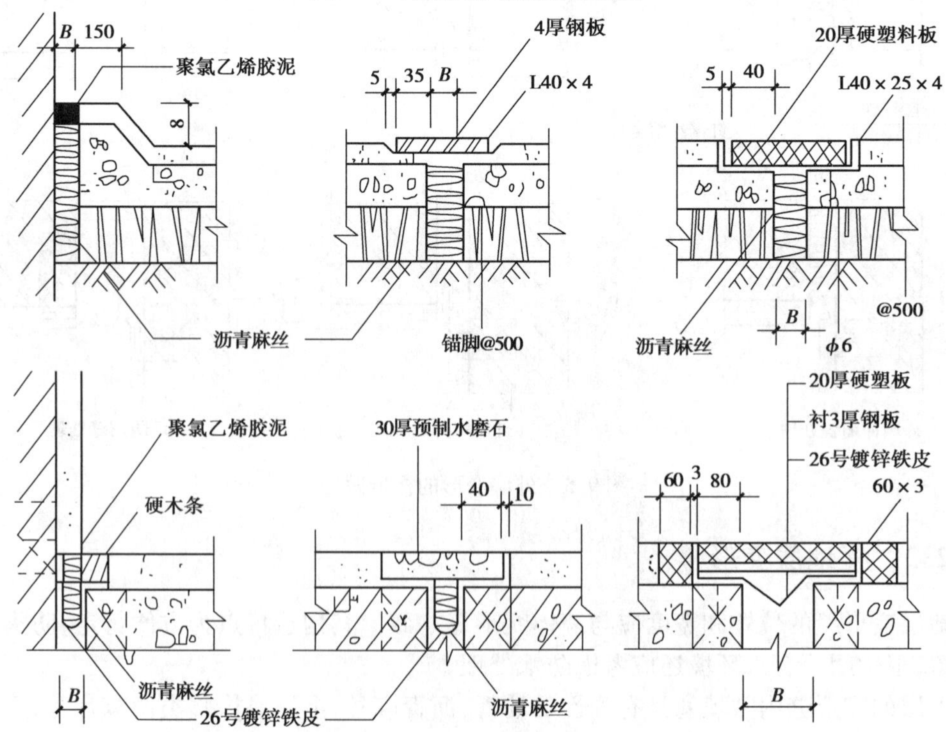

图 9.7 楼地面变形缝的构造做法

顶棚处的变形缝可用木板、金属板或其他吊顶材料覆盖，但构造上应注意不能影响结构的变形，若是沉降缝，则应将盖板固定于沉降较大的一侧。顶棚变形缝的构造做法如图 9.8 所示。

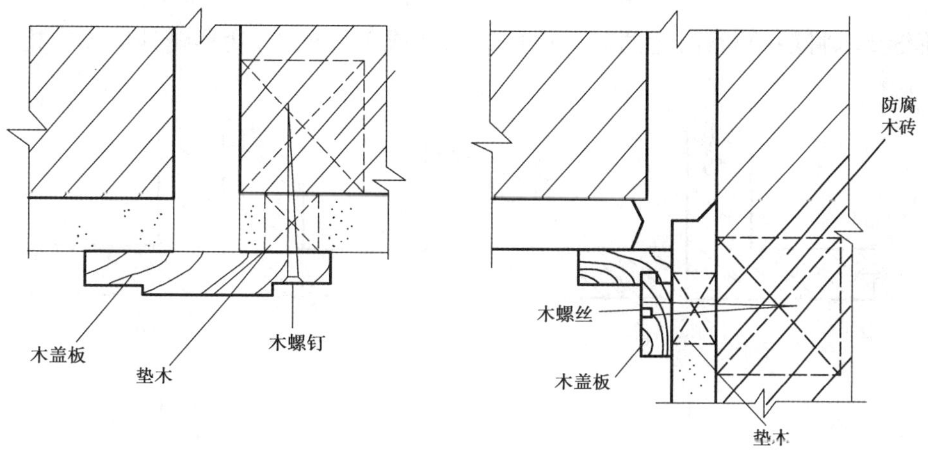

图 9.8　顶棚变形缝的构造做法

9.2.3　屋顶变形缝

屋顶变形缝在构造上主要解决防水、保温等问题。屋顶变形缝一般设于建筑物的高低错落处，也见于两侧屋面同一标高处。不上人屋顶通常在缝的一侧或两侧加砌矮墙或做混凝土凸缘，高出屋面至少 250 mm，再按屋面泛水构造要求将防水层沿矮墙上卷，固定于预埋木砖上，缝口用镀锌铁皮、铝板或混凝土板覆盖。盖板的形式和构造应满足两侧结构自由变形的要求。寒冷地区为了加强变形缝处的保温，缝中应填塞沥青麻丝、岩棉、泡沫塑料等具有一定弹性的保温材料。上人屋面因使用要求不同，一般不设矮墙，但应做好防水，避免渗漏。

屋顶变形缝处墙体结构如图 9.9 所示。

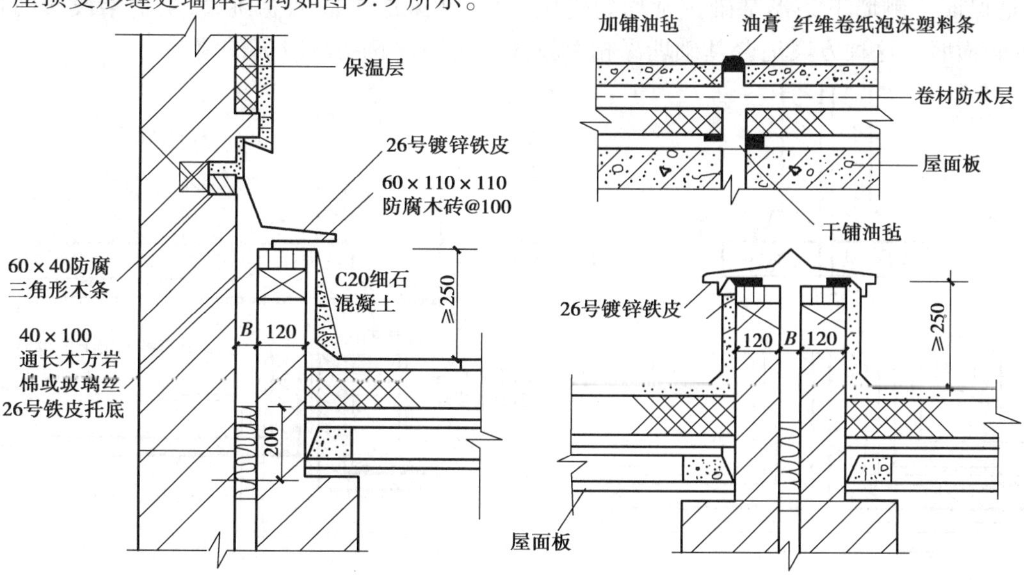

图 9.9　屋顶变形缝处墙体结构

9.2.4　基础变形缝

沉降缝要求将基础断开，缝两侧一般可为双墙或单墙处理，变形缝处墙体结构如图9.10所示。

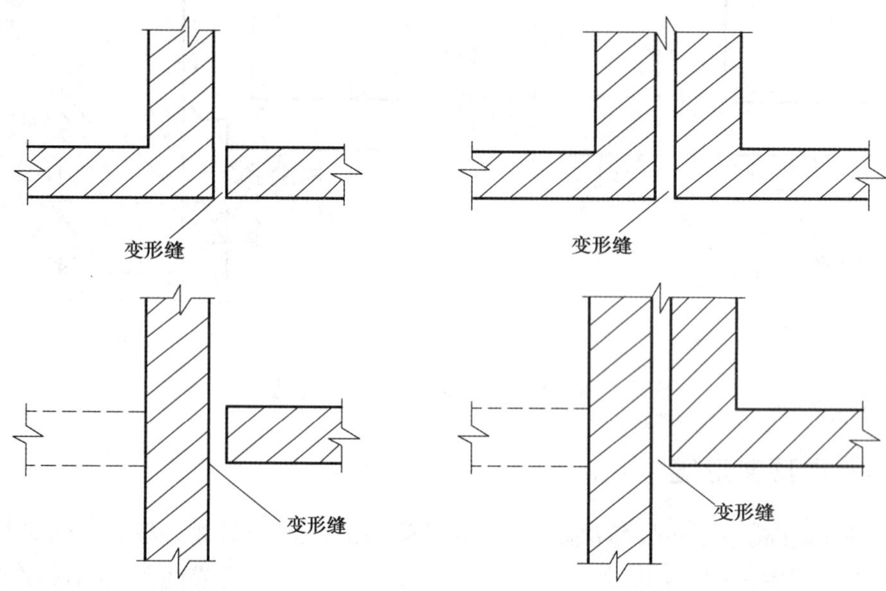

图9.10　基础变形缝处墙体结构

1)双墙基础方案

双墙双条形基础(图9.11)、且地面以上独立的结构单元都有封闭连续的纵横墙，结构空间刚度大，但基础偏心受力，并在沉降时相互影响。另一种做法是设双墙挑梁基础(图9.12)，特点是保证一侧墙下条形基础正常均匀受压，另一侧采用纵向墙悬挑梁，梁上架设横向托墙梁，再做横墙。这种方案适合基础埋深相差较大或新旧建筑物相毗邻的情况。

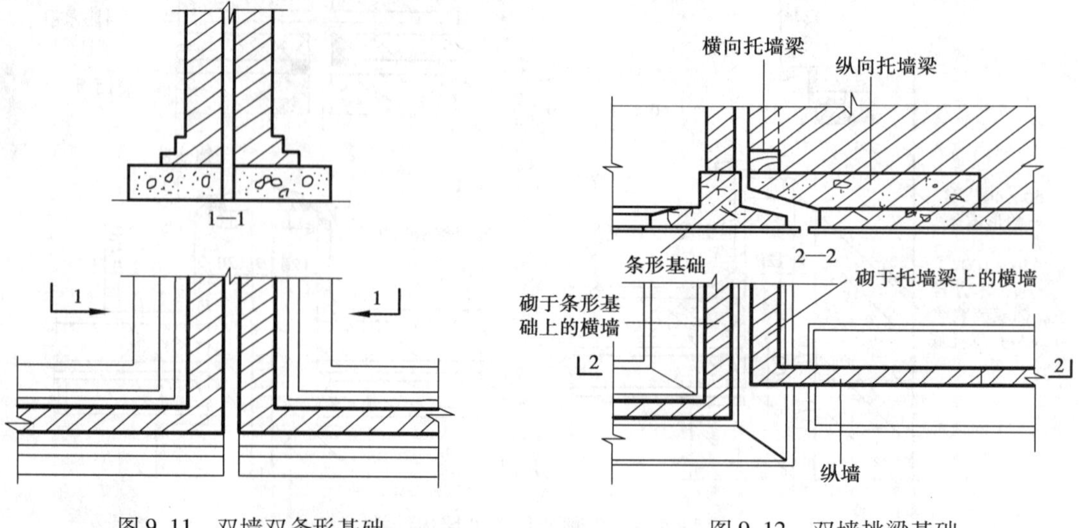

图9.11　双墙双条形基础　　图9.12　双墙挑梁基础

2) 单墙基础方案

单墙基础方案也称挑梁式方案，即一侧墙体正常做条形受压基础，而另一侧也做正常条形受压基础，两基础之间互不影响，用上部结构出挑实现变形缝的要求宽度，如图 9.13 所示。这种做法尤其适用于新旧建筑毗连时，处理时应注意旧建筑与新建筑的沉降不同对楼地面标高的影响，一般要计算新建建筑物的预计沉降量。

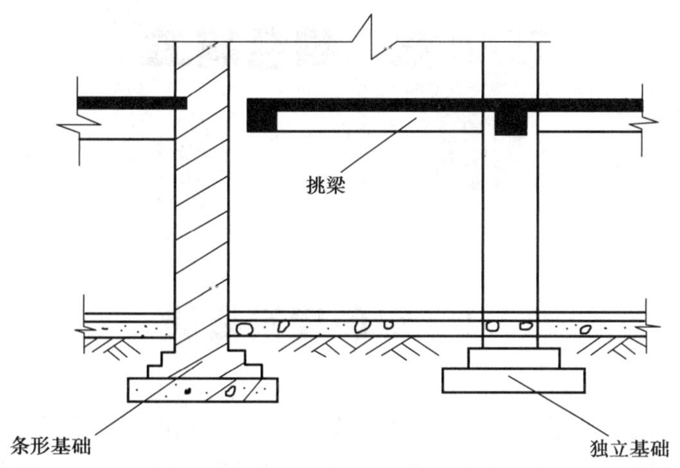

图 9.13　单墙基础

本章小结

变形缝有伸缩缝、沉降缝、防震缝 3 种，分别是为了防止建筑物因温度变化、地基不均匀沉降及地震引起的建筑物裂缝或破坏而设置。变形缝因其功能不同，缝的宽度不同，但其构造设计的要点基本相同，即要求在产生位移和变形时不受阻，不破坏建筑物的结构和建筑饰面层。同时，应根据其部位和需要，分别采取防水、防火、保温等措施。在学习过程中应注意以下几点：

(1) 变形缝类型及其各自的设置原则。重点了解不同建筑类型中，设置伸缩缝的最大间距离。

(2) 3 种变形缝的设置要求：伸缩缝要求把建筑物的墙体、楼板层、屋顶等地面以上的部分全部断开，基础部分因受温度变化影响较小而不必断开，且缝宽较小，一般为 20 ~ 40 mm。沉降缝要求建筑物从基础到屋顶的结构部分全部断开，缝宽受地基土质、建筑物高度或层数的影响。当伸缩缝和沉降缝合并考虑时，沉降缝可代替伸缩缝，而伸缩缝不能代替沉降缝。抗震缝应沿建筑物全高设置，并用双墙使各部分结构封闭，通常基础可不分开，缝宽受建筑物高度和抗震烈度影响。

(3) 掌握变形缝的构造做法，能绘图说明变形缝在墙体、楼地面、顶棚、屋面以及基础处变形缝的构造做法。

第 10 章　绿色施工

10.1　绿色建筑概述

所谓“绿色建筑”的“绿色”，并不是一般意义上的立体绿化、屋顶花园，而是表示一种概念或象征。所谓绿色建筑，不仅要能够提供舒适、安全的室内环境，同时应具有与自然环境相和谐的良好的建筑外部环境，能充分利用环境自然资源，并且在不破坏环境基本生态平衡条件下建造的一种建筑，又可称为可持续发展建筑、生态建筑、回归大自然建筑、节能环保建筑等。

1）绿色建筑的定义

绿色建筑是指在整个建筑物的全生命周期中，从选址、设计、建造、运行、维修及拆除等方面都要最大限度地节约资源（节能、节地、节水、节材）、保护环境和减少污染，为人们提供健康、适用和高效的使用空间，并与自然和谐共生的高质量建筑。绿色建筑环境的设计是一个建筑物的整体设计，其可持续性要综合考虑所有资源，无论是材料、燃料或使用者本身。绿色建筑涉及许多需要解决的问题，因为设计的每一环节都会对环境造成影响。

2）绿色建筑的内涵

绿色建筑的内涵（图 10.1）主要包含以下 4 点：

一是节约资源，包含上面提到的“四节”（节能、节地、节水、节材）。在建筑的建造和使用过程中，需要消耗大量的自然资源，而自然资源的储量是有限的，因此就要减少各种资源的浪费。

二是保护环境和减少污染，强调的是减少环境污染，减少二氧化碳等温室气体的排放。据统计，与建筑有关的空气污染、光污染、电磁污染等占环境总体污染的 34%，因此保护环境也就成为绿色建筑的基本要求。

三是满足人们使用上的要求，为人们提供“健康”“适用”和“高效”的使用空间。一切的建筑设施都是为了人们更好地生活，绿色建筑同样也不例外。“健康”代表以人为本，满足人们的使用需求，节约不能以牺牲人的健康为代价；“适用”则代表节约资源，不奢侈浪费，提倡一个适度原则；“高效”则代表资源、能源的合理利用，同时减少二氧化碳等温室气体的排放和环境污染。这就要求实现绿色建筑技术的创新,提高绿色建筑的技术含量。

四是与自然和谐共生。发展绿色建筑的最终目的就是实现人、建筑与自然的协调统一,这也是绿色建筑的价值理念。

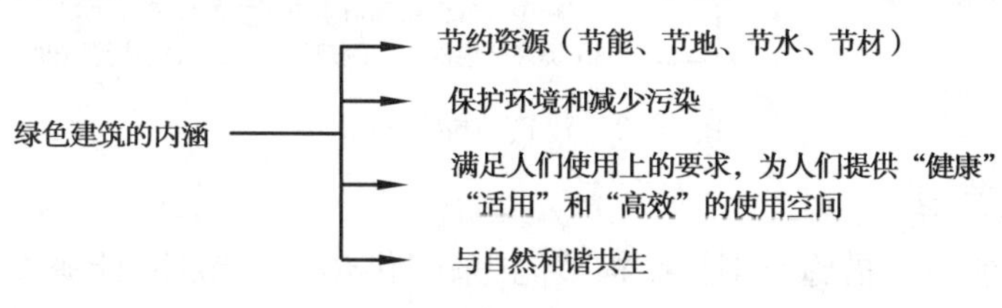

图10.1　绿色建筑的内涵

3)绿色建筑的设计理念

绿色建筑的设计理念见表10.1。

表10.1　绿色建筑的设计理念

设计理念	描　述
节约能源	充分利用太阳能,采用节能的建筑围护结构以及采暖和空调,减少采暖和空调的使用。根据自然通风的原理设置风冷系统,使建筑能够有效地利用夏季的主导风向。建筑采用适应当地气候条件的平面形式及总体布局
节约资源	在建筑设计、建造和建筑材料的选择中,均考虑资源的合理使用和处置。要减少资源的使用,力求使资源可再生利用。节约水资源,包括绿化的节约用水
回归自然	绿色建筑外部要强调与周边环境相融合,和谐一致,动静互补,做到保护自然生态环境
舒适和健康的生活环境	建筑内部不使用对人体有害的建筑材料和装修材料。室内空气清新,温、湿度适当,使居住者感觉良好,身心健康

10.2　建筑节能构造

1)建筑节能的概念

建筑节能是指在建筑工程设计和建造过程中依照国家有关法律、法规的规定,采用节能型的建筑材料、产品和设备,提高建筑物围护结构(建筑及房间各面的围挡物)的保温隔热性能,和采暖空调设备的能效相比,可减少建筑使用过程中的采暖、制冷、照明能耗,合理有效地利用能源。

2)建筑节能的重要性

建筑节能的重要性如图10.2所示。

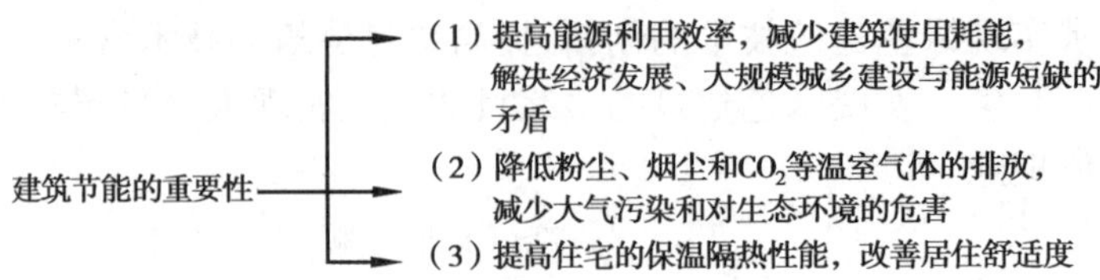

图 10.2　建筑节能的重要性

3)建筑节能措施

常见的建筑节能技术措施有围护结构节能、采暖供热系统节能、能源系统节能控制、新风处理及空调系统的余热回收、太阳能一体化建筑、采用节能产品等，这里只介绍建筑围护结构节能措施与构造。

(1)墙体节能构造

①夹芯复合墙(图 10.3、图 10.4)：将保温层夹在墙体中间。

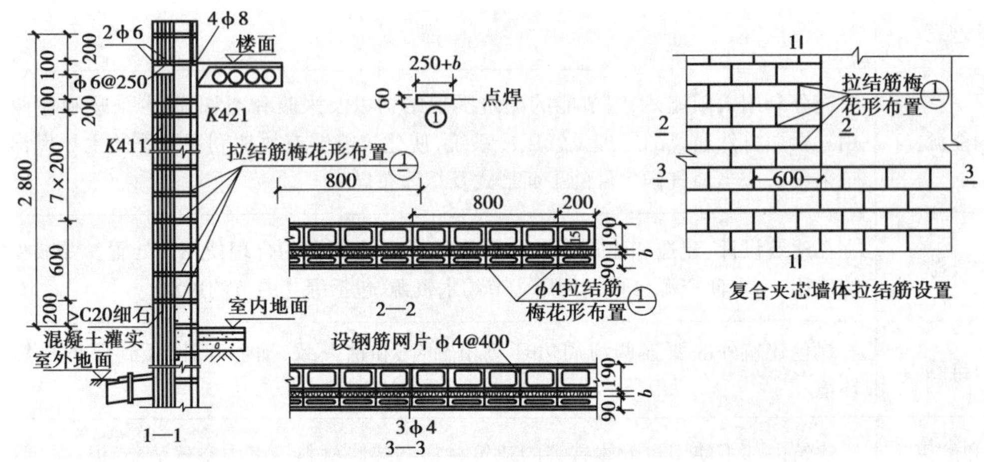

图 10.3　夹芯复合墙结构图

图 10.4　夹芯复合墙

②外保温复合墙(图 10.5、图 10.6)：在承重外墙(基层)外表面上，粘贴或吊挂聚苯板或岩棉板，然后贴上网布或挂钢筋网增强，再做饰面涂层形成外保温复合墙。

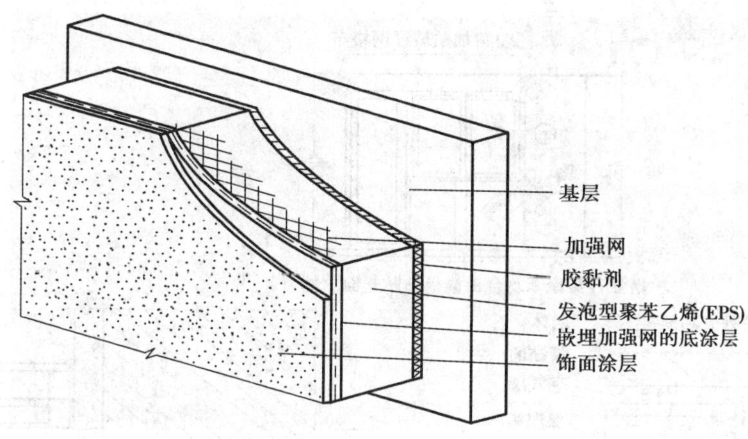

图 10.5　外墙外保温系统的组成

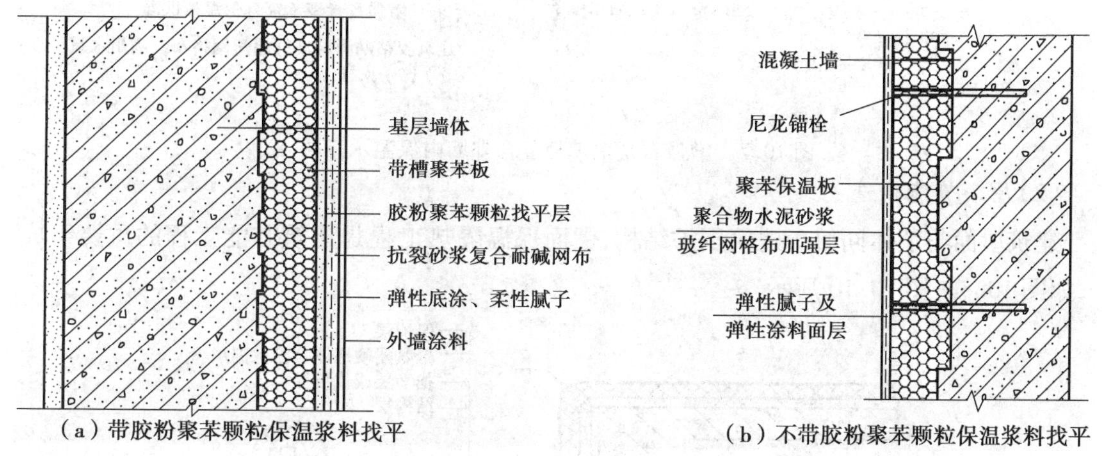

图 10.6　EPS 板现浇混凝土外墙外保温系统基本构造

③内保温复合墙(图 10.7):指由承重材料与高效保温材料进行复合组成的墙体。承重材料可为砖、砌块和混凝土墙体,高效保温复合材料可为聚苯板、充气石膏面板等。

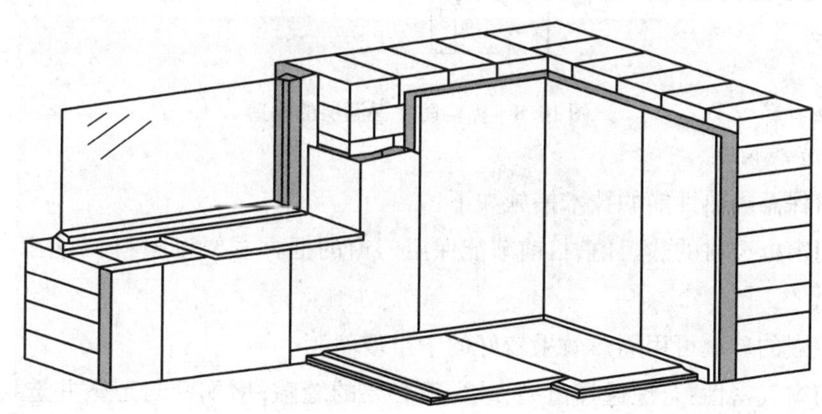

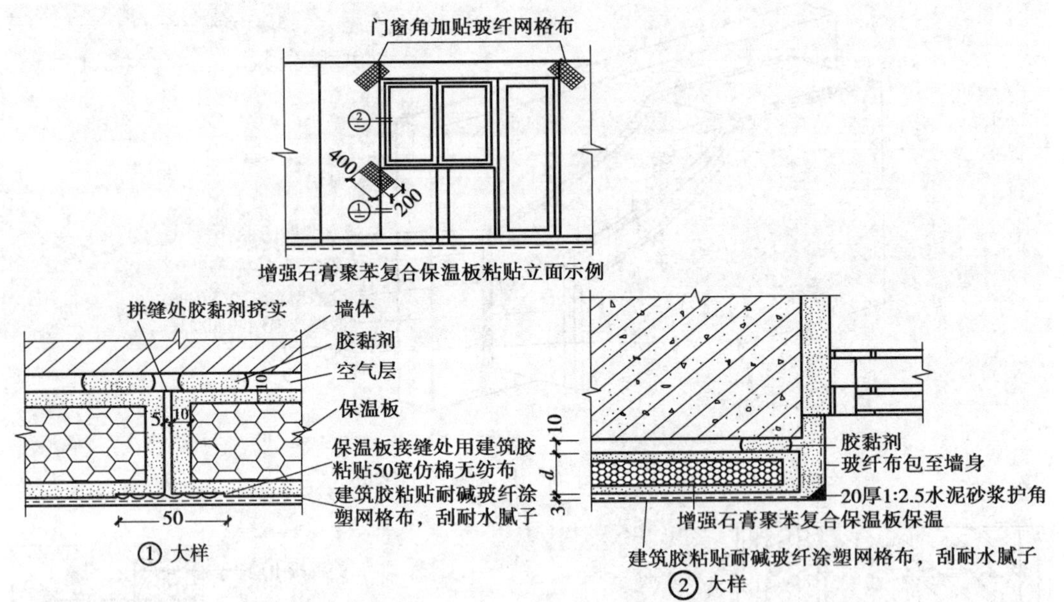

图 10.7　增强石膏聚苯板复合外墙内保温示意图

(2)屋顶节能构造

建筑屋面与墙体同属于建筑围护结构,屋面保温隔热工程是建筑节能工程的重要组成部分,如图 10.8—图 10.10 所示。

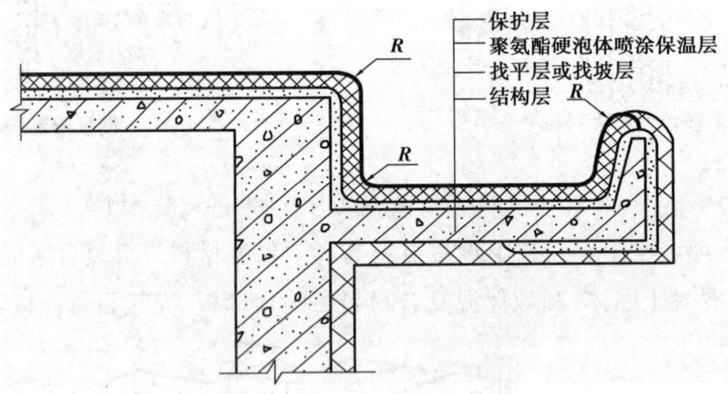

图 10.8　檐沟防水保温层的构造

(3)门窗节能构造

提高门窗保温隔热性能的技术措施如下:

①增加门窗框型材的热阻值,目前节能保温门窗的框材主要以塑料、断热铝合金、玻璃钢 3 种材质为主。

②门窗镶嵌的玻璃可用隔热效果较好的中空玻璃。

③提高门窗气密性:合理选择窗型,减少不必要的缝隙;增加密封道数并选用优质密封橡胶条;合理选用五金件,最好选用多锁点的五金件。

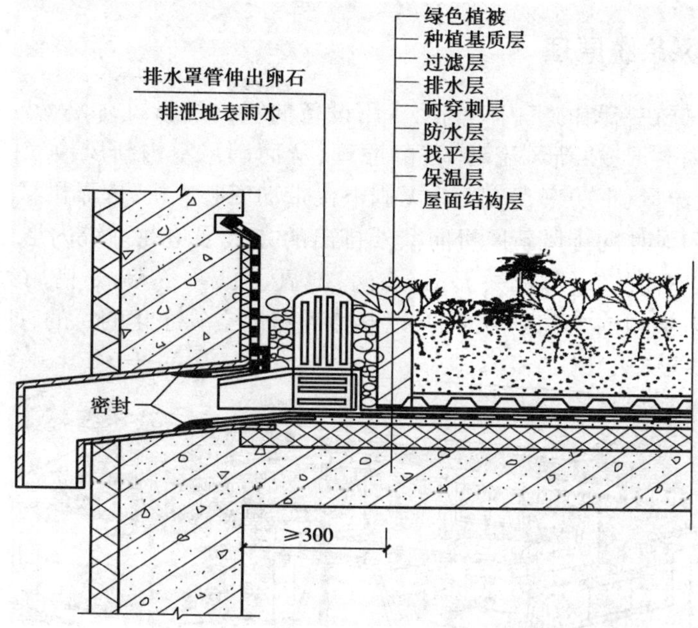

图 10.9　种植屋面女儿墙外排水构造

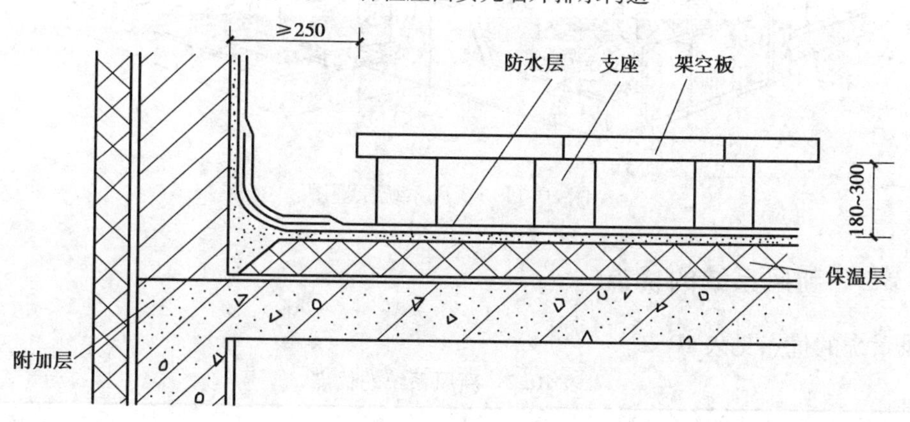

图 10.10　预制细石混凝土板架空屋面

10.3　新风系统概念

新风系统由风机、进风口、排风口及各种管道和接头组成。安装在吊顶内的风机通过管道与一系列的排风口相连，风机启动，室内受污染的空气经排风口及风机排往室外，使室内形成负压，室外新鲜空气便经安装在窗框上方（窗框与墙体之间）的进风口进入室内，从而使室内人员能够呼吸到新鲜空气。

10.3.1 新风系统原理

新风系统是根据在密闭的室内一侧用专用设备向室内送新风,再从另一侧由专用设备向室外排出,则在室内会形成"新风流动场"的原理,从而满足室内新风换气的需要。实施方案是:采用高压头、大流量、小功率直流高速无刷电机带动离心风机,依靠机械强力由一侧向室内送风,另一侧用专门设计的排风新风机向室外排出的方式强迫在系统内形成新风流动场。在送风的同时对进入室内的空气过滤、灭毒、杀菌、增氧、预热(冬天)。借用大范围形成洁净空间的方案,保证进入室内的空气是洁净的,以此达到室内空气净化的目的,如图10.11所示。

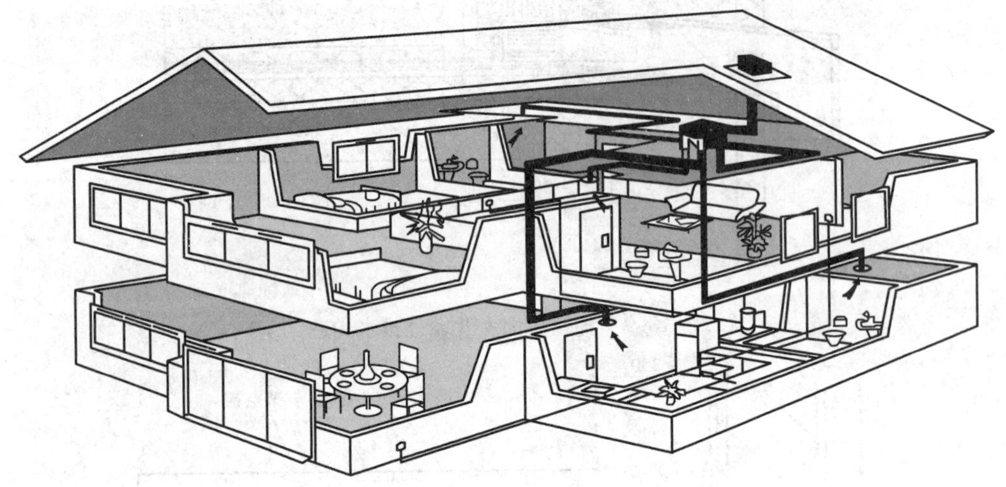

图10.11　新风系统原理图

10.3.2 新风系统的优点

新风系统的优点见表10.2。

表10.2　新风系统的优点

新风系统的优点	独立排风管形式节省了竖井风道占用的室内空间,户间相互影响小
	顶部不设排风机,公用竖向排风道形式易发生回流和泄流现象
	排出室内每一个角落的浑浊空气
	将室外新鲜空气经过滤后输入室内各处
	通过能量交换,节约能源
	低噪声设计

10.4　建筑保温、防热与节能

10.4.1　建筑保温

寒冷地区各类建筑和非寒冷地区有空调要求的建筑,如宾馆、实验室、医疗用房等都要考虑保温措施。建筑构造设计是保证建筑物保温质量的重要环节。合理的设计不仅能保证建筑的使用质量和耐久性,而且能节约能源,降低采暖、空调设备的投资和维护费用。为提高围护结构的保温性能,通常采取下列措施:

1)提高围护结构的热阻

在寒冷季节里,热量通过建筑物外围护构件——墙、屋顶、门窗等由室内高温一侧向室外低温一侧传递,使热量损失,室内变冷。热量在传递过程中将遇到阻力,这种阻力称为热阻,其单位是$(m^2 \cdot K)/W$。热阻越大,通过围护构件传出的热量越少,说明围护构件的保温性能越好;反之,热阻越小,围护构件的保温性能越差,热量损失就越多。因此,对有保温要求的围护构件,必须提高其热阻。围护构件热阻与其厚度成正比,增加厚度可提高热阻,即提高抵抗热流通过的能力。如双面抹灰 240 mm 厚砖墙的热阻大约为 $0.361(m^2 \cdot K)/W$,而 490 mm 厚双面抹灰砖墙的热阻约为 $0.69(m^2 \cdot K)/W$。但是增加厚度势必增加围护构件的自重,材料的消耗量也相应增多,且减小了建筑有效使用面积。

建筑热量传递图如图 10.12 所示。

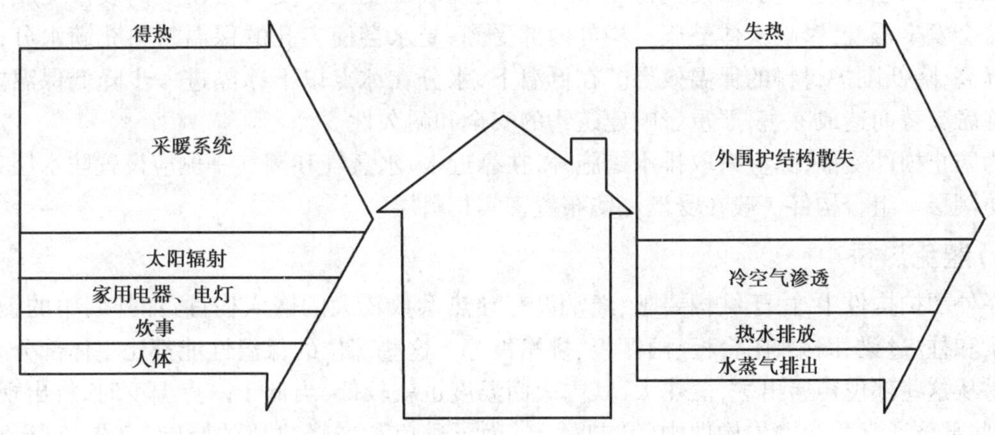

图 10.12　建筑热量传递图

2)合理选材及确定构造形式

在建筑工程中,一般将导热系数小于 $0.3\ W/(m \cdot K)$ 的材料称为保温材料。建筑材料的导热系数的大小说明材料传递热量的能力,选择容量轻、导热系数小的材料,如加气混凝土,浮石混凝土,陶粒混凝土,膨胀珍珠岩及其制品、膨胀蛭石为骨料的轻混凝土以及岩棉、玻璃棉和聚苯乙烯泡沫塑料等可以提高围护构件的热阻。其中,轻混凝土具有一定强度,可做成单一材料保温构件，这种构件构造简单、施工方便；也可采用组合保温构件提高热阻，它是将不同性能的材料加以组合，各种材料发挥各自不同的功能。通常用岩棉、玻璃棉、膨胀珍珠岩、聚苯板等容重轻、导热系数小的材料起保温作用，而用强度高、耐久性好的材料如砖、混凝土等作承重或护面层，如图 10.13、图 10.14 所示。

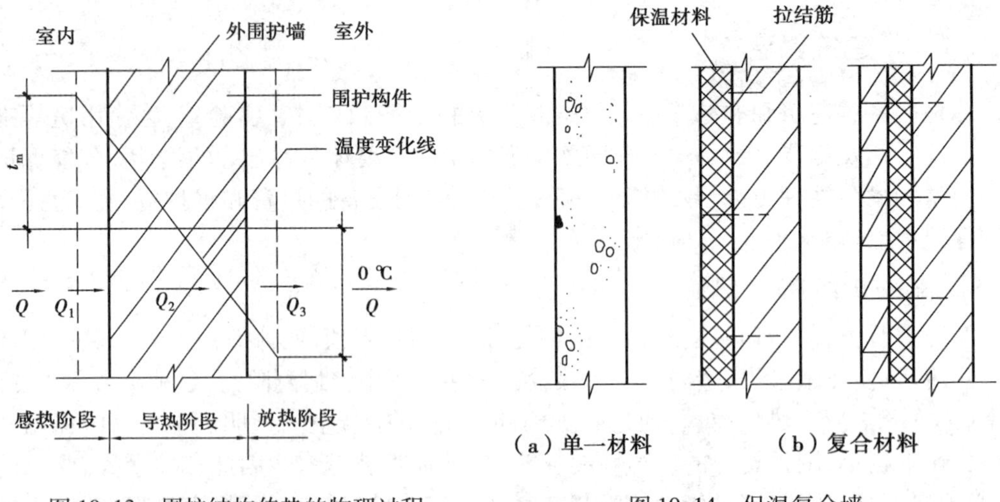

图 10.13　围护结构传热的物理过程　　　　图 10.14　保温复合墙

3)防潮防水

冬季由于外围护构件两侧存在温度差，室内高温一侧水蒸气分压力高于室外，水蒸气就向室外低温一侧渗透，遇冷达到零点温度时就会凝结成冰，构件受潮。此外，雨水、使用水、土壤潮气和地下水也会侵入构件，使构件受水，围护结构表面受潮。受水会使室内装修变质损坏，严重时会发生霉变，影响人体健康。构件内部受潮、受水会使多孔的保温材料充满水分，导热系数提高，降低围护材料的保温效果。在低温下，水分在冰点以下冰晶进一步降低保温能力，并因冻融交替而造成冻害，严重影响建筑物的安全和耐久性。

为防止构件受潮，除应采取排水措施外，在靠近水、水蒸气和潮气一侧应设置防水层、隔气层和防潮层。组合构件一般在受潮一侧布置密实材料层。

4)避免热桥

在外围护构件中，由于结构要求，经常设有导热系数较大的嵌入构件，如外墙中的钢筋混凝土梁和柱、过梁、圈梁、阳台板、雨棚板、挑檐板等。这些部位的保温性能都比主体部分差，热量容易从这些部位传递出去，散热大，其内表面温度也就较低，当低于露点温度时，将出现凝结水，这些部位通常称为围护构件中的“热桥”。为了避免和减轻热桥的影响，首先应避免嵌入构件内外贯通，其次应对这些部位采取局部保温措施，如增设保温材料等，以切断热桥，如图 10.15 所示。

5)防止冷风渗透

当围护构件两侧空气存在压力差时，空气将从高压一侧通过围护构件流向低压一侧，这种现象称为空气渗透。空气渗透可由室内外温度差(热压)引起，也可由风压引起。由热压引起的渗透，热空气由室内流向室外，室内热量损失。风压则使冷空气向室内渗透，使室内变冷。

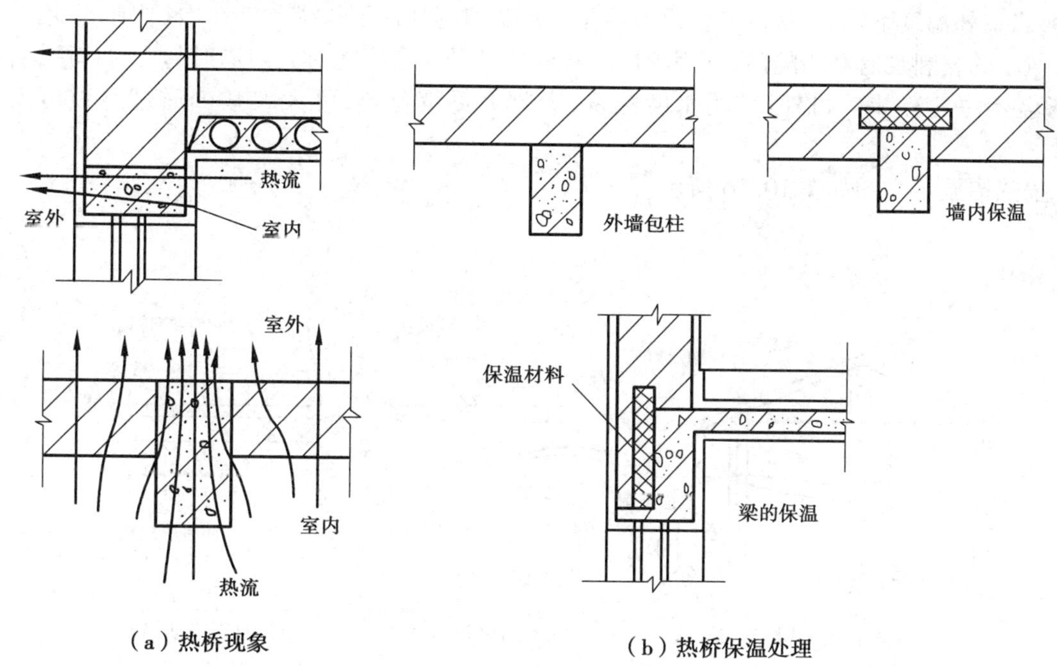

（a）热桥现象
（b）热桥保温处理

图 10.15　热桥

为避免冷空气渗入和热空气直接散失，应尽量减少外围护结构构件的缝隙，如墙体砌筑砂浆饱满，改进门窗加工和构造，提高安装质量，缝隙采取适当的构造措施等。

10.4.2　建筑防热

我国南方地区，夏季气候炎热，高温持续时间长，太阳辐射强度大，相对湿度高，建筑物在强烈的太阳辐射和高温、高湿气候的共同作用下，通过围护构件将大量的热传入室内，室内生活和生产也产生大量的余热。这些从室外传入和室内自生的热量，使室内气候条件变化，引起过热，影响生活和生产。为减轻和消除室内过热现象，可采取设备降温，如设置空调和制冷设备等，但费用大。对于一般建筑，主要依靠建筑措施来改善室内的温湿状况。建筑防热的途径可简要概括为下述几个方面：

1）降低室外综合温度

室外综合温度是考虑太阳辐射和室外温度对围护构件综合作用的温度。室外综合温度的大小关系到通过围护构件向室内传热的多少。在建筑设计中，降低室外综合温度的方法主要是采取合理的总体布局，选择良好的朝向，尽可能争取有利的通风条件，防止西晒，绿化周围环境，减少太阳辐射和地面反射等。对建筑物本身来说，采用浅色外饰面或采取淋水、蓄水屋面或西墙遮阳设施等，有利于降低室外综合温度。

2）提高外围护构件的防热和散热性能

炎热地区外围护构件应能尽可能隔绝热量传入室内，同时当太阳辐射减弱时和室外气温低于室内气温时能迅速散热，这就要求应合理选择外围护构件的材料和构造形式。带通风间层的外围护构件既能隔热也有利于散热，因为从室外传入的热量由于通风，使传入室内的热量减少,当室外温度下降时,从室内传出的热量又可通过通风间层被带走。在围护构件中增设导热系数小的材料也有利于隔热,利用表层材料的颜色和光滑度能对太阳辐射起反射作用,对防热、降温有一定效果。另外,利用水的蒸发,吸收大量汽化热,可大大减少通过屋顶传入的热量。

隔热措施示意图如图10.16所示。

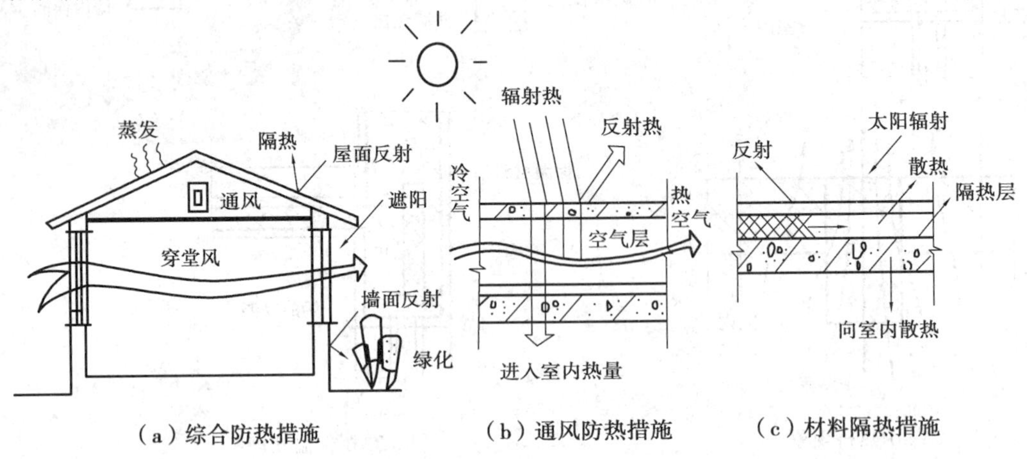

(a)综合防热措施　(b)通风防热措施　(c)材料隔热措施

图10.16　隔热措施示意图

10.4.3　建筑节能

1)建筑节能的意义和节能政策

能源危机是威胁人类社会可持续发展的重大问题。在全世界日益增长的能源消耗中,无论是发达国家还是发展中国家,建筑能耗都是国家总能耗中比重很大的一项。因此,发展和推广使用建筑节能技术可有效缓解全球能源危机,有助于减轻大气污染、降低经济增长对能源的依赖,对社会和经济发展有着重要意义。目前,随着我国经济的不断发展,建筑物能耗的总量和其占总能耗的比例均不断上升,建筑节能日益成为我国经济建设中的又一重大课题。

所谓能源问题,就是指能源开发和利用之间的平衡,即能源生产和消耗之间的关系。我国能源供求平衡一直是紧张的,能源缺口很大,是亟待解决的问题。解决能源问题的根本途径是开源节流,即增加能源和节约能源并重,而在相当长一段时间内节约能源是首要任务,是我国的一项基本国策。在我国制定的能源建设总方针中就规定:"能源的开发和节约并重,近期要把节能放在优先地位,大力开展以节能为中心的技术改造和结构改革。"事实上,世界各国已经把节能提高到继煤、石油、天然气、太阳能、核能之后的第六种能源。

建筑能耗大,占全国能源耗量的1/4以上,而且随着人们生活水平的提高,其能耗比例将有增无减。因此,建筑节能是整体节能的重点。建筑的总能耗包括生产用能、施工用能、日常用能和拆除用能等方面,以日常用能最大。因此,减少日常用能是建筑节能的重点。

2)建筑节能措施

建筑设计在建筑节能中起着重要作用,合理的设计会带来十分可观的节能效益,其节能措施主要有下述几个方面:

①选择有利于节能的建筑朝向，充分利用太阳能（图10.17）。南北朝向比东西朝向建筑耗能少，在建筑面积相同的情况下，主朝向面积越大，这种情况就越明显。

图10.17　太阳能建筑

②设计有利于节能的建筑平面和体型。在体积相同的情况下，建筑物的外表面积越大，采暖制冷负荷也就越大，因此尽可能取小的外表面积。

③改善外围护构件的保温性能，并尽量避免热桥，这是建筑设计中的一项主要节能措施，且节能效果明显。

④改进门窗设计，尽可能将窗面积控制在合理范围内，采用高效节能玻璃，防止门窗缝隙的能量损失等。

⑤重视日照调节与自然通风。理想的日照调节是夏季在确保采光和通风的条件下，尽量防止太阳热进入室内，冬季尽量使太阳热进入室内。

10.4.4　建筑隔声

1）噪声的危害与传播

噪声一般是指一切对人们生活、工作、学习和生产有妨碍的声音。随着社会和经济的发展，各种机电设备、运输工具大量增加，功率越来越大，转速越来越高，噪声声源的数量和强度都大大增加，噪声已成为一种公害。强烈或持续不断的噪声轻则影响休息、学习和工作，对生理、心理和工作效率不利，重则引起听力损害，甚至引发多种疾病。

控制噪声必须采取综合治理措施，包括消除和降低噪声、振动源，降低声源的强度和采取必要的吸声措施。围护构件的隔声是噪声控制的重要内容。声音从室外传入室内，或从一个房间传到另一个房间主要有以下两种途径：

①空气传声。在空气中发生并传播的称为空气传声。空气传声主要通过下述途径：

a.通过围护构件的缝隙直接传声。噪声沿敞开的门窗、各种管道与结构所形成的缝隙和不饱满砂浆灰缝所形成的孔洞在空气中直接传播。

b.通过围护构件的振动传声。声音在传播过程中遇到围护构件时，在声波交变压力作用下，引起构件的强迫振动，将声波传到另一空间。

②撞击传声。通过围护构件本身来传播物体撞击或机械振动所引起的声音,称为撞击传声或固体传声。这种声音主要沿结构传递,如关门时产生的撞击声、楼层上行人的脚步声和机械振动声等均属此类。

虽然声音最终都是通过空气传入人耳,但是这两种噪声的传播特性和传播方式却不同,因此采取的隔声措施也就不同。

2) 围护构件隔声途径

(1) 对空气传声的隔绝

根据空气传声的传播特点,围护构件的隔声可以采取下列措施:

①增加构件质量。从声波激发构件振动的原理可知,构件越轻,越易引起振动,越重则越不易引起振动。因此,构件的质量越大,隔声能力就越高,设计时可以选择面密度(kg/m^2)大的材料。双面抹灰的60 mm厚砖墙其空气传声隔声量为32 dB,双面抹灰的240 mm厚砖墙其隔声量为45 dB。

②采用带空气层的双层构件。双层构件的传声是由声源激发起一层材料的振动,振动传到空气层,然后再激起另一层材料的振动。由于空气的弹性变形具有减振作用,所以提高了构件的隔声能力。但是应注意尽量避免和减少构件中出现"声桥"。所谓声桥是指空气间层内出现的实体连接。

③采用多层组合构件。多层组合构件是利用声波在不同介质分界面上产生反射、吸收的原理来达到隔声目的。它可以大大减轻构件的质量,从而减轻整个建筑的结构自重。

(2) 对撞击声的隔绝

由于一般建筑材料对撞击声的衰减很小,撞击声常被传到很远的地方,它的隔绝方法与空气传声的隔绝有很大区别。厚重坚实的材料可以有效隔绝空气传声,但隔绝撞击声的效果却很差。相反,多孔材料,如毡、毯、软木、岩棉等隔绝空气声的效果不大,但隔绝撞击声的穿透却较为有效。因此,改善构件隔绝撞击声的能力可从下述几个方面着手:

①设置弹性面层。在构件面层上铺设富有弹性的材料,如地毡、地毯、软木板等,构件表面接受撞击时,由于面层的弹性变形,减弱了撞击能量。

②设置弹性夹层。在面层和结构层或两结构层之间设置一层弹性材料,如刨花板、岩棉、泡沫塑料等,将面层和结构层或两结构层完全隔开,切断了撞击声的传递路线,在构造处理上应尽量避免"声桥"的产生。

③采用带空气层的双层结构。这里利用隔绝空气的办法来降低撞击声,是利用空气弹性变形具有减振作用的原理来提高隔绝撞击声的能力。

10.5 建筑防震

1) 地震震级与地震烈度

地震的强烈程度称为震级,一般称里氏震级,它取决于一次地震释放的能量大小。地震烈度是指某一地区地面和建筑遭受地震影响的强烈程度,它不仅与震级有关,且与震源的深度、距震中的距离、场地土质类型等因素有关。一次地震只有一个震级,但却有不同的烈度区,我国地震烈度表中将烈度分为12度。7度时,一般建筑物多数有轻微损坏;8~9度时,大多数损坏至破坏,少数倾斜;10度时,则多数倾倒。过去我国一直以7度作为抗震设防的起点,但近数十年来,很多位于烈度为6度的地区发生了较大地震,甚至特大地震。因此,现行建筑抗震设计规范规定以6度作为设防起点,6~9度地区的建筑物要进行抗震设计。

2)建筑防震设计要点

防震设计的基本要求是减轻建筑物在地震时的破坏,避免人员伤亡,减少经济损失。其一般目标是当建筑物遭到本地区规定的烈度的地震时,允许建筑物部分出现一定的损坏,经一般修复和稍加修复后能继续使用,而当遭到极少发生的高于本地区烈度的罕遇地震时,不致倒塌和发生危及生命的严重破坏,即贯彻"小震不坏、中震可修、大震不倒"的原则。在建筑设计时一般遵循下列要点:

①宜选择对建筑物防震有利的建设场地。

②建筑形体和立面处理力求匀称。建筑形体宜规则、对称;建筑立面宜避免高低错落,突然变化。

③建筑平面布置力求规整。如因使用和美观要求必须将平面布置成不规则时,应用防震缝将建筑物分割成若干结构单元,使每个单元体型规则、平面规整、结构体系单一。

④加强结构的整体刚度。从抗震要求出发,合理选择结构类型,合理布置墙和柱,加强构件和构件连接的整体性,增设圈梁和构造柱等。

⑤处理好细部构造。楼梯、女儿墙、挑檐、阳台、雨篷、装饰贴面等细部构造均应予以足够的重视,不可忽视。

本章小结

(1)绿色建筑的定义:绿色建筑是指在整个建筑物的全生命周期中,从选址、设计、建造、运行、维修及拆除等方面都要最大限度地节约资源、保护环境和减少污染,为人们提供健康、适用和高效的使用空间,与自然和谐共生的高质量建筑。

(2)绿色建筑的内涵:一是节约资源;二是保护环境和减少污染;三是满足人们使用上的要求,为人们提供"健康""适用"和"高效"的使用空间;四是与自然和谐共生。

(3)绿色建筑设计理念:节能能源、节约资源、回归自然。

(4)建筑节能的概念:建筑节能是指在建筑工程设计和建造过程中依照国家有关法律、法规的规定,采用节能型的建筑材料、产品和设备,提高建筑物围护结构的保温隔热性能和采暖空调设备的能效比,减少建筑使用过程中的采暖、制冷、照明能耗,合理有效地利用能源。

(5)建筑节能的重要性:①提高能源利用效率,减少建筑使用耗能,解决经济发展、大规模城乡建设与能源短缺的矛盾;②降低粉尘、烟尘和CO_2等温室气体的排放,减少大气污染和对生态环境的危害;③提高住宅的保温隔热性能,改善居住舒适度。

(6)常见的建筑节能技术措施有围护结构节能、采暖供热系统节能、能源系统节能控制、新风处理及空调系统的余热回收、太阳能一体化建筑、采用节能产品等。

(7)新风系统的优点:排出室内每一个角落的浑浊空气、将室外新鲜空气经过滤后输入室内各处、通过能量交换节约能源、低噪声设计。

(8)提高外围护结构的保温性能主要采取以下措施:增加热阻,合理选材及确定构造形式,防潮防水,避免热桥,防止空气渗透等。

(9)建筑防热的主要途径有:①采取合理的总体布局和良好的朝向,尽可能争取有利的通风条件,绿化周围环境等措施以降低室外综合温度;②提高外围护构件的防热和散热性能。

(10)建筑节能的主要措施为:合理选择建筑朝向、建筑平面和体型;改善外围护构件的保温性能,尽量避免热桥;改进门窗设计,尽可能将窗面积控制在合理范围内;重视日照调节与自然通风。

(11)围护构件的隔声可以采取增加构件质量、采用带空气层的双层构件、采用多层组合构件等措施。

(12)改善构件隔绝撞击声的能力应采取:设置弹性面层、设置弹性夹层、采用带空气层的双层结构等。

(13)为贯彻“小震不坏、大震不倒”的原则,在建筑设计时应遵循下列要点:①宜选择对建筑物防震有利的建设场地;②建筑形体和立面处理力求匀称;③建筑平面布置力求规整;④加强结构的整体刚度;⑤处理好细部构造。

参考文献

[1] 彭国. 房屋建筑构造[M]. 北京:北京邮电大学出版社,2014.
[2] 饶宜平. 建筑构造[M]. 北京:机械工业出版社,2016.
[3] 齐秀梅,乔景顺,陈卫东. 房屋建筑学[M]. 2 版. 北京:北京理工大学出版社,2013.
[4] 陆可人,欧晓星,刁文怡. 房屋建筑学[M]. 3 版. 南京:东南大学出版社,2013.
[5] 张晓宁,盛建忠,吴旭,等. 绿色施工综合技术及应用[M]. 南京:东南大学出版社,2014.